浙江省高等教育重点建设教材
应用型本科规划教材

电 路 原 理

（第二版）

主　编　蔡伟建

副主编　孙学东　丁金婷　刘伯恕

ZHEJIANG UNIVERSITY PRESS
浙江大学出版社

内 容 简 介

　　本书是在中国高等教育发展从"精英教育"阶段向"大众化教育"阶段转型的形势下,为适应不同层次、不同办学特色的学校的教学需要而编写的,内容符合教育部颁布的《电路课程教学基本要求》。

　　主要内容有:电路的基本概念和基本定律、直流电阻的分析与计算、直流电阻电路的基本定理、正弦交流电路的基本概念、正弦交流电路的稳态分析、互感电路与交流变压器、三相交流电路、非正弦周期电流电路的分析与计算、动态电路的时域分析、动态电路的频域分析、网络函数与二端口网络、非线性电路的基本概念、分布参数电路简介。书末附有部分习题参考答案。

　　本书为电子信息类各专业基础平台课程教材。可供应用型本科院校的自动化类、信息电子类、测控技术与仪器、通信工程、计算机科学与技术等电类专业及其他相近专业作为本科生教材,也可作为其他非电类专业和工程技术人员的参考书籍。

图书在版编目(CIP)数据

电路原理 / 蔡伟建主编. —杭州:浙江大学出版社,
2006.7(2021.1 重印)
应用型本科规划教材
ISBN 978-7-308-04777-7

Ⅰ.电…　Ⅱ.蔡…　Ⅲ.电路理论—高等学校—教材
Ⅳ.TM13

中国版本图书馆 CIP 数据核字(2006)第 064693 号

电路原理(第二版)

蔡伟建　主编

丛书策划	樊晓燕　王　波
责任编辑	王　波
封面设计	刘依群
出版发行	浙江大学出版社
	(杭州市天目山路 148 号　邮政编码 310007)
	(网址:http://www.zjupress.com)
排　　版	杭州中大图文设计有限公司
印　　刷	杭州良诸印刷有限公司
开　　本	787mm×1092mm　1/16
印　　张	15.75
字　　数	383 千
版 印 次	2009 年 8 月第 2 版　2021 年 1 月第 13 次印刷
书　　号	ISBN 978-7-308-04777-7
定　　价	39.00 元

总　序

　　近年来我国高等教育事业得到了空前的发展,高等院校的招生规模有了很大的扩展,在全国范围内发展了一大批以独立学院为代表的应用型本科院校,这对我国高等教育的持续、健康发展具有重大的意义。

　　应用型本科院校以着重培养应用型人才为目标,目前,应用型本科院校开设的大多是一些针对性较强、应用特色明确的本科专业,但与此不相适应的是,当前,对于应用型本科院校来说作为知识传承载体的教材建设远远滞后于应用型人才培养的步伐。应用型本科院校所采用的教材大多是直接选用普通高校的那些适用研究型人才培养的教材。这些教材往往过分强调系统性和完整性,偏重基础理论知识,而对应用知识的传授却不足,难以充分体现应用类本科人才的培养特点,无法直接有效地满足应用型本科院校的实际教学需要。对于正在迅速发展的应用型本科院校来说,抓住教材建设这一重要环节,是实现其长期稳步发展的基本保证,也是体现其办学特色的基本措施。

　　浙江大学出版社认识到,高校教育层次化与多样化的发展趋势对出版社提出了更高的要求,即无论在选题策划,还是在出版模式上都要进一步细化,以满足不同层次的高校的教学需求。应用型本科院校是介于普通本科与高职之间的一个新兴办学群体,它有别于普通的本科教育,但又不能偏离本科生教学的基本要求,因此,教材编写必须围绕本科生所要掌握的基本知识与概念展开。但是,培养应用型与技术型人才是又应用型本科院校的教学宗旨,这就要求教材改革必须淡化学术研究成分,在章节的编排上先易后难,既要低起点,又要有坡度、上水平,更要进一步强化应用能力的培养。

　　为了满足当今社会对信息与电子技术类专业应用型人才的需要,许多应用型本科院校都设置了相关的专业。而这些专业的特点是课程内容较深、难点较多,学生不易掌握,同时,行业发展迅速,新的技术和应用层出不穷。针对这一情况,浙江大学出版社组织了十几所应用型本科院校信息与电子技术类专业的教师共同开展了"应用型本科信电专业教材建设"项目的研究,共同研究目前教材的不适应之处,并探讨如何编写能真正做到"因材施教"、适合应用型本科层次信电类专业人才培养的系列教材。在此基础上,组建了编委会,确定共同编写"应用型本科院校信电专业基础平台课规划教材系列"。

本专业基础平台课规划教材具有以下特色:

在编写的指导思想上,以"应用类本科"学生为主要授课对象,以培养应用型人才为基本目的,以"实用、适用、够用"为基本原则。"实用"是对本课程涉及的基本原理、基本性质、基本方法要讲全、讲透,概念准确清晰。"适用"是适用于授课对象,即应用型本科层次的学生。"够用"就是以就业为导向,以应用型人才为培养目的,达到理论够用,不追求理论深度和内容的广度。突出实用性、基础性、先进性,强调基本知识,结合实际应用,理论与实践相结合。

在教材的编写上重在基本概念、基本方法的表述。编写内容在保证教材结构体系完整的前提下,注重基本概念,追求过程简明、清晰和准确,重在原理,压缩繁琐的理论推导。做到重点突出、叙述简洁、易教易学。还注意掌握教材的体系和篇幅能符合各学院的计划要求。

在作者的遴选上强调作者应具有应用型本科教学的丰富的教学经验,有较高的学术水平并具有教材编写经验。为了既实现"因材施教"的目的,又保证教材的编写质量,我们组织了两支队伍,一支是了解应用型本科层次的教学特点、就业方向的一线教师队伍,由他们通过研讨决定教材的整体框架、内容选取与案例设计,并完成编写;另一支是由本专业的资深教授组成的专家队伍,负责教材的审稿和把关,以确保教材质量。

相信这套精心策划、认真组织、精心编写和出版的系列教材会得到广大院校的认可,对于应用型本科院校信息与电子技术类专业的教学改革和教材建设起到积极的推动作用。

系列教材编委会主任　顾伟康

2006 年 7 月

第1版前言

1999年初,党中央、国务院按照"科技兴国"的战略部署,做出了高等教育大发展的重大决策。此项重大决策,带动了高等教育发展主导思想的重大变化,教育宏观发展政策由"稳步发展"转为"快速发展",拉开了我国高等教育从"精英教育"阶段向"大众化教育"阶段转变的序幕,大大加快了高等教育发展的步伐。高等教育办学体制的改革,国外发达国家的先进教学模式的引进,使得我国高等教育的办学层次、办学特色在许多高校得到了明显的体现。随着我国国民经济的快速发展,各行各业都需要大批技术人员,以保证经济持续而又健康地发展。上世纪90年代之后随着欧美等发达国家高等教育模式的引进,学习和借鉴这些国家先进办学经验,高等教育的办学模式改变了以往由国家统一包办的局面,中外合资办学、民办大学等各种高等教育模式的出现,同时陆续出现了一大批办学特色明显的应用型本科高等院校,它们为国民经济建设培养了大量的应用型技术人才。与一般综合型、研究型大学不同,应用型本科院校为国民经济建设培养的是直接面向生产一线的工程技术人才,因此突出办学特色、分层教学、加强动手和实践能力成为这些院校的突出特点。为了达到这些目标,必须要有相应的配套措施来保证,其中教材建设是重要的一个环节。本教材是根据国家教育部确定的为应用型本科院校编写有特色的、实践性和应用性强的教材的有关精神及原则而编写的。

本教材是为应用型本科院校自动化类、信息电子类、通信工程及计算机科学与技术等电类专业及其他相近专业的本科学生而编写的,也可以作为其他非电类专业的参考书。教材本着"加强基础、学以致用、突出重点、够用即可"的原则,重点加强基本概念和基础理论的介绍,并通过结合工程实际来举例说明理论在实际中的应用,通过习题来加深学生对理论的理解和掌握,从而为后续课程的学习打下一个良好的基础。

本书由浙江科技学院蔡伟建任主编,孙学东、丁金婷、刘伯恕任副主编。参加编写的有浙江科技学院蔡伟建(第 1 章、第 9 章),浙江万里学院孙学东、樊慧丽(第 2 章、第 3 章),中国计量学院刘伯恕(第 4 章、第 5 章),浙江大学城市学院丁金婷、杜鹏英、黄清波(第 6 章、第 7 章、第 8 章、第 10 章),宁波理工学院吴飞青、刘毅华、关宏伟(第 11 章、第 12 章、第 13 章)。

　　由于作者水平有限,书中难免存在疏漏或错误之处,欢迎广大师生给予批评指正。

编著者

2006 年 6 月

第2版前言

本书的第1版于2006年出版,此次为第2版,主要目标是适应应用型本科院校自动化类、电气信息类和电子技术类专业人才的培养方案和教学内容体系的改革以及为国民经济生产一线培养应用型技术人才发展的形势需要。

第2版仍然保持了重点加强基本概念和基础理论的介绍,并通过结合工程实际来举例说明理论在实际中的应用,继续坚持"加强基础、学以致用、突出重点,够用即可"的原则,作为电类专业的基础课教材,在教学内容上依然保持了"电路原理"知识体系的完整性和系统性,并同时兼顾了强电专业和弱电专业的需要,并考虑到相近专业教学和自学读者的学习方便。

与第1版教材相比较,第2版教材在内容上做了一些调整,增加了一些新的内容,具体如下:

(1)在第1章中增加了有关电路元件的知识,如电阻、电容和电感的标识及标称值、参数误差、元件的额定电压、额定电流和额定功率等内容,以方便学生在各类电子竞赛和电子小制作及相应实验等实践教学中很方便地选择电路元件,从而加深对工程实际中电路元件使用的了解。

(2)在第2章中增加了电容和电感的串联和并联的内容、电压源和电流源的串联和并联内容及相应的计算公式。

(3)在第5章增加了滤波电路的内容,简单地介绍了低通、高通和带通滤波的概念及相关的幅频和相频特性随频率的变化规律。

(4)第6章增加了铁芯材料的概念,使学生了解铁磁材料的结构、磁化原理及磁化过程,加深对工程中对铁磁材料使用的理解。

(5)在第9章中增加了微分电路和积分电路,了解利用 RC 简单电路也可实现在周期性信号的作用下进行微分运算和积分运算,并产生一些特殊的周期性信号。

(6)对部分章节的习题进行了调整和重新编排,使其更利于与教学内容相衔接,但总的习题数量基本保持不变,并对第1版教材中存在的某些错误和习题参考答案中的错误进行了订正。

　　第 2 版教材由蔡伟建修改、补充和定稿。在修订过程中部分院校的任课教师提出了宝贵的意见,在此表示谢意。

　　教材虽经修订,但仍有可能存在不足和错误之处,请读者予以批评指正。意见请寄浙江杭州市留和路 318 号浙江科技学院电气学院(邮编 310023),也可发送电子邮件至 caiweijian@zust.com.cn 。

编者

2009 年 6 月于杭州

目　录

第1章 电路的基本概念和基本定律

本章主要介绍有关电路的基本概念与基本定律,这些基本概念和基本定律对后面电路理论的分析和理解起着重要的作用。

1.1 电路及其理论模型

在现代工业、农业、国防建设、科学研究及日常生活中,广泛而又大量地使用着各种各样的电气设备或电气装置,这些设备或装置实际上是由各种各样的电器元件或部件组成,并按一定的方式连接起来以达到使它们按照某种要求和规定进行工作的。各种电器元件及其连接方式就构成了实际电路。

实际电路种类繁多,但不管简单还是复杂,我们总可以对其从组成、功能等方面进行归类。从组成上讲,任何实际电路都由三部分组成。

(1)电源部分:提供电能或电信号的电气装置,作用是向电路中其他电器元件提供工作时所必需的电压、电流或功率;

(2)负载部分:消耗电能的电气装置,作用是将电源提供的电能转换成其他形式的能量;

(3)连接部分:通常由金属导线组成,作用是将电源和负载连接起来使电路能正常工作。

从功能上讲,实际电路主要体现在以下两个方面:

1. 能量的产生、传输与转换

以电力的产生、传输和分配为例。发电厂(水电、火电、核电等多种形式的发电方式)首先利用各种电气装置将不同形式的能量转换成电能,然后利用输电线路将发电厂发出的电能传输到城市、乡村及所有需要用到电能的地方,在那里再将电能分配到各个厂矿企业和千家万户,最终各个用户根据自己的需要将电能转换成机械能、光能、热能等其他形式的能量。

2. 信号的传递、变换与处理

以无线电通信为例。我们利用各种电气装置将声音、图像等转换成无线电信号,这个信号从能量上讲,远比电力系统小得多,无线电信号在大气层中传播,用户利用电气装置从接收到的无线电信号中重新将声音、图像等还原出来,在这个过程中我们还可以对还原的信号进行适当的处理。

由于实际电气装置、设备和元件种类繁多、数量巨大,其工作时的物理过程也很复杂,不便于一一进行分析,同时在电磁现象方面却又有着许多相同的地方。为了便于分析实际电路的主要特性和功能,须对实际电气装置或电器元件进行科学抽象,找出其主要的电磁特性,忽略其次要的电磁特性,经过这种抽象后的电器元件我们称之为理想元件,如同化学理论中的理想气体、力学理论中的理想刚体,它们都具有精确的数学定义,在一定的条件下,对由这些理想元件组成的理想电路进行分析计算得到的结果与实际电路工作时的状况相同或非常接近,可以对实际电路的工作状态进行理论上的预测。在电路理论中对实际电气装置或电路元件进行理论抽象后,常用的理想元件主要有以下几种:

(1) 电阻元件

凡是在实际电路中消耗电能的电气装置或电器元件都可抽象为电阻元件,用 R 表示。

(2) 电容元件

凡是在实际电路中能储存电场能量的电气装置或电器元件都可抽象为电容元件,用 C 表示。

(3) 电感元件

凡是在实际电路中能储存磁场能量的电气装置或电器元件都可抽象为电感元件,用 L 表示。

(4) 电源元件

凡是在实际电路中能够提供电能的电气装置或电器元件都可抽象为电源元件,电源元件分为电压源和电流源,分别用 u_S 和 i_S 表示。

上述 4 种元件的电气符号分别如图 1.1 所示。

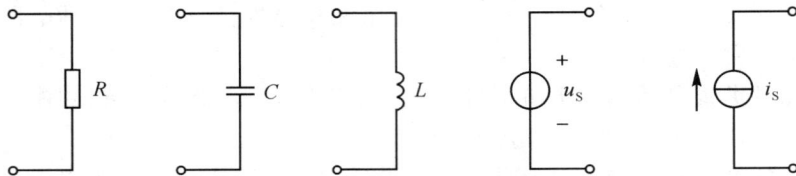

图 1.1　各种理想元件的电气符号

对于抽象的理想元件模型应当注意以下几点:

(1) 理想电路元件只是一种理想的元件模型,在现实中是不存在的。

(2) 不同的电气装置或电路元件,只要具有相同的主要电磁性能,在一定条件下就可以抽象成相同的理想电路元件。

(3) 对同一个电气装置或电路元件在不同的条件下,它的理想模型也有不同的形式。

将千差万别、种类繁多的实际电气装置或电路元件抽象成理想元件或理想元件的组合是电路理论中的建模问题,模型建得复杂会造成分析计算的困难,模型建得简单会使分析计算的结果与实际情况不符。因此,电路理论的建模问题是比较复杂的问题,需进行专门的研究,在本书中不作探讨。

1.2　电路变量及电流和电压的参考方向

1.2.1　电路变量

在电路理论中涉及的变量主要有电流、电压、电荷、磁通、磁通链、功率和能量。其中电流、电压、功率和能量最为常用。

1. 电流

电流是因电荷有规则的定向运动所形成的。规定正电荷流动的方向为电流的方向。且流的大小可用电流强度表示。电流强度定义为单位时间内通过导体横截面的电荷量,即

$$i(t) = \frac{\mathrm{d}q(t)}{\mathrm{d}t} \tag{1-1}$$

当电流强度与时间无关时,即为直流电流,用 I 表示。电流强度通常简称为电流,单位是安培(A)。

2. 电压

电压定义为将单位正电荷从电路中一点移动到另一点时电场力所做的功,或表示为电路中任意两点之间的电位之差,即

$$u(t) = \frac{\mathrm{d}w(t)}{\mathrm{d}q(t)} \tag{1-2}$$

当电压与时间无关时,即为直流电压,用 U 表示。电压的单位是伏特(V)。电压的极性规定为从高电位指向低电位。

3. 能量和功率

能量定义为在 t_0 到 t 的时间内,电场力将单位正电荷由 A 点移动到 B 点时所做的功,用 W 表示。根据电压的定义有

$$W = \int_{t_0}^{t} w(t)\mathrm{d}t = \int_{q(t_0)}^{q(t)} u(t)\mathrm{d}q(t) \tag{1-3}$$

将 $i(t) = \dfrac{\mathrm{d}q(t)}{\mathrm{d}t}$ 代入上式得

$$W = \int_{t_0}^{t} u(\xi)i(\xi)\mathrm{d}\xi \tag{1-4}$$

能量的单位是焦耳(J)。

功率定义为单位时间内能量的变化率,即

$$p(t) = \frac{\mathrm{d}w(t)}{\mathrm{d}t} = u(t)i(t) \tag{1-5}$$

功率的单位为瓦特(W)。

1.2.2　参考方向

1. 电流的参考方向(流向)

在电路分析计算中,对于简单电路,我们很容易判定电流的实际流动方向,但对复杂电路,我们很难直接判断电流的实际流向。因此,为列电路方程而必须事先人为地假定电流的流向,这我们称之为电流的参考方向。当我们通过对电路分析计算后得到的电流值为正值时,电流的参考方向就是电流的实际流向,当得到的电流值为负值时,表明电流的实际流向与参考方向相反。这样,在假定的电流参考方向下,计算得到的电流值的正或负就可以表明电流的实际流向。在图 1.2 中,图(a)表示电流的实际流向与参考方向相同,图(b)表示电流的实际流向与参考方向相反。

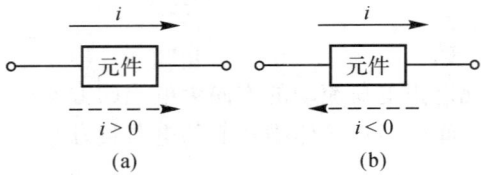

图 1.2　电流的参考方向　　　　　　图 1.3　电压的参考方向

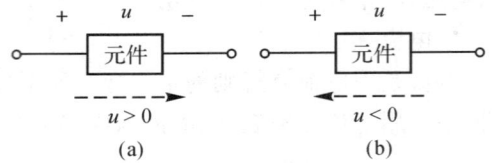

2. 电压的参考方向(极性)

同样,我们也可以对电路中任意两点之间的电压事先假定一个参考极性,当计算得到的电压值为正值时,电压的参考极性就是电压的实际极性,当计算得到的电压值为负值时,电压的实际极性与参考极性相反。这样,在假定的电压参考极性下,计算得到的电压值的正或负就可以表明电压的实际极性。在图 1.3 中,图(a)表示电压的实际极性与参考极性相同,图(b)表示电压的实际极性与参考极性相反。

3. 关联参考方向

电路中每个元件的电流或电压的参考方向或参考极性是相互独立的,在对电路分析计算前可以任意假定。但为了便于分析电路的其他变量或性质,我们一般将电流的参考方向和电压的参考极性设为一致,将其称为关联参考方向。在后面电路分析计算中的公式都是在关联参考方向的前提下给出的。

当电路中任何一个元件指定其电压和电流的参考方向为关联参考方向后,我们根据计算得到的电压和电流的实际结果很容易判定该元件是消耗还是提供功率。

$$p(t) = u(t)i(t) > 0 \qquad 消耗功率$$
$$p(t) = u(t)i(t) < 0 \qquad 提供功率$$

例如,当一个元件的电压和电流的参考方向指定为关联参考方向,我们经过计算后得到该元件的电压和电流分别为 $u = 2V, i = 5A$ 则 $p = ui = 10W$,该元件消耗功率 10W,当经过计算得到 $u = -2V, i = 5A$ 则 $p = ui = -10W$,该元件提供功率 10W。

1.3　电路元件及其伏安特性关系

电路元件是对实际电气装置或电器元件进行抽象后得到的电路中最基本的理想元件,元件的电磁特性可以用精确的数学表达式描述。在本书的电路理论中,主要研究的是集总参数元件和集总参数电路。集总参数元件定义为,在任何时刻,对于二端元件,流入一个端子的电流一定等于从另一个端子流出的电流,同时元件两个端子之间的电压为单值。由集总参数元件组成的电路称为集总参数电路。用集总参数电路模型来描述实际电路应当满足的条件是:实际电路的尺寸 l 远小于电路工作时的电磁波的波长 λ。不满足此条件的实际电路只能用后面介绍的分布参数电路模型描述。

下面将介绍电路理论中常用的几种二端元件的电磁性质。

1.3.1　电阻元件

凡是以消耗电能为主要电磁特性的实际电气装置或电器元件,理论上都可以抽象成理想电阻元件,简称电阻。电阻有线性和非线性、时变和非时变之分。下面只讨论线性电阻。电路中讨论元件的电磁性质主要是研究元件的外特性,即元件两端的电压与元件中流过的电流之间的关系等。对线性电阻,当其电压和电流采用关联参考方向时,线性电阻两端的电压和电流之间的关系服从欧姆定律,即

$$u = Ri \tag{1-6}$$

式中 R 称为电阻元件的电阻,当电压用伏特(V),电流用安培(A)作单位时,电阻的单位为欧姆(Ω)。由于电压和电流的单位分别为伏特和安培,因此电阻元件的外特性又称为伏安特性关系,如图 1.4 所示。当电压和电流没有采用关联参考方向时,欧姆定律公式中需加一负号,即

$$u = - Ri$$

我们有时要用到欧姆定律的另一种形式,即

$$i = Gu \tag{1-7}$$

式中 $G = 1/R$,称为电阻元件的电导,单位为西门子(S)。

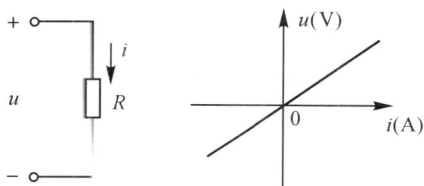

图 1.4　电阻元件及伏安特性关系

由于欧姆定律是线性方程,故在电阻元件的伏安特性图中是一条过原点的直线,直线的斜率与元件的电阻 R 成正比。

当电阻元件的电压和电流采用关联参考方向时,电阻元件消耗的功率为

$$p = ui = Ri^2 = \frac{u^2}{R} = Gu^2 = \frac{i^2}{G} \tag{1-8}$$

式中 R 和 G 是正实常数,功率 $p \geqslant 0$,所以线性电阻始终消耗功率,是一种无源元件。

电阻元件从 t_0 到 t 时间内从电源吸收的电能为

$$W = \int_{t_0}^{t} Ri^2(\xi)\mathrm{d}\xi = \int_{t_0}^{t} \frac{u^2(\xi)}{R}\mathrm{d}\xi \tag{1-9}$$

从上面的分析可知,电阻 R 既表示线性电阻元件电压与电流的比例关系,同时它也是一个实在的元件。

电阻在实际使用中按制作材料分为碳膜电阻、金属膜电阻、线绕电阻,按用途分为通用电阻、精密电阻、高压电阻、高阻电阻,按形状分圆柱形电阻、片状电阻、排状电阻。

电阻的主要技术参数如下:

(1) 标称电阻值　为了便于工业化大量生产和使用者在一定范围内选用,国家规定了一系列的按一定规律分布的各种标称阻值,使用者可根据需要进行选择和搭配,以得到自己所需的电阻值。标称电阻值的单位为 Ω(欧)、kΩ(千欧)、MΩ(兆欧)。

(2) 阻值误差　电阻允许误差:±10%,±5%,±1% 等。

(3) 额定功率　标准有:1/8 W,1/4 W,1/2 W,1 W,2W,5W,10W,20W 等。

电阻值在电阻上的标注目前主要是采用色环标注法,识别方法如下:

表 1.1　　通用电阻色环颜色与所对应的数字列表

色环颜色	棕	红	橙	黄	绿	兰	紫	灰	白	黑	金	银
代表数值	1	2	3	4	5	6	7	8	9	0	±5%	±10%

目前电阻的标称阻值的标注方法有在电阻上采用圆环形彩色的标注方法,有 4 环标注和 5 环标注,如图 1.5 所示。例如 4 环标注的电阻色环标志为"棕黑橙金",则该电阻的阻值为 $10k\Omega$,误差为 $\pm5\%$;5 环标注的电阻色环标志为"红黄白橙银",则该电阻的阻值为 $249k\Omega$,误差为 $\pm10\%$。

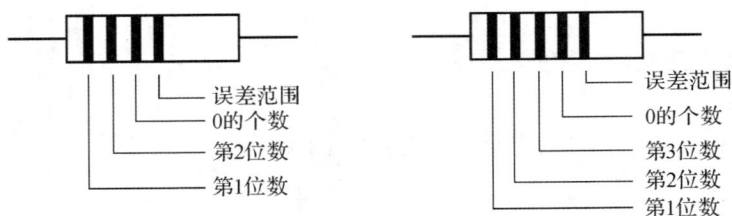

图 1.5　　通用电阻色环颜色标注法及示例

1.3.2　电容元件

凡是能够以储存电场能量为主要电磁特性的实际电气装置或电器元件从理论上都可抽象成理想电容元件。而实际电容元件从构成上来说,都是由两块平行金属板、中间放入不同的绝缘介质(如云母、电介质、聚烯、钽等材料)所构成。当在两块金属板上加上电压时,就会在金属板上分别聚集起等量的正负电荷,从而在绝缘介质中建立电场并具有电场能量。当把电压移去,电荷仍然保留在极板上,电场和电场能量继续存在。

线性电容的电路符号如图 1.6 所示。与电压正极相连的极板聚集的是正电荷,与电压负极相连的极板聚集的是负电荷。通过研究发现,极板上的电荷量 q 与所加的电压 u 成正比,于是有

$$q(t) = Cu(t) \tag{1-10}$$

式中 C 为表示电容元件的参数,称为电容。当电荷的单位为库仑(C),电压为伏特(V),则电容的单位为法拉(F)。如图 1.6 所示,线性电容的库伏特性是一条过原点的直线。

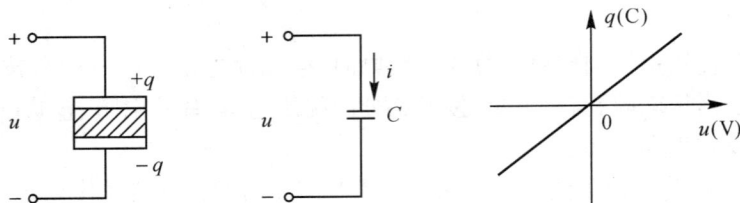

图 1.6　　电容元件及伏安特性关系曲线

电容元件具有下列特性:

1. 电容是一种动态元件

当电容元件的电压和电流取关联参考方向,则有

$$i = \frac{\mathrm{d}q(t)}{\mathrm{d}t} = C \frac{\mathrm{d}u(t)}{\mathrm{d}t} \tag{1-11}$$

这表明电容中的电流与其两端电压的变化率成正比,当电容两端加的是直流电压时,电流为零,我们说电容有隔断直流的作用。

2. 电容是一种记忆元件

将公式(1-1)改写为

$$q(t) = \int i(t)\mathrm{d}t$$

根据电路具体情况,我们可以确定它的积分上下限

$$q(t) = \int_{-\infty}^{t} i(\xi)\mathrm{d}\xi = \int_{-\infty}^{t_0} i(\xi)\mathrm{d}\xi + \int_{t_0}^{t} i(\xi)\mathrm{d}\xi = q(t_0) + \int_{t_0}^{t} i(\xi)\mathrm{d}\xi \tag{1-12}$$

式中 $q(t_0)$ 为 t_0 时刻电容所带的电荷量。上式表明,电容在 t 时刻所带的电荷量等于 t_0 时刻的电荷量加上从 t_0 到 t 时间内增加的电荷量。如果设 t_0 为计时起点,并令其为零,则

$$q(t) = q(0) + \int_{0}^{t} i(\xi)\mathrm{d}\xi \tag{1-13}$$

由式(1-10)可知,电容元件的电压也具有上述性质

$$u(t) = u(0) + \frac{1}{C} \int_{0}^{t} i(\xi)\mathrm{d}\xi \tag{1-14}$$

从上两式可知,电容两个极板上的电荷量和电容的电压除与 0 到 t 时刻的电流值有关外,还与 $q(0)$ 或 $u(0)$ 值有关,即与电容以前的状态有关,我们由此性质称电容是一种"记忆"元件。而电阻元件在任何时刻 t 的电压仅与该瞬间的电流值有关,而与之前的状态没有关系,所以我们说电阻是无"记忆"的元件。

3. 电容是一种储能元件

在电压和电流取关联参考方向下,线性电容元件的功率表达式为

$$p(t) = u(t)i(t) = Cu(t) \frac{\mathrm{d}u(t)}{\mathrm{d}t} \tag{1-15}$$

电容元件在 t 时刻吸收电场能量为

$$\begin{aligned} W_C &= \int_{-\infty}^{t} u(\xi)i(\xi)\mathrm{d}\xi = \int_{-\infty}^{t} Cu(\xi) \frac{\mathrm{d}u(\xi)}{\mathrm{d}\xi}\mathrm{d}\xi \\ &= C \int_{u(-\infty)}^{u(t)} u(\xi)\mathrm{d}u(\xi) \\ &= \frac{1}{2}Cu^2(t) - \frac{1}{2}Cu^2(-\infty) \end{aligned} \tag{1-16}$$

可以认为,$u(-\infty) = 0$,这样,电容元件在任何时刻 t 具有的电场能量为

$$W_C(t) = \frac{1}{2}Cu^2(t) \tag{1-17}$$

从时间 t_1 到 t_2 电容元件能量的变化为

$$\begin{aligned} W_C &= C \int_{u(t_1)}^{u(t_2)} u\mathrm{d}u = \frac{1}{2}Cu^2(t_2) - \frac{1}{2}Cu^2(t_1) \\ &= W_C(t_2) - W_C(t_1) \end{aligned} \tag{1-18}$$

当电容元件储存电场能量(充电)时,$|u(t_2)| > |u(t_1)|$,$W_C(t_2) > W_C(t_1)$,在此时间内电容元件通过电路吸收能量;当电容元件释放电场能量(放电)时,$W_C(t_2) < W_C(t_1)$,电容元

件将储存的电场能量通过电路释放出来。所以电容元件是一种储能元件,并且电容元件也不会释放出多于它储存的能量,因此,它又是一种无源元件。

电容在实际使用中按制作材料分瓷片电容、云母电容、纸介电容、聚脂电容、钽电容、电解电容等数十种,除电解电容有极性外,其余电容都是无极性的。

电容的主要技术参数如下:

(1) 标称电容值

为了便于工业化大量生产和使用者在一定范围内选用,国家规定了一系列的按一定规律分布的各种标称电容值,使用者可根据需要进行选择和搭配,以得到自己所需的电容值。标称电容值的单位为 F(法)、μF(微法)、pF(皮法),$1F = 10^6 \mu F$,$1\mu F = 10^6 pF$。

(2) 电容值误差

标称电容值允许误差:$\pm 10\%$,$\pm 5\%$,$\pm 1\%$ 等。

(3) 额定电压

电容在正常工作时所能承受的最大电压,一般规格有 6.3V、10V、16V、25V、36V、50V、100V、160V、250V、400V 等。使用中不要超过额定值,否则电容会被击穿。

电容标称值的识别方法有数值标注法和色环标注法。数值标注法通常用在标注 $1\mu F$ 以下的电容,如某一瓷片电容上标有 104,表示有效数值为 10,后面再加 4 个 0,即电容标称值为 $10 \times 10^4 pF$,为 $0.1\mu F$。而色环标注法的规则与色环电阻的标注规则相同。

电解电容器的容量一般大于 $0.1\mu F$,并在其上标有电容值和耐压值,并且在管脚的一端(短脚)标有极性"—"极,另一端是正极,在直流电路中不能接错。

1.3.3　电感元件

凡是能够以储存磁场能量为主要电磁特性的实际电气装置或元件从理论上说都可抽象成理想电感元件。而实际电感元件从构成上来说,都是采用金属导线绕制的线圈。图 1.6 所示为一绕制在非铁芯材料上的线圈,工程上一般各圈的直径基本相同。当线圈通过电流时就会产生磁通 Φ_L,定义一参数磁通链 Ψ_L 为

$$\Psi_L = N\Phi_L \tag{1-19}$$

式中 N 为线圈的匝数。Φ_L 和 Ψ_L 的方向与电流 i 的参考方向成右手螺旋关系,由于它们是线圈自身通过的电流产生的,所以称为自感磁通和自感磁通链。当磁通链 Ψ_L 随时间变化时,在线圈的两个端子之间产生感应电压 u。如果感应电压 u 的参考方向与磁通链 Ψ_L 满足右手螺旋关系,则根据电磁感应定律有

$$u(t) = \frac{\mathrm{d}\Psi_L(t)}{\mathrm{d}t} \tag{1-20}$$

电感元件是对实际线圈抽象后得到的一种理想模型,主要研究线圈中通过电流时产生的磁通以及如何储存磁场能量。线性电感元件的电路图形符号如图 1.7 所示。研究发现,线性电感元件的自感磁通链与线圈中通过的电流成正比,即

$$\Psi_L(t) = Li(t) \tag{1-21}$$

式中 L 称为线圈的自感系数或简称为电感。当磁通链的单位用韦伯(Wb),电流的单位用安培(A) 时,电感的单位是亨利(H)。线性电感元件的韦安特性曲线是一条过原点的直线。

电感元件具有下列特性:

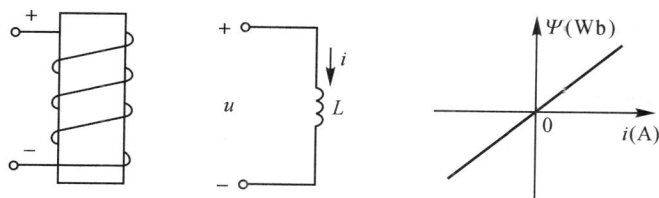

图 1.7　电感元件及伏安特性曲线

1. 电感是一种动态元件

当电感元件的电压和电流取关联参考方向时,将式(1-21)代入式(1-20)得电感元件的伏安特性关系为

$$u(t) = L \frac{\mathrm{d}i(t)}{\mathrm{d}t} \tag{1-22}$$

式中 u 和 i 与 Ψ_L 成右手螺旋关系。上式表明,只有通过线圈的电流随时间变化时,才会在线圈两端产生感应电压,当线圈通过直流电流时,就不会产生感应电压,感应电压为零。

2. 电感是一种记忆元件

将式(1-22)改写为

$$i(t) = \frac{1}{L} \int u(t) \mathrm{d}t \tag{1-23}$$

根据电路具体情况,我们可以确定它的积分上下限:

$$i(t) = \frac{1}{L} \int_{-\infty}^{t} u(\xi) \mathrm{d}\xi = \frac{1}{L} \int_{-\infty}^{t_0} u(\xi) \mathrm{d}\xi + \frac{1}{L} \int_{t_0}^{t} u(\xi) \mathrm{d}\xi$$
$$= i(t_0) + \frac{1}{L} \int_{t_0}^{t} u(\xi) \mathrm{d}\xi \tag{1-24}$$

式中 $i(t_0)$ 为 t_0 时刻电感中通过的电流。上式表明,电感在 t 时刻通过的电流等于 t_0 时刻的电流加上从 t_0 到 t 时间内增加的电流。如果设 t_0 为计时起点,并令其为零,则

$$i(t) = i(0) + \frac{1}{L} \int_{0}^{t} u(\xi) \mathrm{d}\xi \tag{1-25}$$

由式(1-21)可知,电感元件的磁通链也具有上述性质,即

$$\Psi_L(t) = \Psi_L(0) + \int_{0}^{t} u(\xi) \mathrm{d}\xi \tag{1-26}$$

从上两式可知,电感元件的电流和磁通链除与 0 到 t 时刻的电压值有关外,还与 $i(0)$ 或 $\Psi_L(0)$ 值有关,即与电感元件以前的状态有关,我们将此性质称为电感是一种"记忆"元件。

3. 电感元件是一种储能元件

在电压和电流取关联参考方向下,线性电感元件的功率表达式为

$$p(t) = u(t)i(t) = Li(t) \frac{\mathrm{d}i(t)}{\mathrm{d}t} \tag{1-27}$$

电感元件在 t 时刻吸收磁场能量为

$$W_L = \int_{-\infty}^{t} u(\xi)i(\xi) \mathrm{d}\xi = \int_{-\infty}^{t} Li(\xi) \frac{\mathrm{d}i(\xi)}{\mathrm{d}\xi} \mathrm{d}\xi$$
$$= L \int_{i(-\infty)}^{i(t)} i(\xi) \mathrm{d}i(\xi) = \frac{1}{2} Li^2(t) - \frac{1}{2} Li^2(-\infty)$$

可以认为,$i(-\infty) = 0$,这样,电感元件在任何时刻 t 具有的磁场能量为

$$W_L(t) = \frac{1}{2}Li^2(t) \tag{1-28}$$

从时间 t_1 到 t_2 电感元件能量的变化为

$$W_L = L\int_{i(t_1)}^{i(t_2)} idi = \frac{1}{2}Li^2(t_2) - \frac{1}{2}Li^2(t_1)$$

$$= W_L(t_2) - W_L(t_1) \tag{1-29}$$

当电感元件储存磁场能量时，$|i(t_2)| > |i(t_1)|$，$W_L(t_2) > W_L(t_1)$，在此时间内电感元件通过电路吸收能量；当电感元件释放磁场能量时，$W_L(t_2) < W_L(t_1)$，电感元件将储存的磁场能量通过电路释放出来。所以电感元件是一种储能元件，并且电感元件也不会释放出多于它储存的能量，因此，它又是一种无源元件。

电感在实际使用中通常是用漆包线绕制在某种形状的物体上，如圆柱体、矩形体等，也可以绕好后将物体抽走形成空心电感。按绕制电感线圈的物体性质可分为线性电感和非线性电感，如果物体是非铁磁性物质，如硬纸版、胶木、木头、塑料等，则为线性电感，L 为一确定的常量；如果物体是铁磁物质，如铁、镍、钴的合金等，则为非线性电感，L 不是常数，而是变量。

电感的主要技术参数如下：

（1）标称电感值

为了便于工业化大量生产和使用者在一定范围内选用，国家规定了一系列的按一定规律分布的各种标称电感值，使用者可根据需要进行选择和搭配，以得到自己所需的电值。标称电感值的单位为 H（亨）、mH（毫亨）、μH（微亨）。

（2）电感值误差

标称电感值允许误差：$\pm 10\%$，$\pm 5\%$，$\pm 1\%$ 等。

（3）额定电流

电感在正常工作时所能承受的最大电流，一般规格有 05A、1A、2A、5A、10A 等，使用中流过电感的电流不能超过额定值，否则会烧毁电感。

电感标称值的识别方法有数值标注法和色环标注法。其标注规则如同电容。μH 数量级的电感的封装形式如同电阻或电容，在使用中应加以注意，避免与电阻或电容元件搞混淆。

1.3.4　电压源和电流源

实际电源有各种形式的电池、发电机、信号发生器等，根据使用中呈现的主要电磁特性可抽象成电压源和电流源两种。

1. 电压源

电压源是理想的二端电路元件，它具有以下性质：

（1）输出电压不随外电路参数的变化而变化

理想电压源的端电压输出可表示为

$$u(t) = u_S(t) \tag{1-30}$$

式中 $u_S(t)$ 为给定的时间函数，与外电路参数的变化无关。当不随时间变化时，电压源称为直流电压源，用 U_S 或 U 表示。它的伏安特性曲线为一条平行电流轴的直线。图1.8所示为理想电压源及伏安特性曲线。

（2）输出电流随外电路参数的变化而变化

理想电压源的输出电流与外接负载的大小有关。

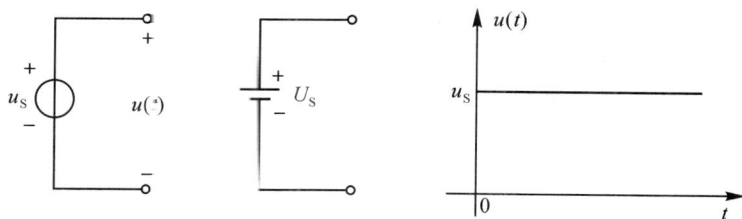

图 1.8 理想电压源及伏安特性曲线

2. 电流源

电流源是理想的二端电路元件，它具有以下性质：

（1）输出电流不随外电路参数的变化而变化

理想电流源的端电流输出可表示为

$$i(t) = i_S(t) \tag{1-31}$$

式中 $i_S(t)$ 为给定的时间函数，与外电路参数的变化无关。当不随时间变化时，电流源称为直流电流源，用 I_S 或 I 表示。它的伏安特性曲线为一条平行电压轴的直线。图 1.9 所示为理想电流源及其伏安特性曲线。

$$p(t) = u_S(t)i_S(t) \tag{1-32}$$

（2）输出电压随外电路参数的变化而变化

理想电流源的端电压与外接负载的大小有关。

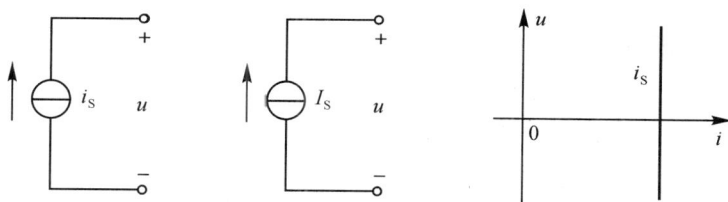

图 1.9 理想电流源及伏安特性曲线

无论是电压源还是电流源，在一般情况下都是向电路提供电能的。因此，根据前面关联参考方向的定义，电源的端电压和通过电源的电流的参考方向取非关联参考方向。即当 $p(t) \leqslant 0$，表示电压源或电流源向电路提供功率；当 $p(t) \geqslant 0$，表示电压源或电流源吸收功率，处于被充电状态。

这里介绍的电源我们称之为独立电源。同样还存在非独立电源。

1.3.5 受控电源

受控电源又称之为"非独立电源"，受控电源与独立电源不同，它的输出电压或电流受电路中某部分电压或电流的控制。

受控电源分受控电压源和受控电流源。根据控制量是电压还是电流又分为电压控制电压源（VCVS）、电压控制电流源（VCCS）、电流控制电压源（CCVS）、电流控制电流源（CCCS）。它们的电路图形符号如图 1.10 所示，μ、r、g、β 分别表示相应的控制系数。当各控制系数为常数时,被控量与控制量成线性关系,则相应的受控源称之为线性受控源。本章只讨论线性受控源。

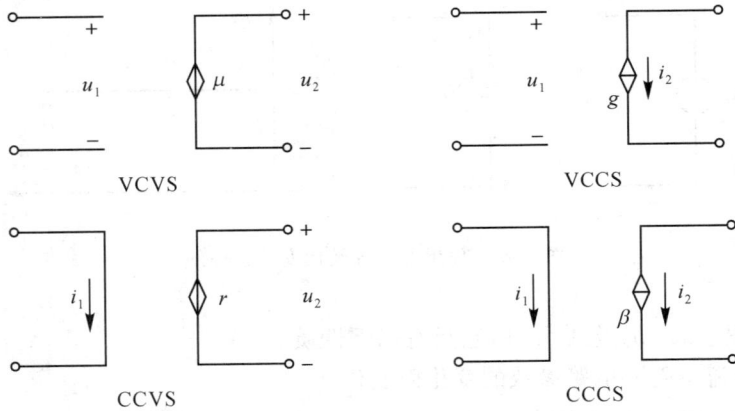

图 1.10　各种受控源

从图 1.10 中我们可知:

$$u_2 = \mu u_1 \quad (\text{VCVS}) \qquad i_2 = g u_1 \quad (\text{VCCS}) \tag{1-33}$$

$$u_2 = r i_1 \quad (\text{CCVS}) \qquad i_2 = \beta i_1 \quad (\text{CCCS}) \tag{1-34}$$

式中:μ 和 β 为无量纲的常数;r 和 g 分别为具有电阻和电导量纲的常数。

受控电源与独立电源不同,独立电源对电路的作用反映了电路中各元件和各支路的电压、电流的产生(响应)是由于独立电源的存在(激励)。

1.4　基尔霍夫定律

基尔霍夫定律的内容包含两个定律,即电流定律和电压定律。基尔霍夫定律是集总参数电路的基本定律。在讲述基尔霍夫定律之前,首先介绍几个基本概念。

支路:组成电路的每一个二端元件称为一条支路,实际上只要是几个二端元件串联在一起且通过同一电流的电路都称为支路,如图 1.11 中元件 1 和元件 2 组成的路径为同一条支路。

结点:不同支路的连接点,但实际上三条及以上支路的连接点才是真正意义上的结点。如图 1.11 中的 a、b、c、d 四个结点。

回路:由支路组成的闭合回路。如图 1.11 中的 acea 和 abdca 等回路。

电路中每条支路的电压和电流都受到两类约束,即元件约束和结构约束。元件约束是指每一个二端元件的电压和电流应遵循的伏安特性关系。如电阻元件的伏安特性关系应服从欧姆定律。结构约束是指元件的连接给支路电压和支路电流带来的约束,基尔霍夫定律就是这类约束关系的体现。

1.4.1　基尔霍夫电流定律(KCL)

基尔霍夫电流定律指出:在集总参数电路中,任何时刻,对任何一个结点,连接该结点的所有支路电流的代数和恒等于零。用数学表达式表示为

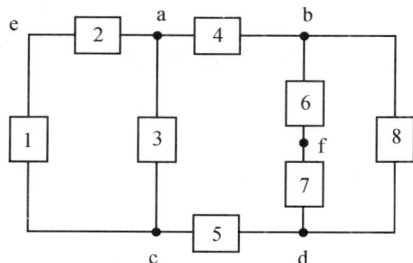

图 1.11　支路、结点和回路

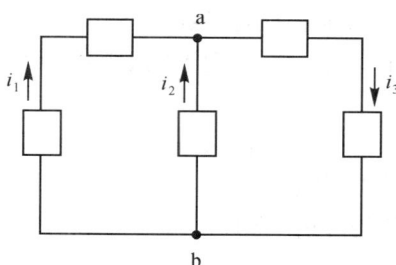

图 1.12　基尔霍夫电流定律

$$\sum i = 0 \tag{1-35}$$

这里的代数和是按人们事先规定好的流入还是流出结点的电流方向决定的。例如,若流入结点的电流前面取"+"号,则流出结点的电流前面取"-"号。例如,在图 1.12 中对结点 a 写基尔霍夫电流定律,有

$$i_1 + i_2 - i_3 = 0$$

同样我们也可以说,在集总参数电路中,在任何时刻,对任何一个结点,流入该结点的电流等于流出该结点的电流。用数学表达式表示为

$$\sum i(流入) = \sum i(流出) \tag{1-36}$$

这种特性称为电流流动的连续性。这里的结点是具体的结点。实际上基尔霍夫电流定律还适用于广义结点,即由几个结点组成的闭合曲面。如图 1.13 所示,有

$$i_1 + i_2 + i_3 = 0$$

此结果很容易证明,只要对图中三个结点 a、b、c 分别写基尔霍夫电流定律,然后三式相加便得上述结果。

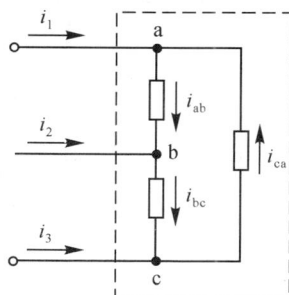

图 1.13　KCL 关于广义结点

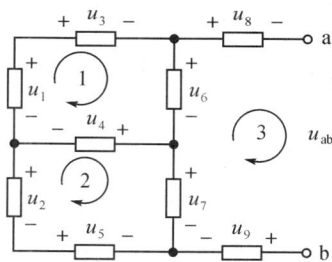

图 1.14　基尔霍夫电压定律

1.4.2　基尔霍夫电压定律(KVL)

基尔霍夫电压定律指出:在集总参数电路中,任何时刻,沿任何一回路,组成该回路的所有支路电压的代数和恒等于零。用数学表达式表示为

$$\sum u = 0 \tag{1-37}$$

在写上式之前,应首先指定沿回路的绕行方向(顺时针或逆时针),当支路电压或元件电压的参考方向与回路的绕行方向一致时,该电压前面取"+"号;当支路电压的参考方向与回

路的绕行方向相反时,该电压前面取"—"号。如图 1.14 所示,在对指定的回路 1 写基尔霍夫电压定律之前,首先指定组成该回路的各支路电压的参考方向和回路的绕行方向,则根据 KVL 有

$$-u_1 + u_3 + u_6 + u_4 = 0$$

基尔霍夫电压定律不仅适用于闭合回路,也适用于不闭合的路径。如在图 1.14 中,要求 u_{ab},我们仍可用 KVL 写出

$$u_8 + u_{ab} + u_9 - u_7 - u_6 = 0$$

得 $$u_{ab} = u_6 + u_7 - u_8 - u_9$$

KCL 和 KVL 分别对支路电流和支路电压进行线性结构约束,由于这两个定律仅与元件的相互连接方式有关,而与元件本身的性质无关,即与元件约束无关,因此,无论元件是线性还是非线性,时变还是时不变,这两个定律始终成立。

应当注意的是,在对电路同时写 KCL 和 KVL 时,从理论上讲,这两个定律是相互独立的,因而电路中每个元件或每条支路的电压和电流的参考方向可任意设定。但在实际应用这两个定律时,一般要求电压和电流的参考方向取关联参考方向。

例 1.1 图 1.15 所示电路中,已知 $R_1 = 3\Omega, R_2 = 2\Omega, R_3 = 1\Omega, U_1 = 3V, U_3 = 1V$,试求电阻 R_2 两端的电压 U_2。

解 各支路电流和电压的参考方向如图所示。根据欧姆定律和 KCL、KVL 有

回路 1 $$-U_1 + R_1 I_1 + U_2 = 0$$
回路 2 $$-U_2 + R_3 I_3 + U_3 = 0$$
结点 a $$I_1 - I_2 - I_3 = 0$$

将各元件参数代入上式,并解出上述联立方程有

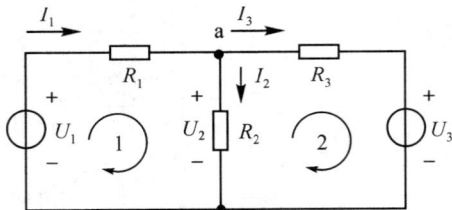

图 1.15 例 1.1 的图

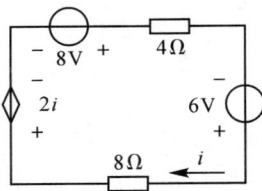

图 1.16 例 1.2 的图

$$U_2 = R_2 I_2 = 0.818 \,(\text{V})$$

例 1.2 试求图 1.16 所示电路中的电流 i。

解 电路中有一个受控源 CCVS,利用 KVL 对电路写电压方程(绕行方向为顺时针)有

$$-8 + 4i - 6 + 8i + 2i = 0$$

$$i = \frac{6+8}{4+8+2} = 1 \,(\text{A})$$

1.5 电压和电位的区别

在前面我们已经介绍了电压的定义,但在后面分析电子电路时,还会用到电位的概念。

在后面的模拟电路和数字电路的学习中,我们经常需要了解电路中某点电位的高低,或者是某点相对于另一点电位的高低,而电压只能表示电路中电路元件或支路两点之间的电位之差,不能说明电路中某点的电位具体是多少。下面我们举例说明电位的概念及与电压的区别。

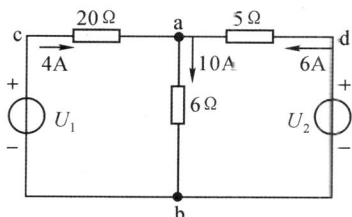

图 1.17　电压举例

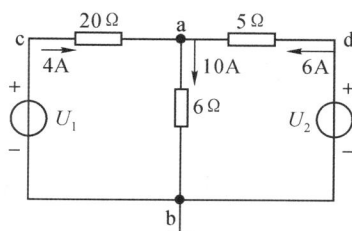

图 1.18　电位举例

电路如图 1.17 所示,已知 $U_1 = 140\mathrm{V}$,$U_2 = 90\mathrm{V}$,各支路电流计算结果如图 1.17 所示,根据图可得

$$U_{ab} = U_a - U_b = 6 \times 10 = 60\mathrm{V}$$

这个结果只能说明 a、b 两点之间的电压值,或是两点之间的电位差,但无法知道 U_a 或 U_b 的电位是多少伏。因此,在需要计算电位时,必须选定电路中的任意一点作为参考点,它的电位称为参考电位,一般设参考电位为零。电路中其他各点的电位都同它做比较,比它高的为正,比它低的为负,正值愈大则电位愈高,负值愈大则电位愈低。参考点在电路图 1.18 中标上"接地"符号,所谓"接地"只是表示参考电位点或零电位点,并非真正与大地相接。

如果将图 1.18 中的 b 点"接地",作为参考零电位点,则有

$$U_b = 0 \qquad U_a = 60\mathrm{V}$$

而如果将 a 点作为参考零电位点,则有

$$U_a = 0 \qquad U_b = -60\mathrm{V}$$

有了电位的概念以后,图 1.1 所示电路可以简化成图 1.19(a)或(b)所示电路。

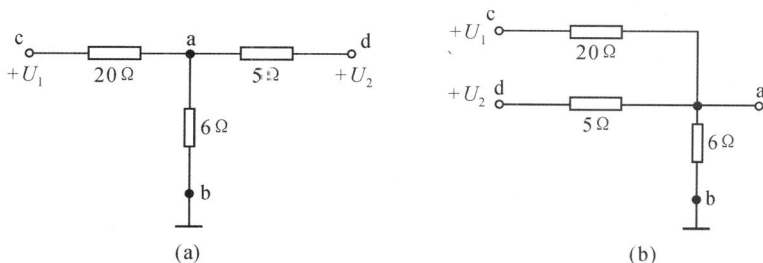

(a)

(b)

图 1.19　图 1.18 的简化图

从上面的结果可以看出:

(1)电路中任何一点的电位等于该点与参考电位点之间的电压,或者说电路中任意两点之间的电压等于这两点之间的电位之差。

(2)如果没有选定参考电位点,而去讨论电路中某点的电位高低是没有意义的。电路中参考电位点选取的不同,电路中各点的电位值也会随着改变,但电路中任意两点之间的电位是不会改变的。所以各点电位高低是相对的,而两点间的电压值是绝对的。

习 题

1.1 在题 1.1 图所示电路中,五个元件代表电源或负载。电压和电流的参考方向如图所标,现通过实验测得 $I_1 = -4\text{A}, I_2 = 6\text{A}, I_3 = 10\text{A}, U_1 = 140\text{V}, U_2 = -90\text{V}, U_3 = 60\text{V}$, $U_4 = -80\text{V}, U_5 = 30\text{V}$。

(1) 试标出各电流的实际方向和各电压的实际极性(可另画一图)。

(2) 判断哪些元件是电源、哪些元件是负载。

(3) 计算各元件的功率,判断电源发出的功率和负载消耗的功率是否平衡。

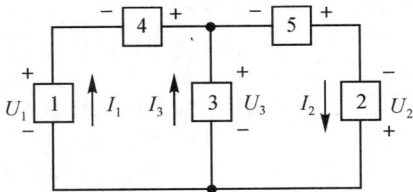

题 1.1 图

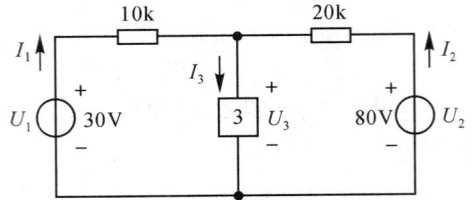

题 1.2 图

1.2 在题 1.2 图所示电路中,已知 $I_1 = -3\text{mA}, I_2 = 1\text{mA}$。试确定电路元件 3 中的电流 I_3 和其两端电压 U_3,说明它是电源还是负载,并验证整个电路的功率是否平衡。

1.3 一只 110V,8W 的指示灯,现要接在 380V 的电源上,问要串联多大阻值的电阻?该电阻应选用多大功率的电阻?

1.4 电容中电流 i 的波形如题 1.4 图所示,现已知 $u(0) = 0$,试求当 $t = 1\text{s}, t = 2\text{s}, t = 4\text{s}$ 时电容的电压 u。

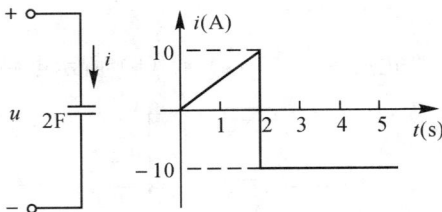

题 1.4 图

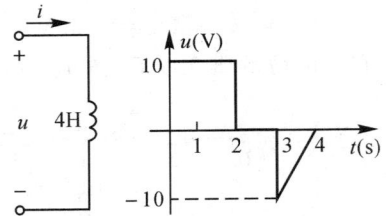

题 1.5 图

1.5 题 1.5 图所示电感电路中,$i(0) = 0$,电感两端电压的波形如图所示,试求当 $t = 1\text{s}, t = 2\text{s}, t = 3\text{s}, t = 4\text{s}$ 时的电感电流 i。

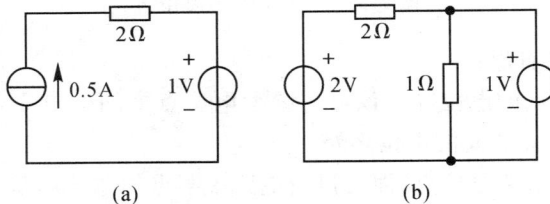

(a)   (b)

题 1.6 图

1.6   试求题 1.6 图所示电路中每个元件的功率,并分析电路的功率是否守恒,说明哪个电源发出功率,哪个电源吸收功率。

1.7   有两只电阻,其额定值分别为 $40\Omega,10\mathrm{W}$ 和 $200\Omega,40\mathrm{W}$,试问它们允许通过的电流是多少?如将两者串联起来,其两端最高允许电压加多大?

1.8   求题 1.8 图所示电路中的电流 i_1 和 i_2。

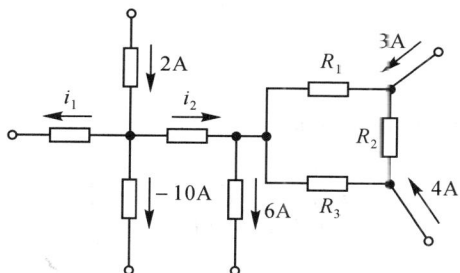

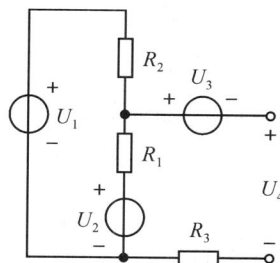

题 1.8 图   题 1.9 图

1.9   在题 1.9 图所示电路中,已知 $U_1 = 10\mathrm{V}$,$U_2 = 4\mathrm{V}$,$U_3 = 2\mathrm{V}$,$R_1 = 4\Omega$,$R_2 = 2\Omega$,$R_3 = 5\Omega$,1、2 两点处于开路状态,试计算开路电压 U_4。

1.10   试用 KCL 和 KVL 求题 1.10 图所示电路中的电压 u。

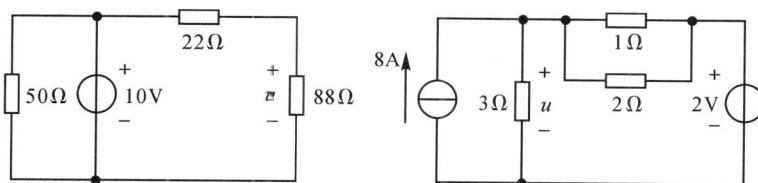

(a)   (b)

题 1.10 图

1.11   试求题 1.11 图所示电路中的电流 i。

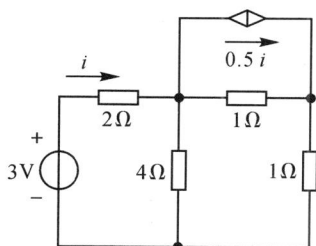

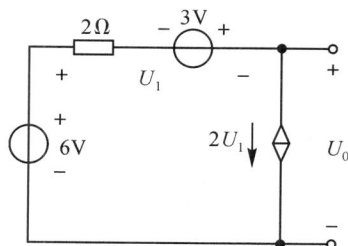

题 1.11 图   题 1.12 图

1.12   试求题 1.12 图所示电路中的电压 U_0。

1.13   试求题 1.13 图所示电路中受控源吸收的功率 P。

1.14   在题 1.14 图所示电路中,已知电阻 R 消耗功率 $P = 50\mathrm{W}$,试求电阻 R 的阻值。

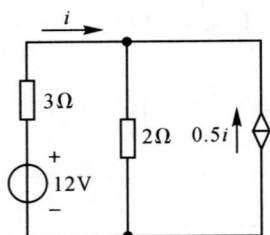

题 1.13 图

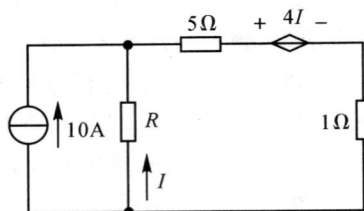

题 1.14 图

1.15　在题 1.15 图所示电路中,已知 $U = 3\mathrm{V}$,试求电阻 R。

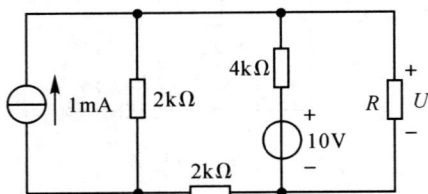

题 1.15 图

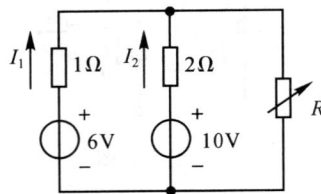

题 1.16 图

1.16　在题 1.16 图所示电路中,问 R 为何值时 $I_1 = I_2$?R 又为何值时 I_1、I_2 中一个电流为零?并指出哪一个电流为零。

第 2 章　　直流电阻电路的分析与计算

本章讲述由电阻组成的电路在直流电源的作用下电路中有关参数的分析与计算,并介绍在直流电阻电路中常用的几种电路分析方法。

2.1　电阻电路的等效变换

对电路进行分析和计算时,有时可以把电路中某一部分简化,即用一个较为简单的电路替代原电路。在图 2.1(a) 中,B 部分电路是由几个电阻构成的,可以用一个电阻 R_{eq}(见图 2.1(b)) 替代,使整个电路得以简化。进行替代的条件是使图 2.1(a)、(b) 中 B 部分电路和 C 部分电路有相同的电压、电流关系(伏安特性)。电阻 R_{eq} 称为等效电阻,其值决定于被替代的原电路中各电阻的值以及它们的连接方式。

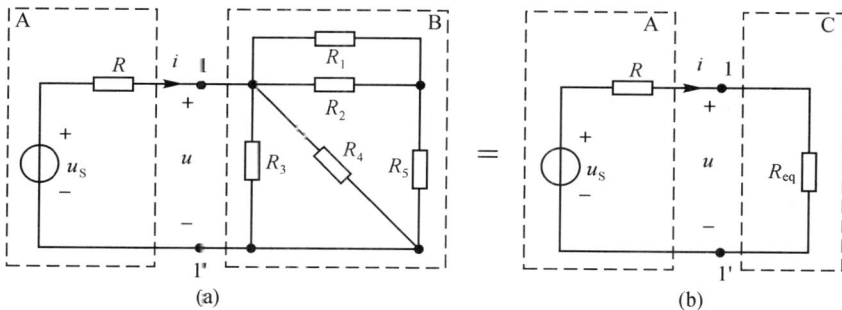

图 2.1　等效电阻

另一方面,当图 2.1(a) 中 B 部分电路被 R_{eq} 替代后,A 部分电路的任何电压、电流和功率都将维持与原电路相同。这就是电路的"等效概念"。更一般地说,当电路中某一部分用其等效电路替代后,未被替代部分的电压、电流和功率均应保持不变。用等效电路的方法求解电路时,电压、电流和功率保持不变的部分仅限于等效电路以外,这就是"对外等效"的概念。等效电路与被它代替的那部分电路显然是不同的,例如,把图 2.1(a) 所示电路简化后,不难按图 2.1(b) 求得端子 1-1′ 左部分的电流 i 和端子 1-1′ 的电压 u,它们分别等于原电路中的电流 i 和电压 u。如果要求得图 2.1(a) 中 B 部分电路的各电阻的电流,就必须回到原电路,根据已求得的电流 i 和电压 u 求解。"对外等效"也就是对外部特性等效。

习惯上把图 2.1 中(a)图与(b)图说成是互为等效的变换电路。这里所说"等效"即指对于求 A 中的电流、电压、功率效果而言是相等的,"变换"即指因 C 代换了 B 致使(b)图与(a)

图形状发生了变化。这里再次明确：电路等效变换的条件是相互代换的两部分电路具有相同的伏安特性；电路等效的对象是 A（也就是电路未变化的部分）中的电流、电压、功率；电路等效变换的目的是为了简化电路，可以方便地求出需要求的结果。

这里提醒读者：在本章以下几节中，都会涉及等效变换的概念，希望读者在以后的例子中仔细体会等效变换的概念。另外，在对电路进行分析和计算时，先对电路中某一部分进行适当的等效变换，也是整个电路理论中经常使用的方法。

2.2　电阻、电容、电感的串联与并联

2.2.1　电阻的串联与并联

1. 电阻的串联

按图 2.2(a) 所示，若将若干个电阻元件首尾顺序连接在一起，这种连接方式称为电阻的串联。显然串联的电阻中流过同一个电流。由 KVL 及欧姆定律可得出图 2.2(a) 所示 n 个电阻串联电路的端口伏安关系：

$$
\begin{aligned}
u &= R_1 i + R_2 i + \cdots + R_n i \\
&= (R_1 + R_2 + \cdots + R_n) i \\
&= R i
\end{aligned}
\tag{2-1}
$$

由欧姆定律可得出图 2.2(b) 所示的只含有一个电阻 R 的一端口网络的端口伏安关系为

$$
u = R i \tag{2-2}
$$

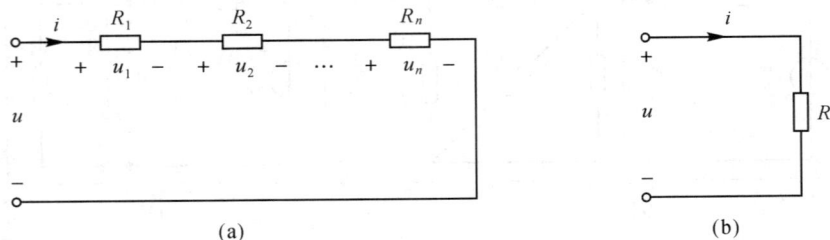

图 2.2　电阻的串联

由式(2-1)、(2-2) 可知，若

$$
R = R_1 + R_2 + \cdots + R_n \tag{2-3}
$$

则图 2.2 所示的两个一端口网络的端口伏安特性关系将完全相同，即图 2.2 所示的两个一端口网络等效。图 2.2(b) 中的电阻 R 称为图 2.2(a) 中 n 个串联电阻的等效电阻，又称为总电阻，它们之间的关系为式(2-3)。也就是说，n 个电阻串联可以等效变换成一个电阻 R，只要 R 与各串联电阻间满足式(2-3) 即可。

图 2.2(a) 所示电路中，第 k 个电阻两端的电压为

$$
u_k = R_k i = \frac{R_k}{R} u \tag{2-4}
$$

式(2-4) 称为电阻串联电路的分压公式。

2. 电阻的并联

按图 2.3(a) 所示将若干个电阻元件连接于两个公共点之间,这种连接方式称为电阻的并联。显然,并联电阻承受同一个电压。由 KCL 及欧姆定律可得出图 2.3(a) 所示 n 个电阻并联的端口伏安关系:

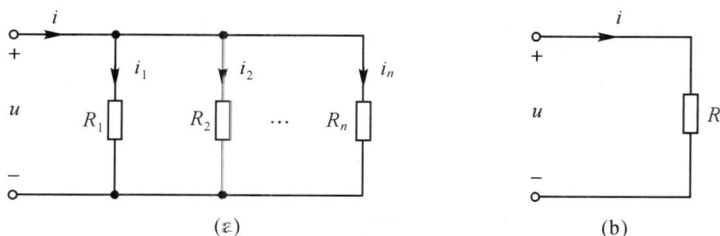

图 2.3　电阻的并联

$$i = i_1 + i_2 + \cdots + i_n$$
$$= \left(\frac{1}{R_1} + \frac{1}{R_2} + \cdots + \frac{1}{R_n} \right) u$$
$$= \frac{1}{R} u \tag{2-5}$$

由欧姆定律可得出图 2.3(b) 所示只含有一个电阻 R 的一端口网络的端口伏安关系:

$$i = \frac{1}{R} u \tag{2-6}$$

由式(2-5)、(2-6) 可知,若

$$\frac{1}{R} = \frac{1}{R_1} + \frac{1}{R_2} + \cdots + \frac{1}{R_r} \tag{2-7}$$

则图 2.3 所示的两个一端口网络的端口 VCR 将完全相同,即图 2.3 所示的两个一端口网络等效。图 2.3(b) 中的电阻 R 称为图 2.3(a) 中 n 个并联电阻的等效电阻,又称为总电阻。也就是说,n 个电阻并联可以等效变换成一个电阻 R,只要 R 与各并联电阻间满足式(2-7) 即可。

式(2-7) 可以写成

$$G = G_1 + G_2 + \cdots + G_n \tag{2-8}$$

即 n 个电导并联,其等效电导等于各个并联电导之和。

图 2.3(a) 所示电路中,第 k 个电阻两端的电流为

$$i_k = \frac{u}{R_k} = G_k u = \frac{G_k}{G} i \tag{2-9}$$

式(2-9) 称为电阻并联电路的分流公式。

在并联电路的计算中,最常遇到的是两个电阻并联的电路,如图 2.4 所示。其等效电阻为

$$\frac{1}{R} = \frac{1}{R_1} + \frac{1}{R_2}$$

得

$$R = \frac{R_1 R_2}{R_1 + R_2}$$

有时将上式记作

$$R = R_1 \mathbin{/\mkern-5mu/} R_2 = \frac{R_1 R_2}{R_1 + R_2}$$

符号"//"说明 R_1、R_2 为并联关系。

图 2.4 所示电路中,各分支电流为

$$i_1 = \frac{u}{R_1} = \frac{R_2}{R_1 + R_2} i \qquad\qquad i_2 = \frac{u}{R_2} = \frac{R_1}{R_1 + R_2} i$$

图 2.4 两个电阻并联

例 2.1 求图 2.5(a) 电路 ab 端的等效电阻。

解 将短路线压缩,c、d、e 三个点合为一点,如图 2.5(b),再

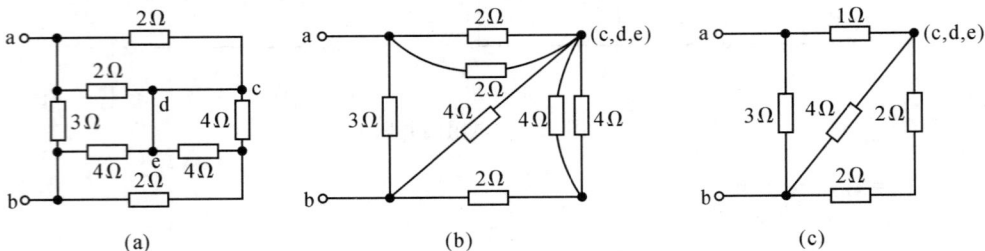

图 2.5 例 2.1 的图

将能看出串、并联关系的电阻用其等效电阻代替,如图 2.5(c) 所示,由 (c) 图就可方便地求得

$$R_{eq} = R_{ab} = [(2 + 2) \mathbin{/\mkern-5mu/} 4 + 1] \mathbin{/\mkern-5mu/} 3 = 1.5 \ (\Omega)$$

例 2.2 (1) 求图 2.6(a) 所示电路中的电流 i;

(2) 求图 2.6(b) 所示电路中的电压 u;

(3) 求图 2.6(c) 所示电路中电压源发出的功率 P。

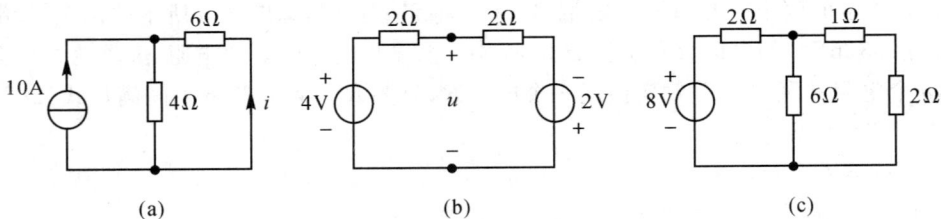

图 2.6 例 2.2 的图

解 (1) 利用分流公式 $\quad i = \dfrac{u}{R_1} = -\dfrac{4}{4 + 6} \times 10 = -4 \ (A)$

(2) 利用分压公式 $\quad u = \dfrac{2}{2 + 2}(4 + 2) - 2 = 1 \ (V)$

(3) 先求出总电阻 $\quad R_{eq} = (1 + 2) \mathbin{/\mkern-5mu/} 6 + 2 = 4 \ (\Omega)$

$$P = \frac{u^2}{R_{eq}} = \frac{8^2}{4} = 16 \ (W)$$

2.2.2 电容的串联与并联

1. 电容的串联

图 2.7(a) 为 n 个电容串联,根据 KCL 可知,每个电容流过的电流相同,分别对每个电容

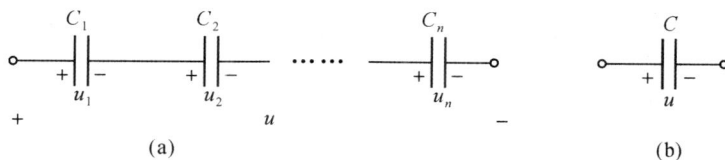

图 2.7　电容的串联

写出其伏安特性有

$$u_1 = u_1(t_0) + \frac{1}{C_1}\int_{t_0}^{t} i(\xi)\mathrm{d}\xi$$

$$u_2 = u_2(t_0) + \frac{1}{C_2}\int_{t_0}^{t} i(\xi)\mathrm{d}\xi$$

$$\vdots$$

$$u_n = u_n(t_0) + \frac{1}{C_r}\int_{t_0}^{t} i(\xi)\mathrm{d}\xi$$

根据 KVL 有

$$u = u_1 + u_2 + \cdots + u_n$$

$$= u_1(t_0) + \frac{1}{C_1}\int_{t_0}^{t} i(\xi)\mathrm{d}\xi + \cdots + u_n(t_0) + \frac{1}{C_n}\int_{t_0}^{t} i(\xi)\mathrm{d}\xi$$

$$= u_1(t_0) + u_2(t_0) + \cdots + u_n(t_0) + \left(\frac{1}{C_1} + \frac{1}{C_2} + \cdots + \frac{1}{C_n}\right)\int_{t_0}^{t} i(\xi)\mathrm{d}\xi$$

$$= u(t_0) + \frac{1}{C}\int_{t_0}^{t} i(\xi)\mathrm{d}\xi$$

式中，$u(t_0)$ 为所有串联电容的等效初始电压之和，即

$$u(t_0) = u_1(t_0) + u_2(t_0) + \cdots + u_n(t_0)$$

如果取 $t_0 = -\infty$，则所有电容的初始电压为零，有 $u(t_0) = 0$。

C 为所有串联电容的等效电容，即

$$\frac{1}{C} = \frac{1}{C_1} + \frac{1}{C_2} + \cdots + \frac{1}{C_n} \tag{2-10}$$

2. 电容的并联

图 2.8(a) 为 n 个电容并联，在并联情况下所有电容的电压都相等，并且所有电容电压的初始电压也相等，即

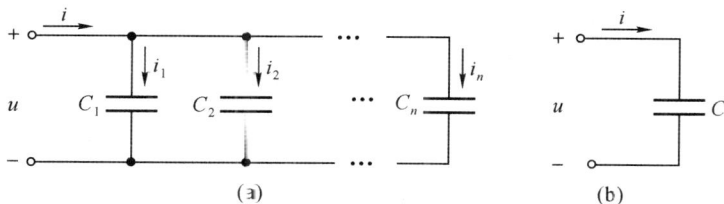

图 2.8　电容的并联

$$u_1(t_0) = u_2(t_0) = \cdots = u_r(t_0)$$

根据 KCL 有

$$i = i_1 + i_2 + \cdots + i_n$$

$$= C_1 \frac{\mathrm{d}u}{\mathrm{d}t} + C_2 \frac{\mathrm{d}u}{\mathrm{d}t} + \cdots + C_n \frac{\mathrm{d}u}{\mathrm{d}t} = (C_1 + C_2 + \cdots + C_n) \frac{\mathrm{d}u}{\mathrm{d}t}$$

$$= C \frac{\mathrm{d}u}{\mathrm{d}t}$$

式中 C 为所有并联电容的等效电容，即

$$C = C_1 + C_2 + \cdots + C_n \tag{2-11}$$

并具有初始电压 $u(t_0)$。

2.2.3　电感的串联与并联

1. 电感的串联

图 2.9（a）为 n 个电感串联，设每个电感的初始电流都相同，即

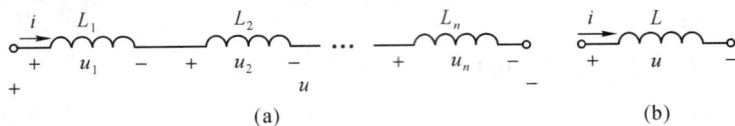

图 2.9　电感的串联

$$i_1(t_0) = i_2(t_0) = \cdots = i_n(t_0) = i(t_0)$$

由于串联，因而每个电感中流过的电流相同，根据 KVL，总电压为

$$u = u_1 + u_2 + \cdots + u_n$$

$$= L_1 \frac{\mathrm{d}i}{\mathrm{d}t} + L_2 \frac{\mathrm{d}i}{\mathrm{d}t} + \cdots + L_n \frac{\mathrm{d}i}{\mathrm{d}t} = (L_1 + L_2 + \cdots + L_n) \frac{\mathrm{d}i}{\mathrm{d}t}$$

$$= L \frac{\mathrm{d}i}{\mathrm{d}t}$$

式中 L 为所有串联电感的等效电感，即

$$L = L_1 + L_2 + \cdots + L_n \tag{2-12}$$

并具有相同的初始电流 $i(t_0)$。

2. 电感的并联

图 2.10（a）为 n 个电感并联，每个电感的初始电流分别为 $i_1(t_0)$、$i_2(t_0)$、$\cdots$、$i_n(t_0)$，并联时每个电感的电压都相同，分别对每个电感写出其伏安特性关系有

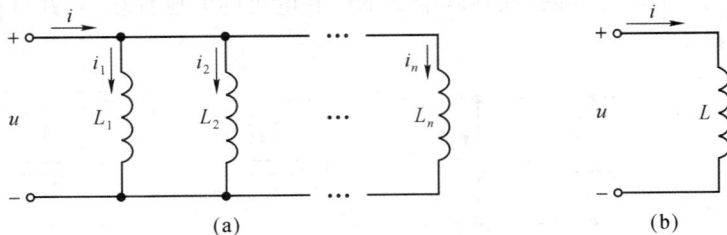

图 2.10　电感的并联

$$i_1 = i_1(t_0) + \frac{1}{L_1} \int_{t_0}^{t} u(\xi) \mathrm{d}\xi$$

$$i_2 = i_2(t_0) + \frac{1}{L_2} \int_{t_0}^{t} u(\xi) \mathrm{d}\xi$$

$$\vdots$$

$$i_n = i_n(t_0) + \frac{1}{L_n}\int_{t_0}^{t} u(\xi)\mathrm{d}\xi$$

根据 KCL 有

$$i = i_1 + i_2 + \cdots + i_n$$

$$= i_1(t_0) + i_2(t_0) + \cdots + i_n(t_0) + \frac{1}{L_1}\int_{t_0}^{t} u(\xi)\mathrm{d}\xi + \frac{1}{L_2}\int_{t_0}^{t} u(\xi)\mathrm{d}\xi + \cdots + \frac{1}{L_n}\int_{t_0}^{t} u(\xi)\mathrm{d}\xi$$

$$= i(t_0) + \frac{1}{L}\int_{t_0}^{t} u(\xi)\mathrm{d}\xi$$

式中 $i(t_0)$ 为所有并联电感的初始电流之和,即

$$i(t_0) = i_1(t_0) + i_2(t_0) + \cdots + i_n(t_0)$$

如果取 $t_0 = -\infty$,则所有电容的初始电压为零,有 $i(t_0) = 0$

L 为所有并联电感的等效电感,即

$$\frac{1}{L} = \frac{1}{L_1} + \frac{1}{L_2} + \cdots + \frac{1}{L_r} \tag{2-13}$$

2.3　电阻星形连接与三角形连接之间的等效变换

图 2.11 所示是一种具有桥形结构的电路,它是测量中常用的一种电桥电路,其中的电阻既非串联又非并联。R_1、R_3 和 R_5 构成一个 Y 形连接(或星形连接);电阻 R_1、R_2 和 R_5 构成一个 △ 形连接(或三角形连接)。在 Y 形连接中,各个电阻有一端接在一个公共结点上,另一端则分别接到 3 个端子上;在 △ 形连接中,各个电阻分别接在 3 个端子的每两个之间。

Y 形连接和 △ 形连接都是通过 3 个端子与外部相连。图 2.12(a)、(b) 分别示出接于端子 1、2、3 的 Y 形连接和 △ 形连接的 3 个电阻。端子 1、2、3 与电路的其他部分相连,图中没有画出电路的其他部分。当两种连接的电阻之间满足一定的关系时,它们在端

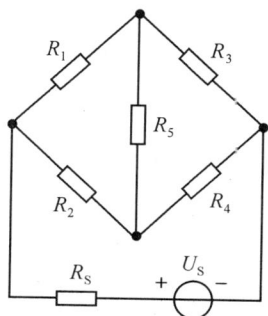

图 2.11　电桥电路

子 1、2、3 以外的特性可以相同,就是说它们可以互相等效变换。如果在它们的对应端子之间具有相同的电压,即 $u_{12} = u_{12}'$,$u_{23} = u_{23}'$,$u_{31} = u_{31}'$,而流入对应端子的电流分别相等,即 $i_1 = i_1'$,$i_2 = i_2'$,$i_3 = i_3'$,在这种条件下,它们彼此等效。这就是 Y-△ 等效变换的条件。

对于 △ 形连接电路,各电阻中电流为

$$i_{12} = \frac{u_{12}'}{R_{12}},\ i_{23} = \frac{u_{23}'}{R_{23}},\ i_{31} = \frac{u_{31}'}{R_{31}}$$

根据 KCL,图 2.12(b) 中的 △ 形连接电路端子电流分别为

$$\left.\begin{aligned} i_1' &= \frac{u_{12}'}{R_{12}} - \frac{u_{31}'}{R_{31}} \\ i_2' &= \frac{u_{23}'}{R_{23}} - \frac{u_{12}'}{R_{12}} \\ i_3' &= \frac{u_{31}'}{R_{31}} - \frac{u_{23}'}{R_{23}} \end{aligned}\right\} \tag{2-14}$$

对于图 2.12(a) 中的 Y 形连接电路,根据 KCL 和 KVL 求出端子电压与端子电流之间的

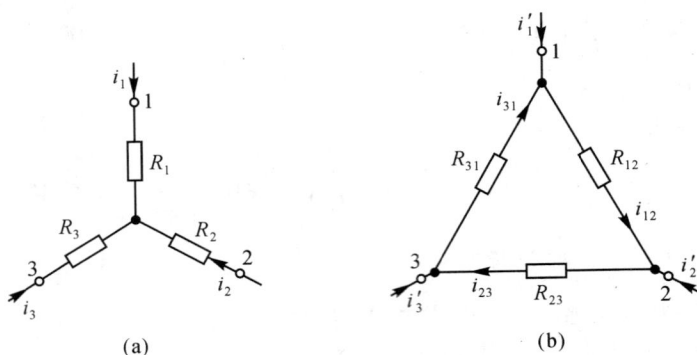

图 2.12 Y 形连接和 △ 形连接的等效变换

关系，方程为

$$i_1 + i_2 + i_3 = 0$$
$$R_1 i_1 - R_2 i_2 = u_{12}$$
$$R_2 i_2 - R_3 i_3 = u_{23}$$

可以解出电流

$$
\left.
\begin{aligned}
i_1 &= \frac{R_3 u_{12}}{R_1 R_2 + R_2 R_3 + R_3 R_1} - \frac{R_2 u_{31}}{R_1 R_2 + R_2 R_3 + R_3 R_1} \\
i_2 &= \frac{R_1 u_{23}}{R_1 R_2 + R_2 R_3 + R_3 R_1} - \frac{R_3 u_{12}}{R_1 R_2 + R_2 R_3 + R_3 R_1} \\
i_3 &= \frac{R_2 u_{31}}{R_1 R_2 + R_2 R_3 + R_3 R_1} - \frac{R_1 u_{23}}{R_1 R_2 + R_2 R_3 + R_3 R_1}
\end{aligned}
\right\}
\tag{2-15}
$$

由于不论 u_{12}、u_{23}、u_{31} 为何值，两个等效电路的对应的端子电流均相等，故式(2-14)与式(2-15)中电压 u_{12}、u_{23}、u_{31} 前面的系数应该对应地相等，于是得到

$$
\left.
\begin{aligned}
R_{12} &= \frac{R_1 R_2 + R_2 R_3 + R_3 R_1}{R_3} \\
R_{23} &= \frac{R_1 R_2 + R_2 R_3 + R_3 R_1}{R_1} \\
R_{31} &= \frac{R_1 R_2 + R_2 R_3 + R_3 R_1}{R_2}
\end{aligned}
\right\}
\tag{2-16}
$$

式(2-16)就是根据 Y 形连接的电阻确定 △ 形连接的电阻的公式。

由式(2-16)可求出

$$
\left.
\begin{aligned}
R_1 &= \frac{R_{12} R_{31}}{R_{12} + R_{23} + R_{31}} \\
R_2 &= \frac{R_{12} R_{23}}{R_{12} + R_{23} + R_{31}} \\
R_3 &= \frac{R_{23} R_{31}}{R_{12} + R_{23} + R_{31}}
\end{aligned}
\right\}
\tag{2-17}
$$

式(2-17)就是根据 △ 形连接的电阻确定 Y 形连接的电阻的公式。

式(2-16)、式(2-17)的共同规律是端子 1、2、3 的"互换性"和"积上和平"。分析这两个公式的量纲可以发现这两组公式的量纲式为 $\Omega = \dfrac{\Omega \cdot \Omega}{\Omega}$，所以乘积项一定在分子上 —— 此为"积上";式(2-16)是求 △ 形连接的电阻的公式,"△"字的"一"在下,则"和"在上,式(2-17)是求 Y 形连接的电阻的公式,"Y"字的"一"在上,则"和"在下 —— 此为"和平"。

若 Y 形连接中 3 个电阻相等,即 $R_1 = R_2 = R_3 = R_Y$,则等效 △ 形连接中 3 个电阻也相等,由式(2-16)可以求出它们等于

$$R_\triangle = R_{12} = R_{23} = R_{31} = 3R_Y$$

或

$$R_Y = \frac{1}{3}R_\triangle \tag{2-18}$$

式(2-16)、式(2-17)也可以用电导表示,例如式(2-16)可写成

$$\left.\begin{aligned} G_{12} &= \frac{G_1 G_2}{G_1 + G_2 + G_3} \\ G_{23} &= \frac{G_2 G_3}{G_1 + G_2 + G_3} \\ G_{31} &= \frac{G_3 G_1}{G_1 + G_2 + G_3} \end{aligned}\right\}$$

例 2.3　求图 2.13(a)所示桥形电路的总电阻 R_{12}。

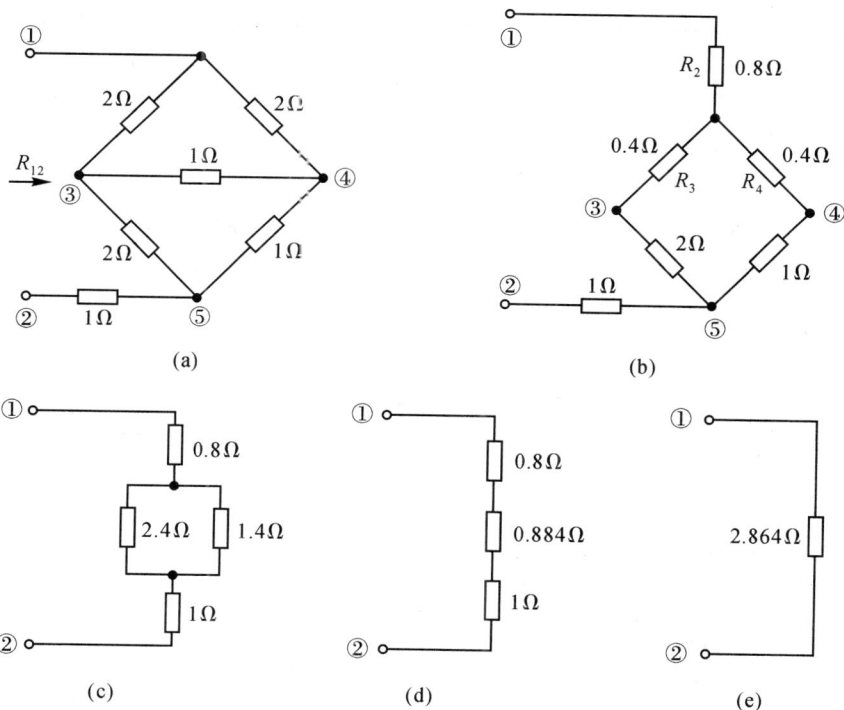

图 2.13　例 2.3 的图

解　将结点 ①、③、④ 内的 △ 形电路用等效 Y 形电路替代,得到图(b)电路,利用公式(2-17)得:

$$R_2 = \frac{2 \times 2}{2 + 2 + 1} = 0.8 \ (\Omega)$$

$$R_3 = \frac{2 \times 1}{2 + 2 + 1} = 0.4 \, (\Omega)$$

$$R_4 = \frac{2 \times 1}{2 + 2 + 1} = 0.4 \, (\Omega)$$

然后用串、并联的方法,得到图(c)、(d)、(e)电路,从而得到

$$R_{12} = 0.8 + [(0.4 + 2) \mathbin{/\!/} (0.4 + 1)] + 1$$
$$= 0.8 + 0.884 + 1$$
$$= 2.684 \, (\Omega)$$

2.4 实际电源的模型及其等效变换

第 1 章中所定义的理想电压源和理想电流源实际上是不存在的。实际电源,既做不到电压源端电压不变,也做不到电流源的输出电流不变。那么,应该用一个什么样的电路模型来描述实际电源呢?图 2.14(a) 所示为一个实际直流电源,例如一个干电池或蓄电池。图(b)是通过实验得到的输出电压 u 与输出电流 i 的伏安特性。可见电压 u 随电流 i 增大而减小,而且只在电流的一定范围内近似为线性关系。实际工作中,电流 i 不可超过一定的限值(额定值),否则会导致电源损坏。如果把特性曲线的直线部分加以延长,如图 2.14(c) 所示,它与 u 轴的交点相当于 $i = 0$ 时的电压,即开路电压 U_{oc};它与 i 轴的交点相当于 $u = 0$ 时的电流,即短路电流 i_{sc}。根据此伏安特性,可以用电压源和电阻的串联组合或电流源和电阻的并联组合作为实际电源的电路模型。

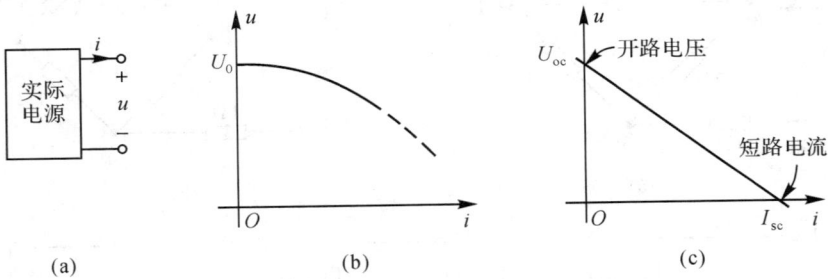

图 2.14 实际电源的伏安特性

图 2.15(a) 所示为电压源 u_s 和电阻 R 的串联组合,在端子 1-1′ 处的电压 u 与(输出)电流 i(外电路在图中没有画出)的关系为

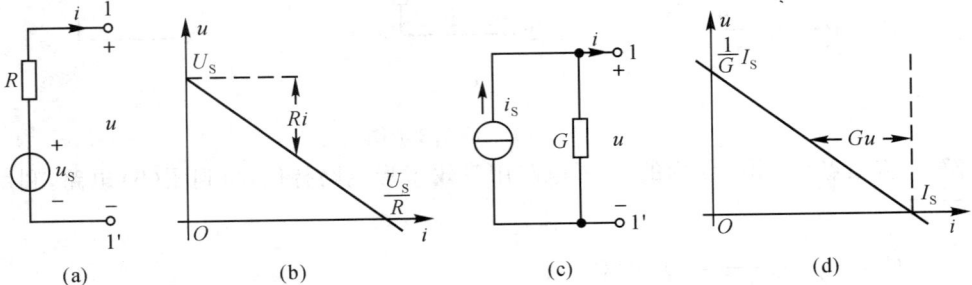

图 2.15 电源的两种电路模型

$$u = u_{\mathrm{s}} - Ri \tag{2-19}$$

图 2.15(c) 所示为电流源 i_{s} 和电导 G 的并联组合,在端子 1-1' 处的电压 u 与(输出)电流 i(外电路在图中没有画出)的关系为

$$i = i_{\mathrm{s}} - Gu_{\mathrm{s}} \tag{2-20}$$

如果令

$$G = \frac{1}{R}, \quad i_{\mathrm{s}} = Gu_{\mathrm{s}} \tag{2-21}$$

式(2-19) 和(2-20) 所示的两个方程完全相同,也就是在端子 1-1' 处的 u 和 i 的关系将完全相同。式(2-21) 就是这两种组合彼此对外等效必须满足的条件(注意 u_{s} 和 i_{s} 的参考方向,i_{s} 的参考方向由 u_{s} 的负极指向正极)。

当 $i = 0$ 时,端子 1-1' 处的电压为开路电压 u_{oc},而 $u_{\mathrm{oc}} = u_{\mathrm{s}}$。当 $u = 0$ 时,i 为把端子 1-1' 短路后的短路电流 i_{sc},而 $i_{\mathrm{sc}} = i_{\mathrm{s}}$。同时有 $u_{\mathrm{oc}} = Ri_{\mathrm{sc}}$,或 $i_{\mathrm{sc}} = Gu_{\mathrm{oc}}$。

图 2.15(b) 和(d) 分别示出当 u_{s} 和 i_{s} 为直流电压源 U_{S} 和直流电流源 I_{S} 时在 i-u 平面上的伏安特性,它们都是一条直线。当式(2-21) 的条件满足时,它们将是同一条直线。

这种等效变换仅保证端子 1-1' 外部电路的电压、电流和功率相同(即只是对外部等效),对内部并无等效可言。例如,端子 1-1' 开路时,两电路对外均不发出功率,但此时电压源发出的功率为零,电流源发出的功率为 $\dfrac{i_{\mathrm{s}}^{2}}{G}$。反之,短路时,电压源发出的功率为 $\dfrac{u_{\mathrm{s}}^{2}}{R}$,电流源发出的功率为零。

在电路分析时,常会遇到两个电压源串联和两个电流源并联的情况。两个电压源串联可用一个电压源等效替代,该电压源电压为两个串联电压源电压的代数和。两个电流源并联可用一个电流源等效替代,该电流源电流为两个并联电流源电流的代数和。

只允许大小、极性完全相同的电压源并联,此时可用其中一个电压源来等效。只允许大小、方向完全相同的电流源串联,此时可用其中一个电流源来等效。

对实际电源可以组合使用,下面我们对此做一分析:

2.4.1　电压源的串联和并联

1. 电压源的串联

图 2.16 (a) 为两个电压源串联的电路,图 (b) 为等效电源电路。

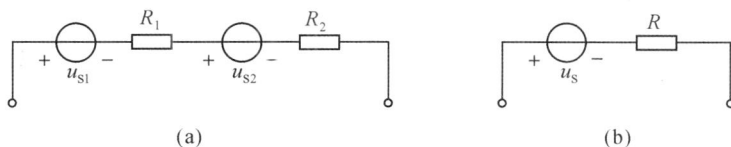

图 2.16　电压源的串联

根据 KVL 有

$$u_{\mathrm{s}} = u_{\mathrm{s}1} + u_{\mathrm{s}2} \tag{2-22}$$

$$R = R_1 + R_2 \tag{2-23}$$

一般对于 n 个电压源串联的电路,总可以找一个电压源电路等效替代,等效电压源的电压和电阻分别为

$$u_S = \sum_{i=1}^{n} \pm u_{Si} \qquad R = \sum_{i=1}^{n} R_i \tag{2-24}$$

当电压源的极性与等效电压源的参考极性相同时取正号,相反时取负号。

2. 电压源的并联

图 2.17(a)为两个电压源并联的电路,图(b)为等效电源电路

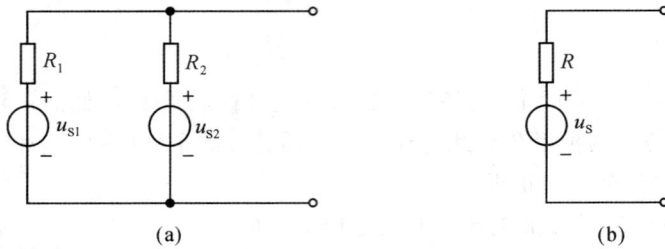

(a) (b)

图 2.17　电压源的并联

根据 KVL 有

$$u_S = u_{S2} + \frac{u_{S1} - u_{S2}}{R_1 + R_2} \times R_2 \tag{2-25}$$

$$R = \frac{R_1 R_2}{R_1 + R_2} \tag{2-26}$$

一般对 n 个电压源并联的电路,总可以找一个电压源电路等效替代,等效电压源的电压可采用上述两个电压源等效成一个电压源的方法对 n 个电压源进行两两等效而最终等效成一个电压源,而等效电阻为

$$\frac{1}{R} = \frac{1}{R_1} + \frac{1}{R_2} + \cdots + \frac{1}{R_n}$$

2.4.2　电流源的串联和并联

1. 电流源的串联

图 2.18(a)为两个电流源的串联电路,图(b)为等效电流源电路。

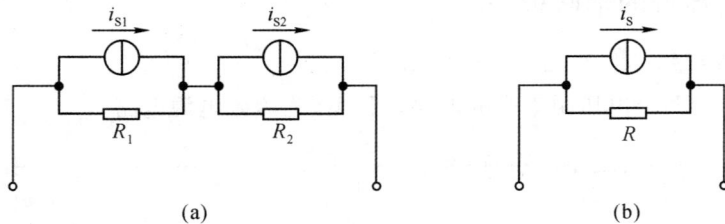

(a) (b)

图 2.18　电流源的串联

根据 KCL 有

$$i_S = \frac{R_1 i_{S1} + R_2 i_{S2}}{R_1 + R_2} \tag{2-27}$$

$$R = R_1 + R_2 \tag{2-28}$$

一般情况下,对有 n 个电流源串联的电路,其等效电流源的电流和电阻分别为

$$i_S = \frac{\sum\limits_{i=1}^{n}(\pm R_i i_{Si})}{\sum\limits_{i=1}^{n} R_i} \qquad R = \sum\limits_{i=1}^{n} R_i \tag{2-29}$$

式中,当电流源的流向与等效电流源的参考方向一致时取正号,相反时取负号。

2. 电流源的并联

图 2.19(a)为两个电流源的并联电路,图(b)为等效电流源电路。

根据 KCL 有

$$i_S = i_{S1} + i_{S2} \tag{2-30}$$

$$R = \frac{R_1 R_2}{R_1 + R_2} \tag{2-31}$$

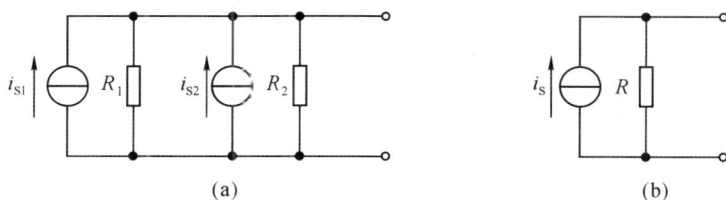

(a)　　　　　　　　　　(b)

图 2.19　电流源的并联

一般情况下,对有 n 个电流源并联的电路,其等效电流源电路的电流源和电阻分别有

$$i_S = \sum\limits_{i=1}^{n}(\pm i_{Si}) \qquad \frac{1}{R} = \frac{1}{R_1} + \frac{1}{R_2} + \cdots + \frac{1}{R_n} \tag{2-32}$$

式中,当电流源的流向与等效电流源的参考流向一致时取正号,相反时取负号。

需要注意的是,在利用电源等效变换化简电路时,对某些电源和电阻的组合在只计算外电路时,还可做进一步的简化,如图 2.20 所示。

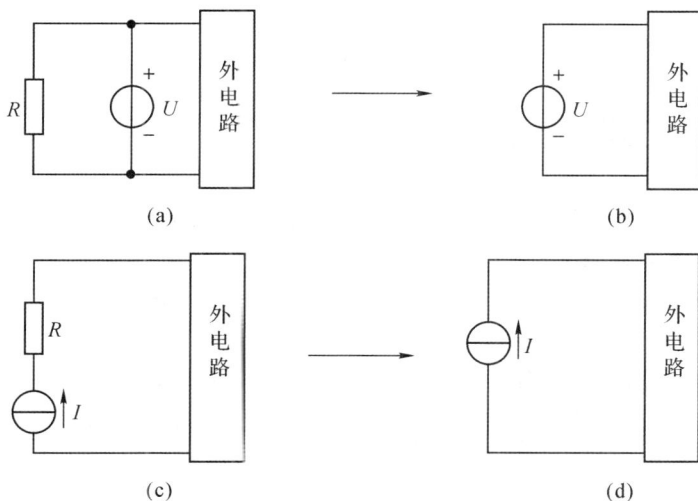

(a)　　　　　　　　　　(b)

(c)　　　　　　　　　　(d)

图 2.20　电源电路的特殊简化

采用这样的简化等效后,对外电路的电流电压的计算不会影响,只会对本身的电流或电压有影响。

利用两种电源形式的等效互换,可以把一个复杂电路经过逐步等效变换,使之得到简化,从而有利于求解电路。当只求解电路中某一支路的电流或电压时,等效变换的方法将显得更为适宜。在进行等效变换时,待求支路应始终保留在电路中,不得变动。

例 2.4 求图 2.21(a) 所示电路中电流 i。

解 图 2.21(a) 电路可简化为图(d) 所示单回路电路。简化过程如图(b)、(c)、(d) 所示。由化简后的电路可求得电流为

$$i = \frac{9-4}{1+2+7} = 0.5 \text{ (A)}$$

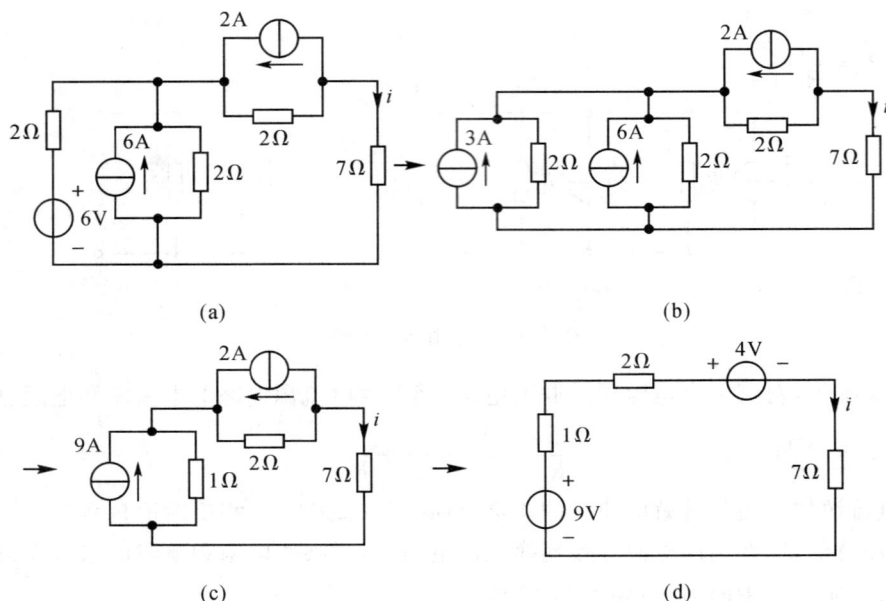

图 2.21　例 2.4 的图

2.5　一端口网络的输入电阻

电路或网络的一个端口是它向外引出的一对端子,这对端子可以与外部电源或其他电路相连接。对一个端口来说,从它的一个端子流入的电流一定等于从另一个端子流出的电流。这种具有向外引出一对端子的电路或网络称为“一端口网络”或“二端网络”。图 2.22(a) 所示是一个一端口网络的图形表示。

如果一个一端口网络内部含电阻,则应用电阻的串、并联和 Y-△ 变换等方法,可以求得它的等效电阻。如果一端口网络内部除电阻以外还含有受控源,但不含任何独立电源,可以证明(见 3.3 节),不论内部如何复杂,端口电压与端口电流成正比(见图 2.22(a)),因此,定义此端口的输入电阻为

$$R_{\text{in}} = \frac{u}{i} \tag{2-33}$$

端口的输入电阻也就是端口的等效电阻,但两者的含义有区别。求端口的等效电阻的一般方法称为电压、电流法,即在端口加以电压源 u_S,然后求出端口电流 i;或在端口加以电流

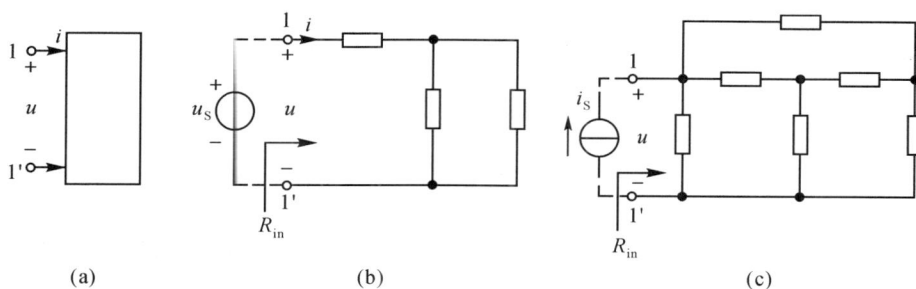

图 2.22　一端口网络的输入电阻

源 i_S,然后求出端口电压 u。根据式(2-33), $R_{in} = \dfrac{u_S}{i} = \dfrac{u}{i_S}$。

图 2.22(b) 中一端口网络的输入电阻可通过电阻串、并联化简求得,图(c)电路具有桥形结构,应用 Y-△ 变换才能简化,也可以用电压、电流法求此两图的输入电阻,如图 2.22 (b)、(c) 所示。

例 2.5　求图 2.23 所示的一端口网络的输入电阻。

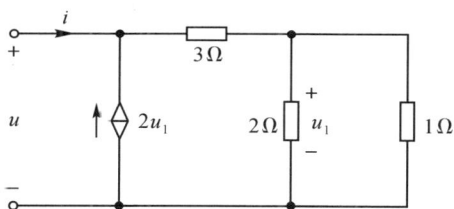

图 2.23　例 2.5 的图

解　设一端口的电压、电流为 u 及 i,如图 2.23 所示。由 KCL 及欧姆定律得

$$u_1 = \frac{1 \times 2}{1 + 2} \times (i + 2u_1)$$

求出　　$u_1 = -2i$

$$u = \left(3 + \frac{1 \times 2}{1 + 2}\right) \times (i + 2u_1)$$

整理得　　$u = \dfrac{11}{3}i + \dfrac{22}{3}u_1$

将 $u_1 = -2i$ 代入上式,得

$$u = \frac{11}{3}i - \frac{44}{3}i$$

$$R_{in} = \frac{u}{i} = \frac{11}{3} - \frac{44}{3} = -11 \ (\Omega)$$

由此可见,含受控源的电路输入电阻可以是负值。

例 2.6　求图 2.24 所示电路的输入电阻。

解　设端口电压、电流如图所示。由电路得

$$u_1 = 2i$$

由 KCL 得　$i + i_2 = 2i_2$

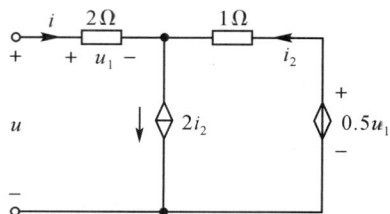

图 2.24　例 2.6 的图

所以 $i = i_2$

由 KVL 得 $u = u_1 - i_2 + 0.5u_1$

$\qquad\qquad = 1.5u_1 - i_2$

$\qquad\qquad = 2i$

$$R_{in} = \frac{u}{i} = 2 \ (\Omega)$$

前面几节已经介绍了一些简单电路的分析方法,主要通过电路的等效变换对电路中某一支路的电压或电流进行求解,这种方法可称为等效变换法。其特点是在等效变换的过程中改变了电路的结构。当需要对电路进行全面分析时,等效变换的方法显然已不适用,对于这样的问题需采用以下几节将要介绍的方法进行分析计算。以下几节将以包含独立电源、线性电阻和线性受控源的线性电路为研究对象,介绍电路分析的一般方法:支路电流法、回路电流法和节点电压法。所谓一般分析方法是指具有明显的固定格式和步骤,适用性较强,原则上适用于各种电路的分析方法。

支路电流法是最基本的方法,回路电流法和结点电压法都是由支路电流法推导出来的。采用上述电路分析的一般方法对电路进行分析时,一般无须改变电路的结构。因回路法和结点法的方程数都比支路电流法的方程数少,而且其规律明显、易于掌握,其方程可通过观察电路直接列出,故在电路分析中经常应用。尤其是结点电压法,它便于编程计算,是分析大规模集成电路的首选方法,应用十分广泛。

2.6 支路电流法

集总参数电路(模型)由电路元件连接而成,电路中各支路电流受到 KCL 约束,各支路电压受到 KVL 约束,这两种约束只与电路元件的连接方式有关,与元件本身特性无关,称为拓扑约束。集总参数电路(模型)的电压和电流还要受到元件本身伏安特性(例如电阻的欧姆定律)的约束,这类约束只与元件的伏安特性有关,与元件的连接方式无关,称为元件约束。任何集总参数电路的电压和电流都必须同时满足这两类约束关系。

电路分析的基本任务是求出给定电路中各支路的电流和电压。因此,可以直接选取各支路电流或支路电压作为待求的电路变量,根据两类约束关系建立电路方程,解这些电路方程即可求出各支路电流或支路电压。这种方法称为支路分析法。支路分析法又分为支路电流法和支路电压法。本节只讨论支路电流法。

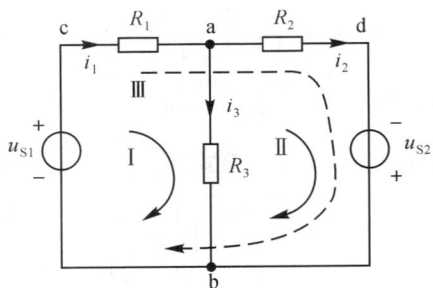

图 2.25 支路电流法

以下以图 2.25 所示电路为例,介绍支路电流法。如图 2.25 所示电路,有 3 条支路,设各支路电流分别为 i_1、i_2、i_3,其参考方向标示在图上。就本例而言,问题是如何根据两类约束关系找到包含未知量 i_1、i_2、i_3 的 3 个相互独立的方程组。根据 KCL,对结点 a 和结点 b 分别建立电流方程。设流出结点电流取正号,则有

结点 a　　　　$-i_1 + i_2 + i_3 = 0$　　　　　　　　　　　　　　　　　(2-34)

结点 b　　　　$i_1 - i_2 - i_3 = 0$　　　　　　　　　　　　　　　　　(2-35)

根据 KVL,按图中所标绕行方向对回路 Ⅰ,Ⅱ,Ⅲ 分别建立电压方程,得

回路 Ⅰ　　　　$R_1 i_1 + R_3 i_3 = u_{S1}$　　　　　　　　　　　　　　(2-36)

回路 Ⅱ　　　　$R_2 i_2 - R_3 i_3 = u_{S2}$　　　　　　　　　　　　　　(2-37)

回路 Ⅲ　　　　$R_1 i_1 + R_2 i_2 = u_{S1} + u_{S2}$　　　　　　　　　(2-38)

　　我们需要 3 个相互独立的方程,但现在得出了 5 个方程,是否相互独立呢?可以看出,式(2-34)乘以(-1)就得式(2-35),因而两式是互相不独立的,为了得到独立方程只能取其中之一,例如式(2-34)。式(2-36)到式(2-38)彼此也是互相不独立的,任何一式可由其他两式相加减而得到。例如,式(2-36)加式(2-37)即得式(2-38),所以只能取其中两个方程作为独立方程,例如式(2-36)和式(2-37)。线性代数中已有结论:当未知变量与独立方程数目相等时,未知变量才可能有唯一解。我们从上述 5 个方程中选取出 3 个互相独立的方程如下:

$$\left.\begin{array}{l} -i_1 + i_2 + i_3 = 0 \\ R_1 i_1 + 0 + R_3 i_3 = u_{S1} \\ 0 + R_2 i_2 - R_3 i_3 = u_{S2} \end{array}\right\} \tag{2-39}$$

式(2-39)即是图 2.25 所示电路以支路电流为未知量的足够的相互独立的方程组之一,它完整地描述了该电路中各支路电流和支路电压之间的两类约束关系。式(2-39)可用克莱姆法则求解。

　　可以证明,一个有 n 个结点、b 条支路的电路,若以支路电流作未知量,可按如下方法列写出所需独立方程。

　　(1) 从 n 个结点任意择其 $n-1$ 个结点,依 KCL 列结点电流方程,则 $n-1$ 个方程将是相互独立的。

　　(2) 由 KVL 能列写且仅能列写的独立方程数为 $b-(n-1)$ 个。独立回路可以这样选取:使所选各回路都包含一条其他回路所没有的新支路。对于平面电路[①],如果它有 n 个结点 b 条支路,也可以证明它的网孔数恰为 $b-(n-1)$ 个,按网孔由 KVL 列出的电压方程相互独立。

　　例 2.7　图 2.26 所示电路中 $R_1 = R_2 = 10\Omega, R_3 = 4\Omega, R_4 = R_5 = 8\Omega, R_6 = 2\Omega, u_{S3} = 20V, u_{S6} = 40V$,试用支路电流法列写出求解电路所必需的独立方程组。

　　解　本题电路有 $n = 4$ 个结点,$b = 6$ 条支路。设各支路电流和独立回路绕行方向如图所示,由 KCL 列 $n-1 = 3$ 个结点方程,设流出结点的电流取正号。

结点 ①　　　　$i_1 + i_2 + i_6 = 0$

结点 ②　　　　$-i_2 + i_3 + i_4 = 0$

结点 ③　　　　$-i_4 + i_5 - i_6 = 0$

本题独立回路数为 $b - n + 1 = 6 - 4 + 1 = 3$,由 KVL 可

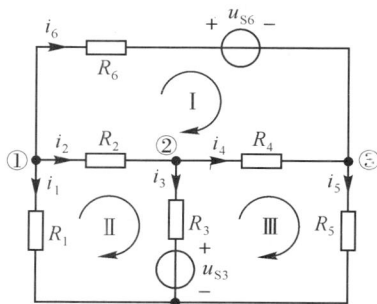

图 2.26　例 2.7 的图

[①]　可经任意扭动变形画在一个平面上而不使任何两条支路交叉的电路,称平面电路。不满足此条件的电路称非平面电路。

列 3 个回路方程：

回路 Ⅰ $\qquad 2i_6 - 8i_4 - 10i_2 = -40$

回路 Ⅱ $\qquad -10i_1 + 10i_2 + 4i_3 = -20$

回路 Ⅲ $\qquad -4i_3 + 8i_4 + 8i_5 = 20$

联立上述 6 个方程即为求解电路所必需的独立方程组。联立求解此方程组即可求解各支路电流。

由本题的求解过程可以归纳出用支路电流法分析电路的步骤如下：

（1）选定各支路电流的参考方向；

（2）任取 $n-1$ 个结点，依 KCL 列独立结点电流方程；

（3）选定 $b-n+1$ 个独立回路（平面电路可选网孔），指定回路的绕行方向，根据 KVL 列写独立回路电压方程；

（4）求解联立方程组，得到各支路电流；

（5）由各支路电流，利用各元件的伏安特性关系可求各支路电压，然后可求电路中任意两点间的电压，然后可求电路中任何一个元件吸收（或发出）的功率。

例 2.8 图 2.27 所示电路中，已知 $U_{S1} = 140\text{V}$，$R_1 = 20\Omega$，$R_2 = 5\Omega$，$R_6 = 2\Omega$，$R_3 = 6\Omega$，$I_{S2} = 6\text{A}$，求各支路电流及电压 U。

解 各支路电流参考方向如图所示。选结点 a 为独立结点，选两个网孔作为独立回路，以顺时针方向作为绕行方向，则有

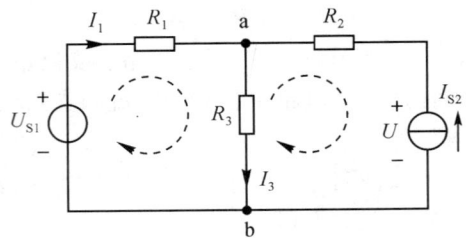

图 2.27 例 2.8 的图

$$\left.\begin{aligned} -I_1 + I_3 - I_{S2} &= 0 \\ R_1 I_1 + R_3 I_3 &= U_{S1} \\ -R_2 I_{S2} - R_3 I_3 &= -U \end{aligned}\right\}$$

代入已知条件得

$$\left.\begin{aligned} -I_1 + I_3 &= 6 \\ 20I_1 + 6I_3 &= 140 \\ -6I_3 + U &= 30 \end{aligned}\right\}$$

解上述方程得

$$I_1 = 4\text{A}, \ I_3 = 10\text{A}, \ U = 90\text{V}$$

在此例中，若不用求电压 U 则只需列出两个方程

$$\left.\begin{aligned} -I_1 + I_3 - I_{S2} &= 0 \\ R_1 I_1 + R_3 I_3 &= U_{S1} \end{aligned}\right\}$$

代入已知条件得

$$\left.\begin{aligned} -I_1 + I_3 &= 6 \\ 20I_1 + 6I_3 &= 140 \end{aligned}\right\}$$

解得

$$I_1 = 4\text{A}, \ I_3 = 10\text{A}$$

此例中，电流源 I_{S2} 没有电阻与之并联，称为无伴电流源。第二种方法在选回路时没有选无伴电流源所在的回路，原因是电流源两端的电压也是未知的。

例 2.9　图 2.28 所示电路,已知 $U_{S1} = 140V, U_{S2} = 90V, R_1 = 20\Omega, R_2 = 5\Omega$,求各支路电流。

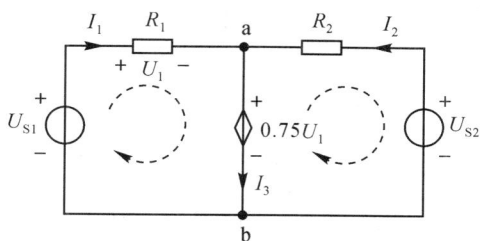

图 2.28　例 2.9 的图

解　各支路电流参考方向如图所示。选结点 a 为独立结点,选两个网孔作为独立回路,以顺时针方向作为绕行方向。列方程时先把受控源看作独立,则支路电流方程为

$$-I_1 - I_2 + I_3 = 0 \\ R_1 I_1 = U_{S1} - 0.75U_1 \\ -R_2 I_2 = -U_{S2} + 0.75U_1$$

用待求变量(支路电流)表示控制量 $U_1 = R_1 I_1$,代入上述方程组整理得

$$-I_1 - I_2 + I_3 = 0 \\ 1.75R_1 I_1 = U_{S1} \\ -0.75U_1 - R_2 I_2 = -U_{S2}$$

代入已知条件得

$$-I_1 - I_2 + I_3 = 0 \\ 35I_1 = 140 \\ 15I_1 + 5I_2 = 90$$

解得

$$I_1 = 4A, \quad I_2 = 6A, \quad I_3 = 10A$$

此例表明,当电路中有受控电压源时,可先把受控电压源看作独立源列在方程的右边,然后补充用支路电流表示控制量的方程,代入上述方程,消去控制量。

2.7　回路电流法

上节介绍的支路电流法是最基本的电路分析方法,从理论上讲,它可以求解任何线性电路的未知电流和电压。对于支路数较多的复杂电路,应用支路电流法求解时联立求解的方程个数(方程数等于支路数)会很多,计算起来比较繁琐。本节将介绍一种简单而有效的分析方法 —— 回路电流法。当选择网孔作为独立回路时,回路电流法称为网孔电流法。以下着重介绍网孔电流法。

2.7.1　网孔电流

下面仍以图 2.25 电路来说明网孔电流。把图 2.25 重画于图 2.29。如前所述,该电路共有三条支路,在结点 a 应用 KCL,则有

$$-i_1 + i_2 + i_3 = 0 \tag{2-40}$$

即　　　　　$i_3 = i_1 - i_2$　　　　　　　　　　　　　　　　　　　　$(2-41)$

可见 i_3 不是独立的,它由独立电流 i_1、i_2 的线性组合确定。这种线性组合关系,可以设想为有两个电流 i_1 和 i_2 分别沿此电路的两个网孔连续流动而形成。这种假想的沿网孔连续流动的电流,称为网孔电流。对于具有 b 条支路和 n 个结点的平面连通电路来说,共有 $b-n+1$ 个网

孔电流。由于把各支路电流当作网孔电流的代数和,必自动满足 KCL。所以用网孔电流作为电路变量时,只需按 KVL 列出电路方程。以网孔电流为未知量,根据 KVL 对全部网孔列出方程。由于全部网孔是一组独立回路,这组方程将是独立的。这种方法称为网孔电流法。

2.7.2　网孔方程

以图 2.29 所示网孔电流方向为绕行方向,写出两个网孔的 KVL 方程分别为

$$\left.\begin{array}{l} R_1 i_1 + R_3 i_3 = u_{S1} \\ R_2 i_2 - R_3 i_3 = u_{S2} \end{array}\right\} \qquad (2\text{-}42)$$

将式(2-41)代入上式,消去 i_3,整理后得到

$$\left.\begin{array}{l} (R_1 + R_3)i_1 - R_3 i_2 = u_{S1} \\ - R_3 i_1 + (R_2 + R_3)i_2 = u_{S2} \end{array}\right\} \qquad (2\text{-}43)$$

这就是以网孔电流为变量的网孔方程。写成一般形式:

$$\left.\begin{array}{l} R_{11} i_1 + R_{12} i_2 = u_{S11} \\ R_{21} i_1 + R_{22} i_2 = u_{S22} \end{array}\right\} \qquad (2\text{-}44)$$

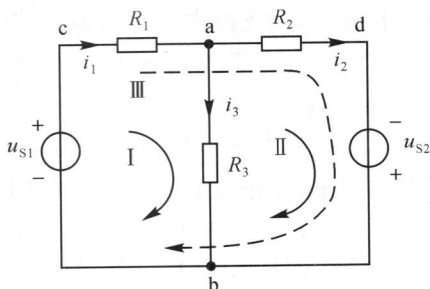

图 2.29　网孔电流法

其中 R_{11},R_{22} 称为网孔自电阻,它们分别是各自网孔内全部电阻的总和。例如 $R_{11} = R_1 + R_3$,$R_{22} = R_2 + R_3$。$R_{kj}(k \neq j)$ 称为网孔 k 和网孔 j 的互电阻,它们是两网孔公共电阻的正值或负值。当两网孔电流以相同方向流过公共电阻时取正号,当两网孔电流以相反方向流过公共电阻时取负号,例如 $R_{12} = R_{21} = -R_3$。u_{S11},u_{S22} 分别为各自网孔中全部电压源电压升的代数和。绕行方向由"-"极到"+"极的电压源取正号;反之则取负号。例如 $u_{S11} = u_{S1}$,$u_{S22} = u_{S2}$。

由独立电压源和线性电阻构成的电路的网孔方程很有规律,可理解为各网孔电流在某网孔全部电阻上产生电压降的代数和,等于该网孔全部电压源电压升的代数和。根据以上总结的规律和对电路图的观察,就能直接列出网孔方程。具有 m 个网孔的平面电路,其网孔方程的一般形式为

$$\left.\begin{array}{l} R_{11} i_1 + R_{12} i_2 + \cdots + R_{1m} i_m = u_{S11} \\ R_{21} i_1 + R_{22} i_2 + \cdots + R_{2m} i_m = u_{S22} \\ \qquad\cdots\cdots \\ R_{m1} i_1 + R_{m2} i_2 + \cdots + R_{mm} i_m = u_{Smm} \end{array}\right\} \qquad (2\text{-}45)$$

网孔电流法的计算步骤如下:

(1)在电路图上标明网孔电流及其参考方向。若全部网孔电流均选为顺时针(或逆时针)方向,则网孔方程的全部互电阻项均取负号。

(2)用观察电路的方法列出各网孔方程。

(3)求解网孔方程,得到各网孔电流。

(4)假设支路电流的参考方向。根据支路电流与网孔电流的线性组合关系,求得各支路电流。

(5)用电阻的伏安特性方程求得各支路电压。

例 2.10　用网孔电流法求解例 2.7 中各支路电流。$R_1 = R_2 = 10\Omega$,$R_3 = 4\Omega$,$R_4 = R_5 = 8\Omega$,$R_6 = 2\Omega$,$u_{S3} = 20\text{V}$,$u_{S6} = 40\text{V}$。

解　将图 2.26 重画于图 2.30。设网孔电流为 i_{11}、i_{12}、i_{13},其绕行方向如图 2.30 中所标。

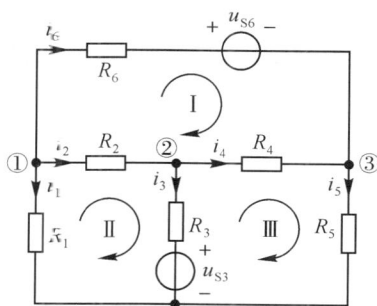

图 2.30　例 2.10 的图

列写网孔方程

$$\begin{cases} 20i_{11} - 10i_{12} - 8i_{13} = -40 \\ -10i_{11} + 24i_{12} - 4i_{13} = -20 \\ -8i_{11} - 4i_{12} + 20i_{13} = 20 \end{cases}$$

应用行列式法解上面方程组

$$\Delta = \begin{vmatrix} 20 & -10 & -8 \\ -10 & 24 & -4 \\ -8 & -4 & 20 \end{vmatrix} = 5104, \ \Delta_1 = \begin{vmatrix} -40 & -10 & -8 \\ -20 & 24 & -4 \\ 20 & -4 & 20 \end{vmatrix} = 12160,$$

$$\Delta_2 = \begin{vmatrix} 20 & -40 & -8 \\ -10 & -20 & -4 \\ -8 & 20 & 20 \end{vmatrix} = -12800, \ \Delta_3 = \begin{vmatrix} 20 & -10 & -40 \\ -10 & 24 & -20 \\ -8 & -4 & 20 \end{vmatrix} = -4880$$

$$i_{11} = \frac{\Delta_1}{\Delta} = \frac{12160}{5104} = 2.3\dot{8} \ (A), \ i_{12} = \frac{\Delta_2}{\Delta} = \frac{-12800}{5104} = -2.508 \ (A),$$

$$i_{13} = \frac{\Delta_3}{\Delta} = \frac{-4880}{5104} = -0.956 \ (A)$$

各支路电流的参考方向如图所示,观察电路,得各支路电流:

$$i_1 = -i_{12} = 2.508 \ (A)$$

$$i_2 = i_{12} - i_{11} = -2.508 - 2.382 = -4.890 \ (A)$$

$$i_3 = i_{12} - i_{13} = -2.508 + 0.956 = -1.552 \ (A)$$

$$i_4 = i_{13} - i_{11} = -0.956 - 2.382 = -3.338 \ (A)$$

$$i_5 = i_{13} = -0.956 \ (A)$$

$$i_6 = i_{11} = 2.382 \ (A)$$

　　比较例 2.7 与 2.10 发现,例 2.7 用支路电流法列出 6 个方程,即使用行列式法求解,也相当繁琐,而例 2.10 用网孔电流法列出了 3 个方程,比例 2.7 简单得多。

2.7.3　含独立电流源的网孔电流方程

　　当电路中含有独立电流源时,不能用式(2-45)来建立含电流源网孔的网孔方程,因为该式未考虑电流源的电压。若有电阻与电流源并联单口,则可先等效变换为电压源和电阻串联单口,将电路变为仅由电压源和电阻构成的电路,再用式(2-45)来建立网孔方程。若电路中的电流源没有电阻与之并联,则应增加电流源电压作为变量来建立这些网孔方程。此时,由于增加了电压变量,需补充电流源电流和网孔电流关系的方程。

综上所述,对于由独立电压源,独立电流源和电阻构成的电路来说,其网孔方程的一般形式应改为以下形式

$$\left.\begin{array}{l} R_{11}i_1 + R_{12}i_2 + \cdots + R_{1m}i_m + u_{iS11} = u_{S11} \\ R_{21}i_1 + R_{22}i_2 + \cdots + R_{2m}i_m + u_{iS22} = u_{S22} \\ \cdots\cdots \\ R_{m1}i_1 + R_{m2}i_2 + \cdots + R_{mn}i_m + u_{iS33} = u_{Smm} \end{array}\right\}$$ (2-46)

其中 u_{iSkk} 表示第 k 个网孔的全部电流源电压的代数和,其电压的参考方向与该网孔电流参考方向相同的取正号,相反则取负号。由于变量的增加,需要补充这些电流源(i_{Sk})与相关网孔电流(i_i, i_j)关系的方程,其一般形式为

$$i_{Sk} = i_i \pm i_j$$

其中,当电流源(i_{Sk})参考方向与网孔电流参考方向(i_i 或 i_j)相同时取正号,相反则取负号。

例 2.11 用网孔电流法求图 2.31 所示电路的支路电流。

解 设电流源电压为 u,考虑了电压 u 的网孔方程为:

$$i_1 + u = 5$$
$$2i_2 - u = -10$$

补充方程　$i_1 - i_2 = 7$

求解以上方程得到

$$i_1 = 3(A) \quad i_2 = -4(A) \quad u = 2(V)$$

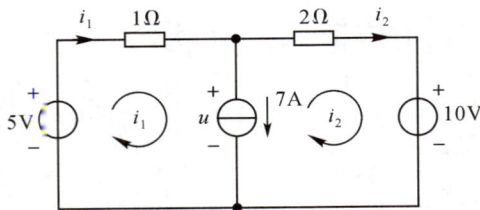

图 2.31　例 2.11 的图

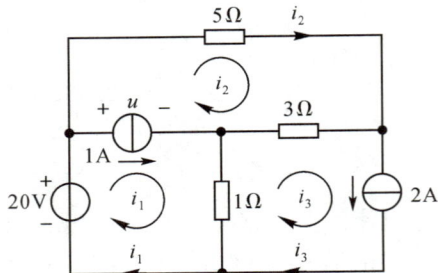

图 2.32　例 2.12 的图

例 2.12 用网孔电流法求解图 2.32 所示电路的网孔电流。

解 当电流源出现在电路外围边界上时,该网孔电流等于电流源电流,成为已知量,此例中为 $i_3 = 2A$。此时不必列出此网孔的网孔方程。只需计入 1A 电流源电压 u,列出两个网孔方程和一个补充方程:

$$i_1 - i_3 + u = 20$$
$$(5+3)i_2 - 3i_3 - u = 0$$
$$i_1 - i_2 = 1$$

代入 $i_3 = 2A$,整理后得到

$$i_1 + 8i_2 = 28 \quad i_1 - i_2 = 1$$

解得　$i_1 = 4(A) \quad i_2 = 3(A) \quad i_3 = 2(A)$

由此可见,若能选择电流源电流作为某一网孔电流,能进一步减少联立方程数目。

2.7.4　回路电流法

与网孔分析法相似,也可用 $b-n+1$ 个独立回路电流作变量,来建立回路方程。由于回路电流的选择有较大灵活性,当电路存在 m 个电流源时,若能选择每个电流源电流作为一个回路电流,就可以少列写 m 个回路方程。网孔分析法只适用平面电路,而回路分析法却是普遍适用的方法。

例 2.13　用回路电流法重解图 2.33 所示电路。

解　为了减少联立方程数目,选择回路电流的原则是:每个电流源支路只流过一个回路电流。若选择图 2.33 所示的三个回路电流 i_1、i_3 和 i_4,则 $i_3=2\text{A},i_4=1\text{A}$ 成为已知量。只需列出 i_1 回路的方程:

$$(5+3+1)i_1-(1+3)i_3-(5+3)i_4=20$$

代入 i_3 和 i_4 的值,解得

$$i_1=\frac{20+8+8}{5+3+1}=4(\text{A})$$

$$i_2=i_1-i_4=3(\text{A})$$

$$i_5=i_1-i_3=2(\text{A})$$

$$i_6=i_1-i_3-i_4=1(\text{A})$$

读者可另选一组回路电流,只用一个回路方程求出电流 i_2。

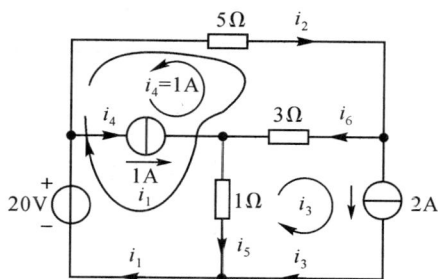

图 2.33　例 2.13 的图

2.7.5　含受控源电路的网孔方程

在列写含受控源电路的网孔方程时,可

(1) 先将受控源作为独立电源处理;

(2) 然后将受控源的控制变量月网孔电流表示,再经过移项整理即可得到如式(2-46)形式的网孔方程。

下面举例说明。

例 2.14　列出图 2.34 所示电路的网孔方程。

解　在写网孔方程时,先将受控电压源的电压 ri_3 写在方程右边:

$$(R_1+R_3)i_1-R_3i_2=u_{\text{S}}$$

$$-R_3i_1+(R_2+K_3)i_2=-ri_3$$

将控制变量 i_3 用网孔电流表示,即得补充方程:

$$i_3=i_1-i_2$$

代入上式,移项整理后得到以下网孔方程:

$$(R_1+R_3)i_1-R_3i_2=u_{\text{S}}$$

$$(r-R_3)i_1+(R_2+R_3-r)i_2=0$$

由于受控源的影响,互电阻 $R_{21}=r-R_3$ 不再与互电阻 $R_{12}=-R_3$ 相等。自电阻 $R_{22}=R_2+R_3-r$ 不再是网孔全部电阻 R_2、R_3 的总和。

例 2.15　图 2.35 电路中,已知 $\mu=1,\alpha=1$.试求网孔电流。

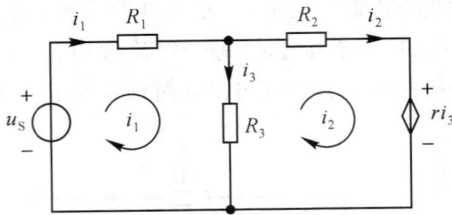

图 2.34 例 2.14 的图

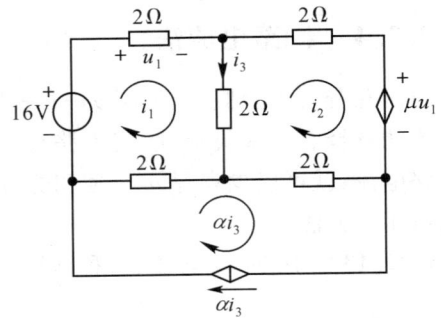

图 2.35 例 2.15 的图

解 以 i_1、i_2 和 αi_3 为网孔电流,用观察法列出网孔 1 和网孔 2 的网孔方程分别为

$$6i_1 - 2i_2 - 2\alpha i_3 = 16$$

$$-2i_1 + 6i_2 - 2\alpha i_3 = -\mu u_1$$

补充两个受控源控制变量与网孔电流 i_1 和 i_2 关系的方程:

$$u_1 = 2i_1$$

$$i_3 = i_1 - i_2$$

代入 $\mu = 1$,$\alpha = 1$ 和两个补充方程到网孔方程中,移项整理后得到以下网孔方程:

$$4i_1 = 16$$

$$-2i_1 + 8i_2 = 0$$

解得网孔电流 $i_1 = 4(\text{A})$,$i_2 = 1(\text{A})$ 和 $\alpha i_3 = 3(\text{A})$。

2.8 结点电压法

在电路中任意选择某一结点为参考结点,其他结点与参考结点之间的电压称为结点电压。结点电压的参考极性是以参考结点为负,其余独立结点为正。对于具有 n 个结点的连通电路来说,它的第 $n-1$ 个结点对第 n 个结点的电压,就是一组独立电压变量。用这些结点电压作变量建立的电路方程,称为结点电压方程。结点电压法是以结点电压为待求变量,对电路进行分析求解的方法。

2.8.1 结点电压

在图 2.36 所示电路中,共有 4 个结点,6 条支路,各支路电流的参考方向及结点编号已标示于图中。用 u_1、u_2、u_3、u_4、u_5 和 u_6 表示各支路电压,其参考方向与各支路电流参考方向相同。以结点 0 作为参考结点,用接地符号表示,其余三个结点电压分别为 u_{10}、u_{20} 和 u_{30}。则各结点电压就等于各结点电位,即 $u_{10} = v_1$,$u_{20} = v_2$,$u_{30} = v_3$。

例如图 2.36 电路各支路电压可表示为

$$u_1 = u_{10} = v_1$$

$$u_2 = u_{20} = v_2$$

$$u_3 = u_{30} = v_3$$

$$u_4 = u_{10} - u_{30} = v_1 - v_3$$

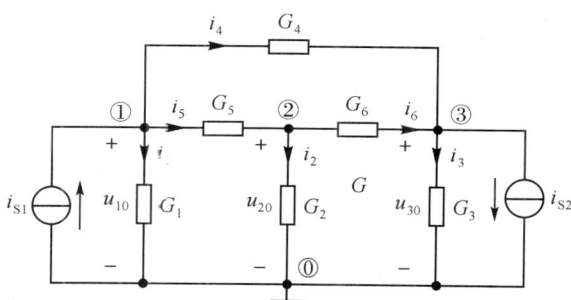

图 2.36　结点电压法

$$u_5 = u_{10} - u_{20} = v_1 - v_2$$
$$u_6 = u_{20} - u_{30} = v_2 - v_3$$

2.8.2　结点电压方程

下面以图 2.36 所示电路为例说明如何建立结点方程。对电路的三个独立结点列出 KCL 方程：

$$\left.\begin{array}{l} i_1 + i_4 + i_5 = i_{S1} \\ i_2 - i_5 + i_6 = 0 \\ i_3 - i_4 - i_6 = -i_{S2} \end{array}\right\} \tag{2-47}$$

这是一组线性无关的方程。列出用结点电压表示的电阻伏安特性方程：

$$\left.\begin{array}{l} i_1 = G_1 v_1 \\ i_2 = G_2 v_2 \\ i_3 = G_3 v_3 \\ i_4 = G_4 (v_1 - v_3) \\ i_5 = G_5 (v_1 - v_2) \\ i_6 = G_6 (v_2 - v_3) \end{array}\right\} \tag{2-48}$$

将式(2-48)代入式(2-47)中，经过整理后得到

$$\left.\begin{array}{l} (G_1 + G_4 + G_5)v_1 - G_5 v_2 - G_4 v_3 = i_{S1} \\ - G_5 v_1 + (G_2 + G_5 + G_6)v_2 - G_6 v_3 = 0 \\ - G_4 v_1 - G_6 v_2 + (G_3 + G_4 + G_6)v_3 = -i_{S2} \end{array}\right\} \tag{2-49}$$

这就是图 2.36 电路的结点方程。写成一般形式：

$$\left.\begin{array}{l} G_{11} v_1 + G_{12} v_2 + G_{13} v_3 = i_{S11} \\ G_{21} v_1 + G_{22} v_2 + G_{23} v_3 = i_{S22} \\ G_{31} v_1 + G_{32} v_2 + G_{33} v_3 = i_{S33} \end{array}\right\} \tag{2-50}$$

其中 G_{11}、G_{22}、G_{33} 称为结点自电导，它们分别是各结点全部电导的总和。此例中 $G_{11} = G_1 + G_4 + G_5$，$G_{22} = G_2 + G_5 + G_6$，$G_{33} = G_3 + G_4 + G_6$，$G_{ij}(i \neq j)$ 称为结点 i 和 j 的互电导，是结点 i 和 j 间电导总和的负值，此例中 $G_{12} = G_{21} = G_5$，$G_{13} = G_{31} = G_4$，$G_{23} = G_{32} = G_6$。i_{S11}、i_{S22}、i_{S33} 是流入该结点全部电流源电流的代数和。此例中 $i_{S11} = i_{S1}$，$i_{S22} = 0$，$i_{S33} = -i_{S2}$。

从上可见，由独立电流源和线性电阻构成电路的结点方程，其系数很有规律，可以用观

察电路图的方法直接写出结点方程。

由独立电流源和线性电阻构成的具有 n 个结点的连通电路,其结点方程的一般形式为

$$
\left.
\begin{aligned}
G_{11}v_1 + G_{12}v_2 + \cdots + G_{1(n-1)}v_{n-1} &= i_{S11} \\
G_{21}v_1 + G_{22}v_2 + \cdots + G_{2(n-1)}v_{n-1} &= i_{S22} \\
\cdots\cdots \\
G_{(n-1)1}v_1 + G_{(n-1)2}v_2 + \cdots + G_{(n-1)(n-1)}v_{n-1} &= i_{S(n-1)(n-1)}
\end{aligned}
\right\}
\tag{2-51}
$$

例 2.16　用结点分析法求图 2.37 所示电路中各电阻支路电流。

解　用接地符号标出参考结点,标出两个结点电压 u_1 和 u_2 的参考方向,如图所示。用观察法列出结点方程:

$$
\begin{cases}
(1+1)u_1 - u_2 = 5 \\
-u_1 + (1+2)u_2 = -10
\end{cases}
$$

整理得到

$$
\begin{cases}
2u_1 - u_2 = 5 \\
-u_1 + 3u_2 = -10
\end{cases}
$$

解得各结点电压为

$$
u_1 = 1(\text{V}) \qquad u_2 = -3(\text{V})
$$

选定各电阻支路电流参考方向如图所示,可求得

$$
i_1 = 1u_1 = 1\ (\text{A})
$$
$$
i_2 = 2u_2 = -6\ (\text{A})
$$
$$
i_3 = 1(u_1 - u_2) = 4\ (\text{A})
$$

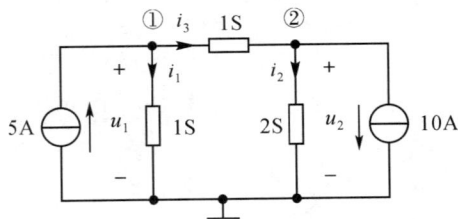

图 2.37　例 2.16 的图

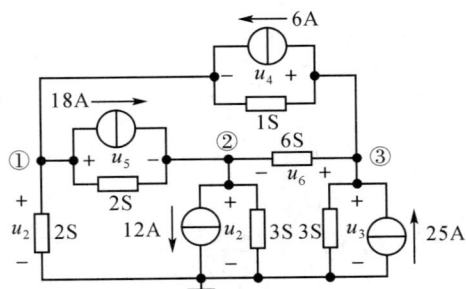

图 2.38　例 2.17 的图

例 2.17　用结点分析法求图 2.38 所示电路各支路电压。

解　参考结点和结点电压如图所示。用观察法列出三个结点方程:

$$
\begin{cases}
(2+2+1)u_1 - 2u_2 - u_3 = 6 - 18 \\
-2u_1 + (2+3+6)u_2 - 6u_3 = 18 - 12 \\
-u_1 - 6u_2 + (1+6+3)u_3 = 25 - 6
\end{cases}
$$

整理得到

$$
\begin{cases}
5u_1 - 2u_2 - u_3 = -12 \\
-2u_1 + 11u_2 - 6u_3 = 6 \\
-u_1 - 6u_2 + 10u_3 = 19
\end{cases}
$$

解得各结点电压为

$$\begin{cases} u_1 = -1 \text{ (V)} \\ u_2 = 2 \text{ (V)} \\ u_3 = 3 \text{ (V)} \end{cases}$$

求得另外三个支路电压为

$$\begin{cases} u_4 = u_3 - u_1 = 4 \text{ (V)} \\ u_5 = u_1 - u_2 = -3 \text{ (V)} \\ u_6 = u_3 - u_2 = 1 \text{ (V)} \end{cases}$$

2.8.3　含独立电压源的结点电压方程

当电路中存在独立电压源时,不能用式(2-51)建立含有电压源结点的方程,其原因是没有考虑电压源的电流。若有电阻与电压源串联单口,可以先等效变换为电流源与电阻并联单口后,再用式(2-51)建立结点方程。若没有电阻与电压源串联,则应增加电压源的电流变量来建立结点方程。此时,由于增加了电流变量,需补充电压源电压与结点电压关系的方程。

综上所述,对于由独立电压源、独立电流源和电阻构成的电路来说,其结点方程的一般形式应改为以下形式:

$$\left.\begin{array}{l} G_{11}v_1 + G_{12}v_2 + \cdots + G_{1(n-1)}v_{n-1} + i_{u\text{S}11} = i_{\text{S}11} \\ G_{21}v_1 + G_{22}v_2 + \cdots + G_{2(n-1)}v_{n-1} + i_{u\text{S}22} = i_{\text{S}22} \\ \cdots\cdots \\ G_{(n-1)1}v_1 + G_{(n-1)2}v_2 + \cdots + G_{(n-1)(n-1)}v_{n-1} + i_{u\text{S}(n-1)(n-1)} = i_{\text{S}(n-1)(n-1)} \end{array}\right\} \quad (2\text{-}52)$$

其中 $i_{u\text{S}kk}$ 是与第 k 个结点相连的全部电压源电流的代数和,其电流参考方向流出该结点的取正号,相反的取负号。由于变量的增加,需要补充这些电压源与相关结点电压关系的方程,其一般形式如下:

$$u_{\text{S}k} = v_i - v_j$$

其中, v_i 是连接到电压源参考极性"+"端的结点电压, v_j 是连接到电压源参考极性"−"端的结点电压。

例 2.18　用结点分析法求图 2.39(a)所示电路的电压 u 和支路电流 i_1、i_2。

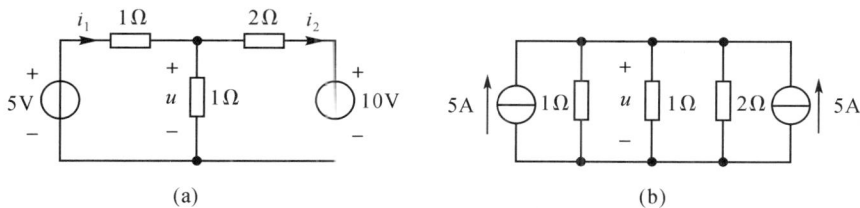

图 2.39　例 2.18 的图

解　先将电压源与电阻串联等效变换为电流源与电阻并联,如图(b)所示。对结点电压 u 来说 ,图(b)与图(a)等效。只需列出一个结点方程:

$$(1+1+0.5)u = 5+5$$

解得

$$u = \frac{10}{2.5} = 4 \text{ (V)}$$

按照图(a)电路可求得电流 i_1 和 i_2 为

$$i_1 = \frac{5-4}{1} = 1(\text{A}) \quad i_2 = \frac{4-10}{2} = -3（\text{A}）$$

例 2.19　用结点分析法求图 2.40 所示电路的结点电压。

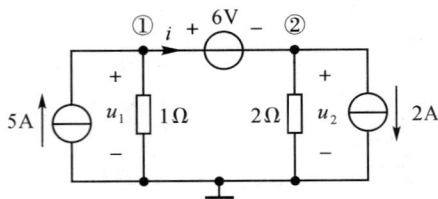

图 2.40　例 2.19 的图

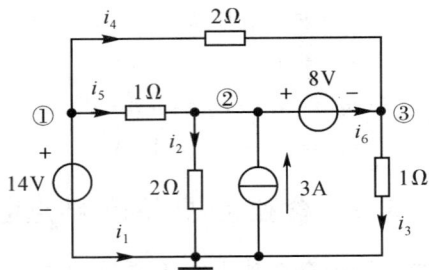

图 2.41　例 2.20 的图

解　选定 6V 电压源电流 i 的参考方向。计入电流变量 i 列出两个结点方程：

$$u_1 + i = 5$$
$$0.5u_2 - i = -2$$

补充方程

$$u_1 - u_2 = 6$$

解得　$u_1 = 4(\text{V})$，$u_2 = -2(\text{V})$，$i = 1(\text{A})$

这种增加电压源电流变量建立的一组电路方程,称为改进的结点方程,它扩大了结点方程适用的范围,为很多计算机电路分析程序所采用。

例 2.20　用结点分析法求图 2.41 所示电路的结点电压。

解　由于 14V 电压源连接到结点 ① 和参考结点之间,结点 ① 的结点电压 $u_1 = 14\text{V}$ 成为已知量,可以不列出结点 ① 的结点方程。考虑到 8V 电压源电流 i,列出的两个结点方程为

$$-u_1 + (1+0.5)u_2 + i = 3$$
$$-0.5u_1 + (1+0.5)u_3 - i = 0$$

补充方程

$$u_2 - u_3 = 8$$

代入 $u_1 = 14\text{V}$,整理得到

$$\begin{cases} 1.5u_2 + 1.5u_3 = 24 \\ u_2 - u_3 = 8 \end{cases}$$

解得　$u_2 = 12(\text{V})$　$u_3 = 4(\text{V})$　$i = -1(\text{A})$

由此例可见,当参考结点选在电压源的一端时,电压源另一端的结点电压成为已知量,此时可以不列该结点的结点方程。

2.8.4　含受控源电路的结点电压方程

与建立网孔方程相似,列写含受控源电路的结点方程时,(1) 先将受控源作为独立电源处理;(2) 然后将控制变量用结点电压表示并移项整理,即可得到如式(2-51)形式的结点方程。现举例加以说明。

例 2.21　列出图 2.42 所示电路的结点方程。

解　列出结点方程时,将受控电流源 gu_3 写在方程右边:

$$(G_1 + G_3)u_1 - G_3 u_2 = i_S$$
$$-G_3 u_1 + (G_2 + G_3)u_2 = -gu_3$$

补充控制变量 u_3 与结点电压关系的方程:

$$u_3 = u_1 - u_2$$

代入上式,移项整理后得到以下结点方程:

$$(G_1 + G_3)u_1 - G_3 u_2 = i_S$$
$$(g - G_3)u_1 + (G_2 + G_3 - g)u_2 = 0$$

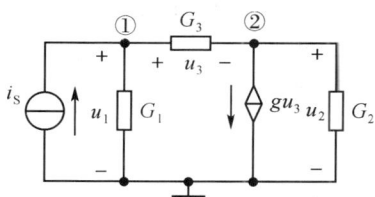

图 2.42　例 2.21 的图

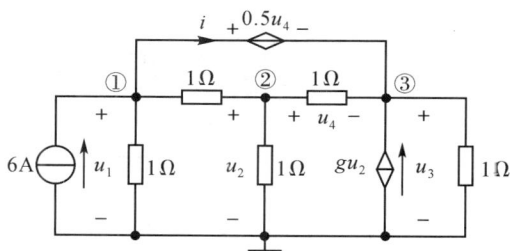

图 2.43　例 2.22 的图

由于受控源的影响,互电导 $G_{21} = g - G_3$ 与互电导 $G_{12} = -G_3$ 不再相等。自电导 $G_{22} = G_2 + G_3 - g$ 不再是结点 ② 全部电导之和。

例 2.22　电路如图 2.43 所示。已知 $g = 2\mathrm{S}$,求结点电压和受控电流源发出的功率。

解　当电路中存在受控电压源时,应增加电压源电流变量 i 来建立结点方程。

$$2u_1 - u_2 + i = 6$$
$$-u_1 + 3u_2 - u_3 = 0$$
$$-u_2 + 2u_3 - i = gu_2$$

补充方程

$$u_1 - u_3 = 0.5 \quad u_4 = 0.5(u_2 - u_3)$$

代入 $g = 2\mathrm{S}$,消去电流 i,经整理得到以下结点方程:

$$2u_1 - 4u_2 + 2u_3 = 6$$
$$-u_1 + 3u_2 - u_3 = 0$$
$$u_1 - 0.5u_2 - 0.5u_3 = 0$$

求解可得 $u_1 = 4(\mathrm{V})$, $u_2 = 3(\mathrm{V})$, $u_3 = 5(\mathrm{V})$。受控电流源发出的功率为

$$p = u_3(gu_2) = 5 \times 2 \times 3 = 30 \ (\mathrm{W})$$

习　题

2.1　电路如题 2.1 图所示。试求连接到独立电源两端电阻单口网络的等效电阻。

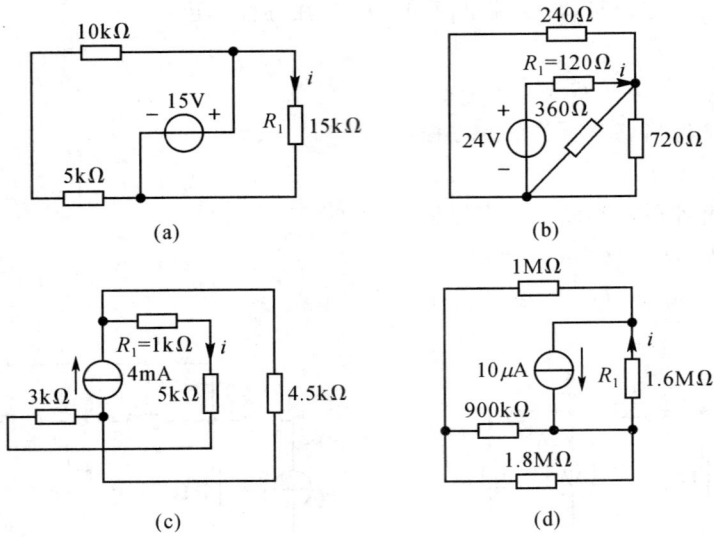

(a)　　　　　　　　　(b)

(c)　　　　　　　　　(d)

题 2.1 图

2.2　电路如题 2.2 图所示。试求图示电路中电流源电流 i_S。

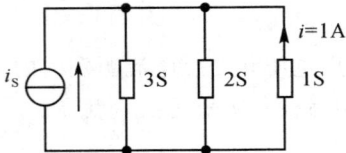

题 2.2 图

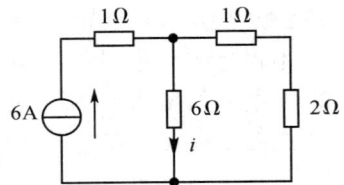

题 2.3 图

2.3　电路如题 2.3 图所示。试求图示电路中的电流 i。

2.4　求题 2.4 图所示电路中电阻 R、电流 I、电压 U。

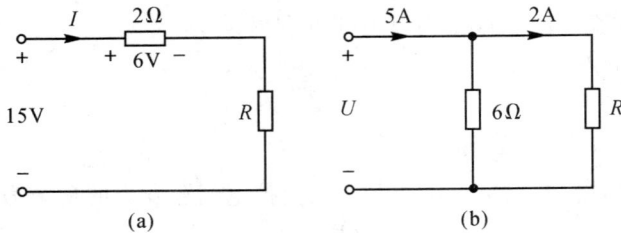

(a)　　　　　　　　　(b)

题 2.4 图

2.5　求题 2.5 图所示电路的 i、u 及电流源发出的功率。

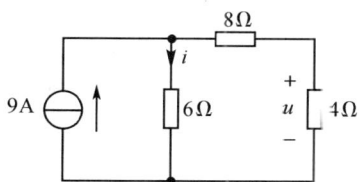

题 2.5 图

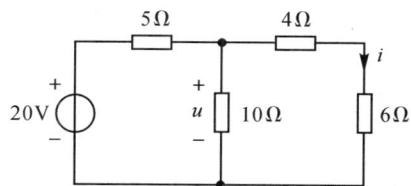

题 2.6 图

2.6   求题 2.6 图所示电路的 i、u 及电压源发出的功率。

2.7   求题 2.7 图所示各三角形联结网络的等效星形联结网络。

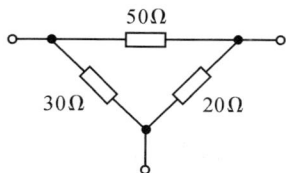

(a)

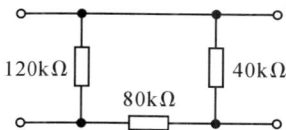

(b)

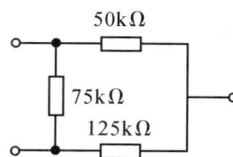

(c)

题 2.7 图

2.8   求题 2.8 图所示各星形联结网络的等效三角形联结网络。

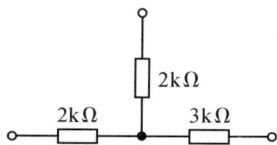

(a)

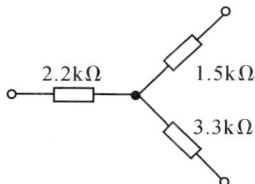

(b)

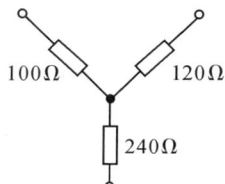

(c)

题 2.8 图

2.9   求图所示各一端口网络的等效电阻。

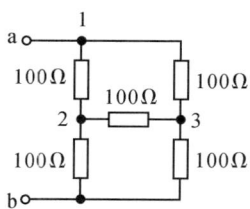

(a)

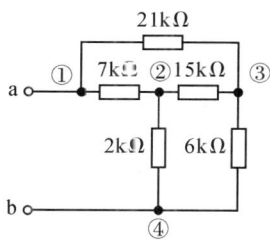

(b)

题 2.9 图

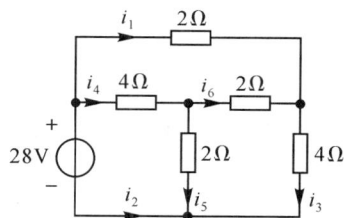

题 2.10 图

2.10   用星形与三角形网络等效变换求题 2.10 图示电路中电流 i_2。

2.11　求题 2.11 图所示电路的等效电路模型。

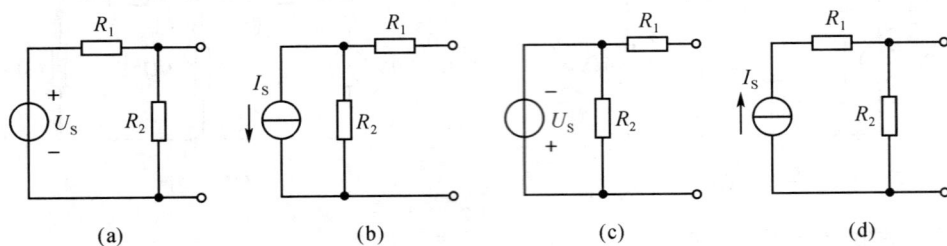

(a)　　　　　　　(b)　　　　　　　(c)　　　　　　　(d)

题 2.11 图

2.12　利用电源等效变换求题 2.12 图所示电路中的电压 u_{ab} 和 i。

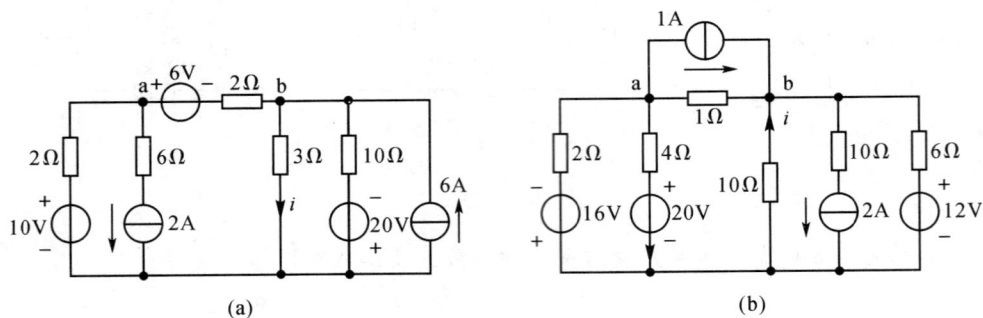

(a)　　　　　　　　　　　　　　　(b)

题 2.12 图

2.13　利用电源的等效变换，求题 2.13 图所示电路中的电压比 $\dfrac{u_0}{u_S}$，已知 $R_1 = R_2 = 2\ \Omega, R_3 = R_4 = 1\ \Omega$。

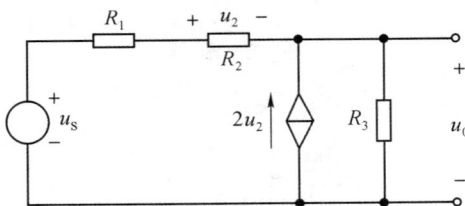

题 2.13 图

2.14　求题 2.14 图所示各电阻单端口的等效电阻。

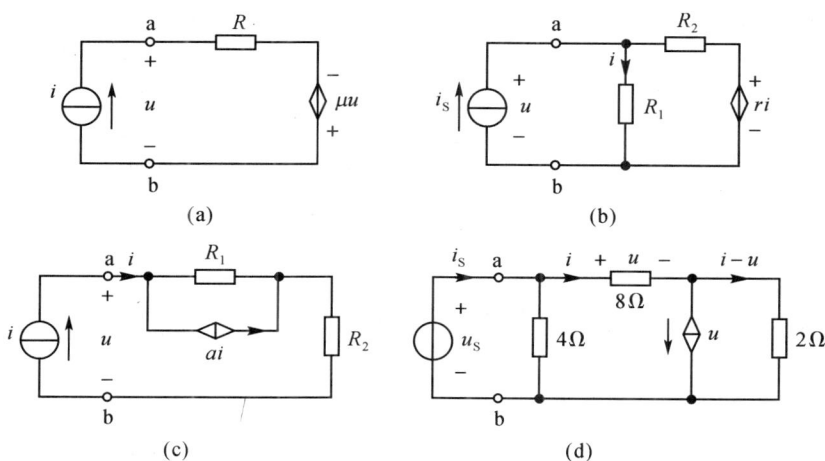

题 2.14 图

2.15　列出题 2.15 图所示电路的支路电流法方程组。

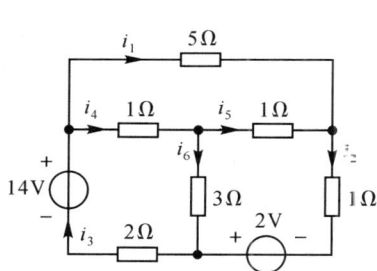

题 2.15 图

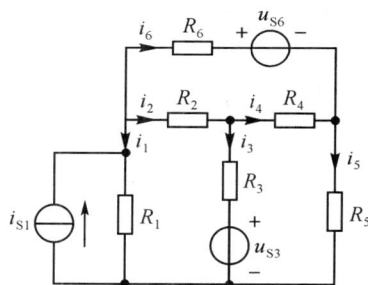

题 2.16 图

2.16　如题 2.16 图所示电路已知 $R_1 = R_2 = 10\Omega, R_3 = 4\Omega, R_4 = R_5 = 8\Omega, R_6 = 2\Omega,$
$i_{S1} = 1\mathrm{A}, u_{S3} = 20\mathrm{V}, u_{S6} = 40\mathrm{V}$。求各支路电流。

2.17　如题 2.17 图所示电路，各元件参数同上题。求各支路电流。

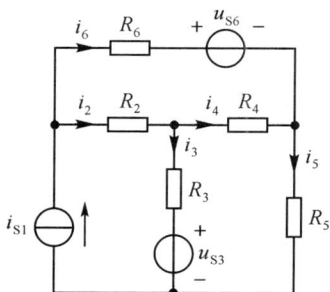

题 2.17 图

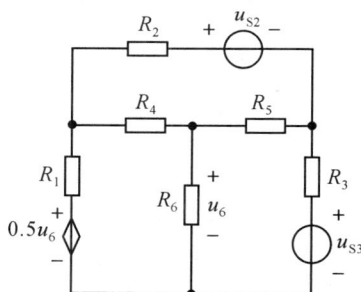

题 2.18 图

2.18　如题 2.18 图所示电路，已知 $R_1 = 10\Omega, R_2 = 15\Omega, R_3 = 20\Omega, R_4 = 4\Omega, R_5 = 6\Omega,$
$R_6 = 8\Omega, u_{S2} = 10\mathrm{V}, u_{S3} = 20\mathrm{V}$。求各支路电流。

2.19　用网孔电流法求题 2.19 图所示各支路电流。

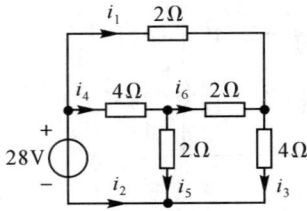

题 2.19 图

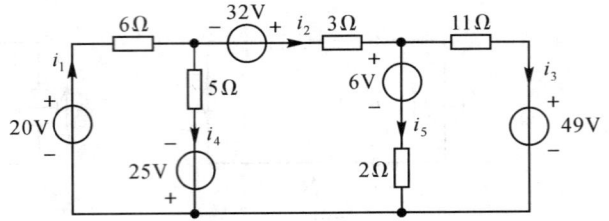

题 2.20 图

2.20 用网孔电流法求题 2.20 图各支路电流。

2.21 用网孔电流法求题 2.21 图各支路电流。

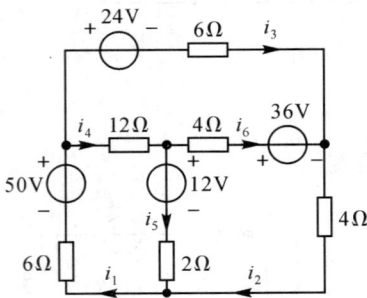

题 2.21 图

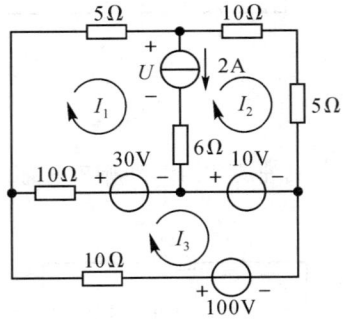

题 2.22 图

2.22 用网孔电流法求题 2.22 图电路中的网孔电流 I 和电压 U。

2.23 用网孔电流法求题 2.23 图电路中电压 u 和电流 i。

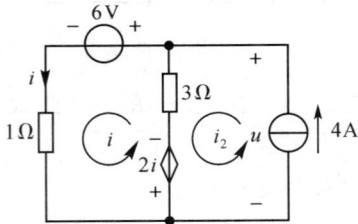

题 2.23 图

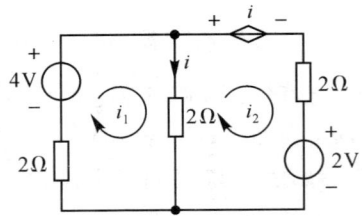

题 2.24 图

2.24 用网孔电流法求题 2.24 图电路的网孔电流。

2.25 用网孔分析法求题 2.25 图电路的网孔电流。

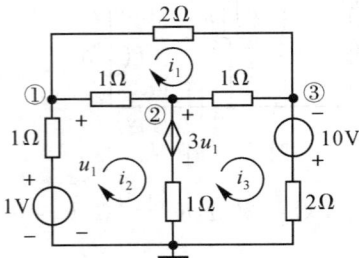

题 2.25 图

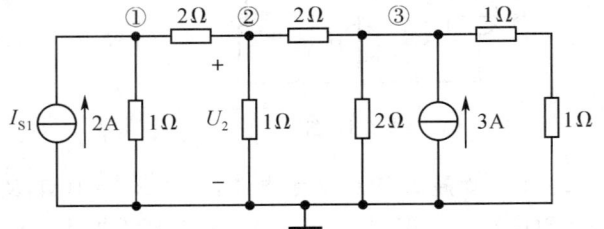

题 2.26 图

2.26　用结点电压法求题 2.26 图电路的节点电压。

2.27　用结点电压法求题 2.27 图所示电路的结点电压。

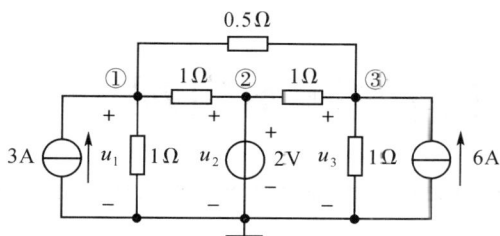

题 2.27 图

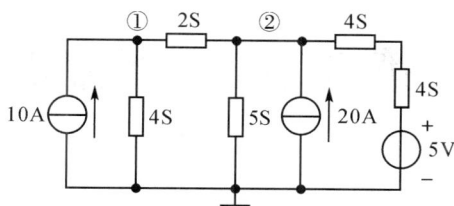

题 2.28 图

2.28　用结点电压法求题 2.28 图所示电路的节点电压。

2.29　用结点电压法求题 2.29 图所示电路的结点电压。

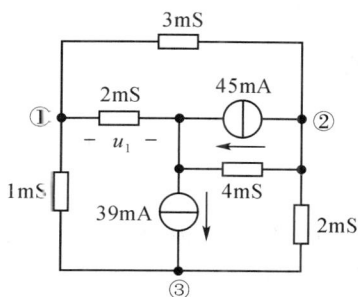

题 2.29 图

2.30　用结点电压法求题 2.30 图所示电路的结点电压。

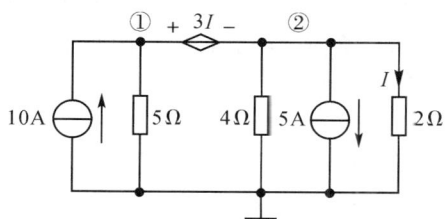

题 2.30 图

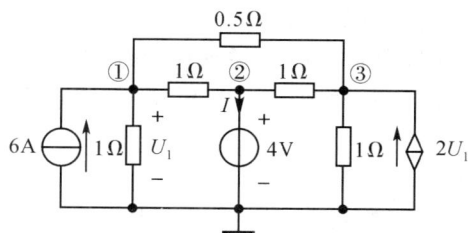

题 2.31 图

2.31　用结点电压法求题 2.31 图电路的结点电压和电流 I。

第3章 直流电阻电路的基本定理

本章以线性电阻电路为对象,介绍几个重要定理(叠加定理、替代定理、戴维南定理、诺顿定理和特勒根定理)。利用这些定理可以揭示电路本身的内在规律,从而简化电路的分析和计算。

3.1 线性叠加定理

3.1.1 线性叠加定理

由独立源和线性元件组成的电路称为线性电路。叠加定理是线性电路的重要定理之一。

叠加定理的内容是:在线性电路中,多个独立源共同作用时在任一支路中产生的响应,等于各独立源单独作用时在该支路所产生响应的代数和。

以下通过具体电路图说明应用线性叠加定理分析线性电路的方法、步骤及需要注意的问题。

电路如图 3.1(a) 所示,用叠加定理求电流 i 和电压 u。首先画出各独立源单独作用时的电路图,当电压源 u_S 单独作用时,电流源 i_S 为零(即其支路作开路处理),如图 3.1(b) 所示;当电流源 i_S 单独作用时,电压源 u_S 为零(即其支路作短路处理),如图 3.1(c) 所示。

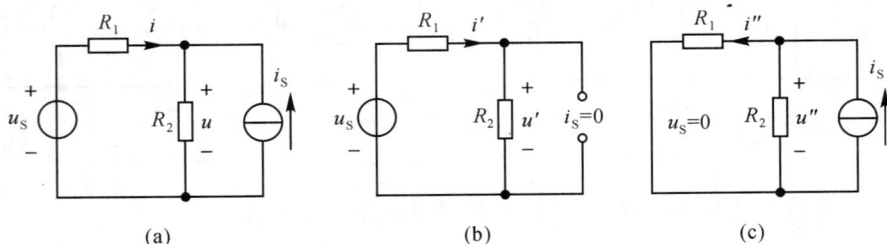

图 3.1 叠加定理

由图(b) 电路可求出电压源单独作用时的响应分量,由于电流源支路开路,R_1 与 R_2 为串联电阻,所以

$$i' = \frac{u_S}{R_1 + R_2} \quad u' = \frac{R_2 \cdot u_S}{R_1 + R_2}$$

同理由图(c) 电路可求出电流源单独作用时的响应分量,由于电压源支路短路,R_1 与 R_2 为并联电阻,所以

$$i'' = \frac{R_2 \cdot i_S}{R_1 + R_2} \quad u'' = \frac{R_1 \cdot R_2}{R_1 + R_2} i_S$$

由叠加定理得两者共同作用的电路响应，即为各响应分量的代数和，因 i' 与 i 参考方向一致，而 i'' 相反，所以 $i = i' - i''$；而 u'、u'' 与 u 参考方向均一致，所以 $u = u' + u''$。

另外使用叠加定理分析电路时，应该注意如下几点：

（1）线性电路中元件的功率并不等于每个独立源单独产生的功率之和，因为功率与独立源之间不是线性关系。例如电路中某元件吸收的功率为

$$p = ui = (u' + u'')(i' + i'') \neq u'i' + u''i'' = p_1 + p_2$$

（2）响应分量叠加是代数量的叠加，当分量与总量的参考方向一致时，取"＋"号；参考方向相反时，取"－"号。

（3）如果只有一个激励作用于线性电路，那么激励增大 K 倍时，其响应也增大 K 倍，即电路响应与激励成正比。这一特性称为线性电路的齐次性或比例性。

例 3.1 用叠加定理求图 3.2 所示电路中的电流 i。

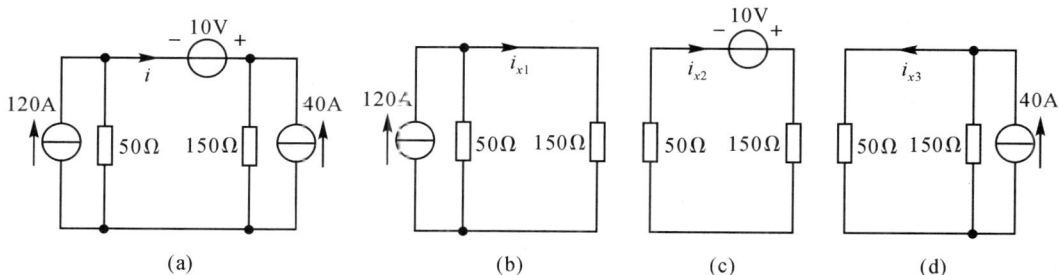

图 3.2 例 3.1 的图

解 首先画出各独立源单独作用时的电路，如图 3.2(b)、(c)、(d) 所示，并在图上标出各电流分量的参考方向。

由图 (b)、(c)、(d) 分别求得各电流分量为

$$i_{x1} = \frac{50 \times 120}{50 + 150} = 30 \ (\text{A}) \quad i_{x2} = \frac{10}{50 + 150} = 0.05 \ (\text{A}) \quad i_{x3} = \frac{150 \times 40}{50 + 150} = 30 \ (\text{A})$$

所以 $i_x = i_{x1} + i_{x2} - i_{x3} = 0.05 \ (\text{A})$

例 3.2 电路如图 3.3 所示，压叠加原理计算电流源的端电压 U。

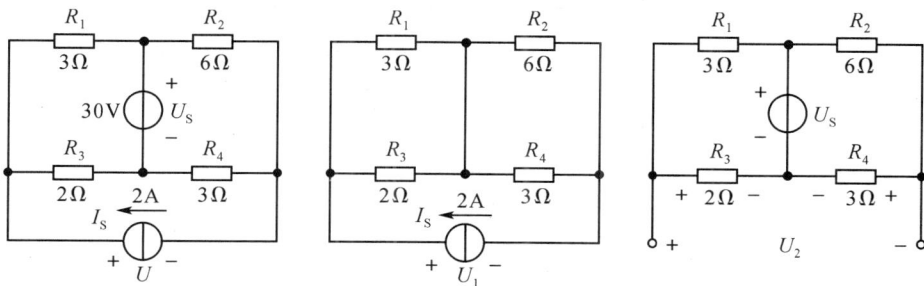

图 3.3 例 3.2 的图

解 各独立源单独作用时的电路如图 3.3(a)、(b) 所示，电流源单独作用时在电流源

两端产生的电压为

$$U_1 = I_S[(R_1 /\!/ R_3) + (R_2 /\!/ R_4)] = 6.4 \text{ (V)}$$

电压源单独作用时在电流源两端产生的电压为电阻 R_3、R_4 电压的代数和。

$$U_{R3} = \frac{U_S}{R_1 + R_3}R_3 = 12 \text{ (V)} \quad U_{R4} = \frac{U_S}{R_2 + R_4}R_4 = 10 \text{ (V)}$$

$$U_2 = U_{R3} - U_{R4} = 12 - 10 = 2 \text{ (V)}$$

所以　　　$U = U_1 + U_2 = 8.4 \text{ (V)}$

例 3.3　图 3.4 所示线性无源网络 N，已知当 $u_S = 1\text{V}$，$i_S = 2\text{A}$ 时，$u = -1\text{V}$；当 $u_S = 2\text{V}$，$i_S = -1\text{A}$ 时，$u = 5.5\text{V}$。试求当 $u_S = -1\text{V}$，$i_S = -2\text{A}$ 时，电阻 R 上的电压。

解　根据叠加定理和线性电路的齐次性，电压 u 可表示为

$$u = u' + u'' = K_1 u_S + K_2 i_S$$

代入已知数据，可得到

$$K_1 + 2K_2 = -1 \quad 2K_1 - K_2 = 5.5$$

求解后得

$$K_1 = 2 \quad K_2 = -1.5$$

因此，当 $u_S = -1\text{V}$，$i_S = -2\text{A}$ 时，电阻 R 上输出电压为

$$u = 2 \times (-1) + (-1.5) \times (-2) = 1 \text{ (V)}$$

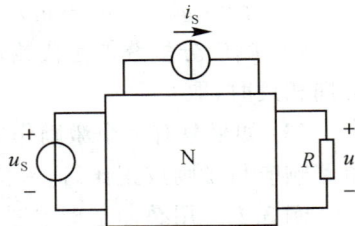

图 3.4　例 3.3 的图

3.1.2　齐次定理

线性电路另一个重要特性就是齐次性，把该性质总结为线性电路中另一重要的定理：齐次定理。

齐次定理：当一个激励源（独立电压源或独立电流源）作用于线性电路时，其任意支路的响应（电压或电流）与该激励源成正比。

若线性电路中有多个激励源作用，由叠加定理和齐次定理的结合应用，不难得到这样的结论：线性电路中，当全部激励源同时增大到 K 倍，其电路中任何处的响应也增大到 K 倍。

在只有一个电源的多 T 型电路中，常利用"倒退法"来计算各支路的电流时更加方便。

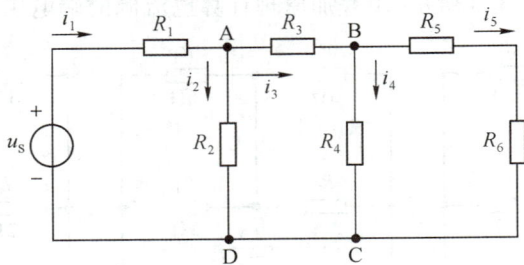

图 3.5　例 3.4 的图

例 3.4　图 3.5 是只有一个电源作用的多 T 型电路，已知：$u_S = 10\text{V}$，$R_1 = R_3 = R_5 = R_6 = 5\Omega$，$R_2 = R_4 = 10\Omega$，试求各支路电流。

解　除去电源和负载 R_6，该电路为梯形电路，我们利用齐次定理，采用"倒退法"，设

$$i'_5 = 1(A)$$

$$u'_{BC} = (R_5 + R_6) i'_5 = (5+5) \times 1 = 10(V)$$

$$i'_4 = \frac{u'_{BC}}{R_4} = \frac{10}{10} = 1(A)$$

$$i'_3 = i'_4 + i'_5 = 1 + 1 = 2(A)$$

$$u'_{AD} = u'_{AB} + u'_{BC} = R_3 i'_3 + u'_{BC} = 5 \times 2 + 10 = 20(V)$$

$$i'_2 = \frac{u'_{AD}}{R_2} = \frac{20}{10} = 2(A)$$

$$i'_1 = i'_2 + i'_3 = 2 + 2 = 4(A)$$

$$u'_S = R_1 i'_1 + u'_{AD} = 4 \times 5 + 20 = 40(V)$$

即当电源电压为 40V 时,负载 R_6 中流过的电流为 1A,而根据题意,电源电压为 10V,则根据齐次定理,负载中的电流应当为 0.25A。

3.2　替代定理

替代定理应用很广泛,并可推广到非线性电路。其内容如下:给定一个线性电阻电路,其中第 k 支路的电压 u_k 和电流 i_k 为已知,那么此支路就可以用一个电压等于 u_k 的电压源 u_S,或一个电流等于 i_k 的电流源 i_S 替代,替代后电路中全部电压和电流均保持原值。

图 3.6(a) 所示线性电阻电路中,N 表示除第 k 支路外的电路其余部分,第 k 支路设为一个电压源和电阻的串联支路。用电压源 u_S 替代第 k 支路得到的新电路和原电路的连接相同,如图(b) 所示,所以两电路的 KCL 和 KVL 方程也将相同。除第 k 支路外,两个电路的全部支路的约束关系也相同。新电路中第 k 支路的电压被约束为 $u_S = u_k$,即等于原电路的第 k 支路的电压,其支路电流则可以是任意的。电路在改变前后,各支路电压和电流都有唯一解,而原电路的全部电压和电流又将满足新电路的全部约束关系,因此也就是后者的唯一解。同理第 k 支路被一个电流源替代如图(c) 所示。

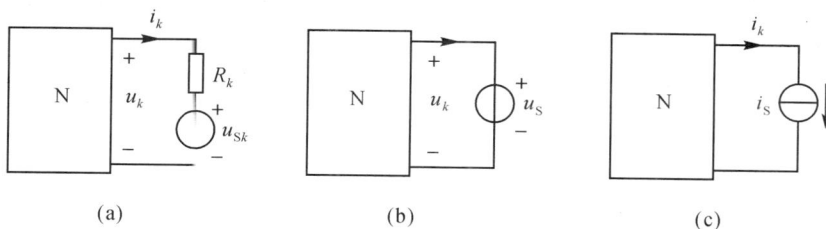

图 3.6　替代定理

注意:若第 k 支路中的电压或电流为 N 中受控源的控制量,而替代后该电压或电流不复存在,则该支路不能被替代。

替代定理的价值在于:一旦电路中某支路电压或电流成为已知量时,就可用一个独立源来替代该支路,从而简化电路的分析与计算。

图 3.7 示出替代定理应用的实例。

图(a) 求得 $u_3 = 8V$,$i_3 = 1A$。现将支路 3 分别以 $u_S = u_3 = 8V$ 的电压源或 $i_S = i_3 = 1A$ 的电流源替代,如图(b) 或(c) 所示,不难求得,在图(a)、(b)、(c) 中,其他部分的电压和

电流均保持不变,即 $i_1 = 2\text{A}, i_2 = 1\text{A}$。

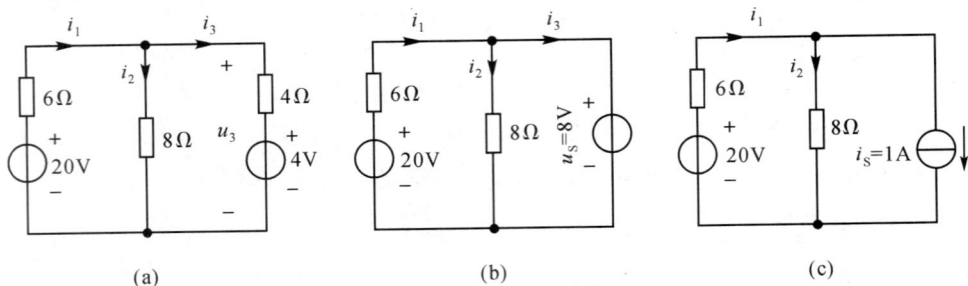

图 3.7　替代定理应用实例

3.3　戴维南定理和诺顿定理

由前面章节知道,含独立电源的线性电阻单口网络,可以等效为一个电压源和电阻串联单口网络,或一个电流源和电阻并联单口网络。本节介绍的戴维南定理和诺顿定理提供了求含源单口网络两种等效电路的一般方法,对简化电路的分析和计算十分有用。这两个定理是本章学习的重点。本节先介绍戴维南定理。

3.3.1　戴维南定理

对含独立电源的线性电阻单口网络,均可等效为一个电压源与电阻相串联的电路。如图 3.8(a)、(b) 所示,图中 N 为线性有源二端网络,等效电压源 u_{oc} 称开路电压,数值等于有源单口网络 N 的端口开路电压。串联电阻 R_0 称戴维南等效电阻,等于 N 内部所有独立源置零时网络两端子间的等效电阻,如图 3.8(c)、(d) 所示。

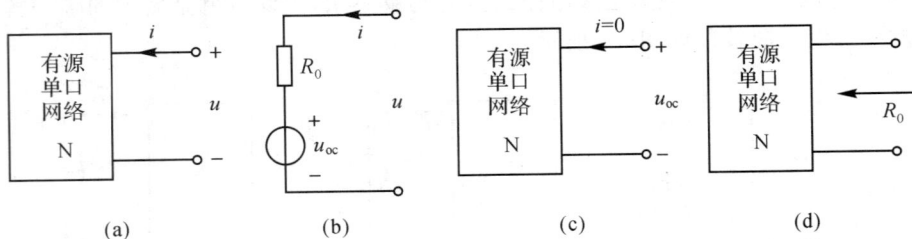

图 3.8　戴维南定理

当一端口网络的端口电压和电流采用关联参考方向时,其端口电压电流关系方程可表示为

$$u = R_0 i + u_{\text{oc}} \tag{3-1}$$

戴维南定理可以在一端口网络外加电流源 i,用叠加定理计算端口电压表达式的方法证明如下:在一端口网络端口上外加电流源 i,如图 3.9(a) 所示,根据叠加定理,端口电压可以分为两部分,一部分是由电流源单独作用(一端口内全部独立电源置零)产生的电压 $u' = R_0 i$,如图(b) 所示;另一部分是外加电流源置零($i = 0$),即一端口网络开路时,由一端口网络内部全部独立电源共同作用产生的电压 $u'' = u_{\text{oc}}$,如图(c) 所示。由此得到 $u = u' + u'' =$

$R_0 i + u_{oc}$。

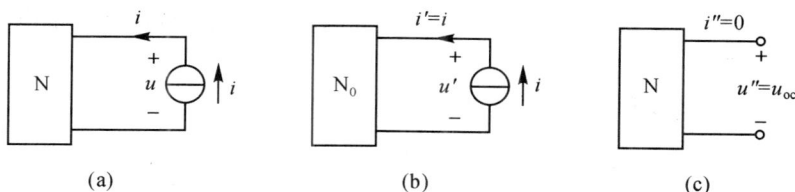

图 3.9 戴维南定理的证明

此式与式(3-1)完全相同,这就证明了含源线性电阻单口网络,在端口外加电流源存在唯一解的条件下,可以等效为一个电压源 u_{oc} 和电阻 R_0 串联的一端口网络。

例 3.5 用戴维南定理求图 3.10(a) 所示电路中的电流 I。

解 利用戴维南等效定理将 ab 端口左边电路等效为电压源 u_{oc} 串联电阻 R_0,如图(b)所示。此题利用节点电压发求 u_{oc},如图(c)所示,标出节点电压。列节点电压方程得

$$u_1 = 6$$
$$-\frac{1}{3}u_1 + (\frac{1}{3} + \frac{1}{3})u_2 - \frac{1}{3}u_3 = 2$$
$$-\frac{1}{12}u_1 - \frac{1}{3}u_2 + (\frac{1}{12} + \frac{1}{3} + \frac{1}{4})u_3 = 0$$

解得 $\qquad u_{oc} = u_3 = 5(V)$

再由图(d)求得戴维南等效电阻 $\qquad R_0 = 12 /\!/ (3+3) /\!/ 4 = 2(\Omega)$

所以 $\qquad I = 5/(2+3) = 1 \ (A)$

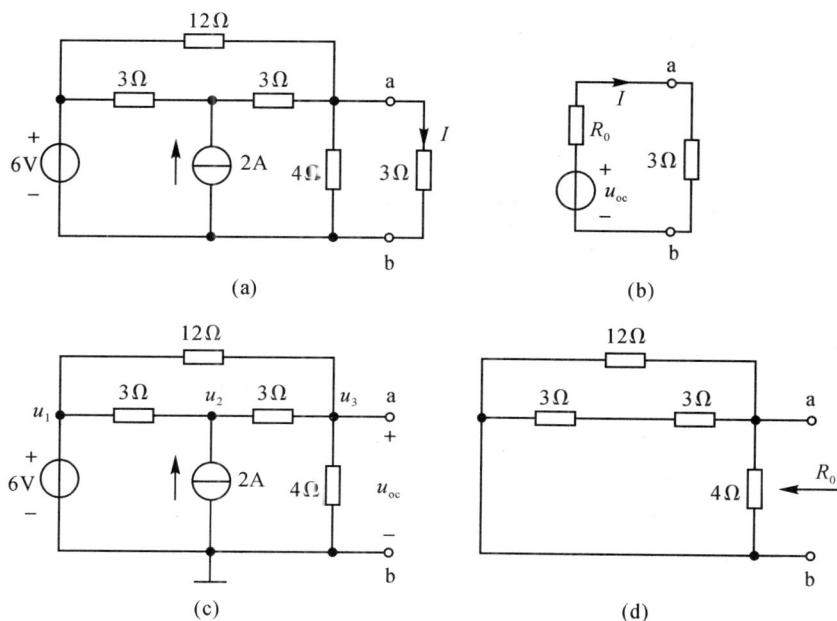

图 3.10 例 3.5 的图

戴维南定理对任何线性二端(一端口)网络皆成立,自然也适用于含线性受控源的线性

二端电阻网络。事实上由前面证明此定理的过程可见,只要二端网络是线性的,叠加定理便能适用,所作的证明便有效。这里用一个例题来说明求含受控源的线性二端电阻网络的等效电路的具体方法。

例 3.6 求图 3.11 所示电路中电阻 R_3 中的电流。

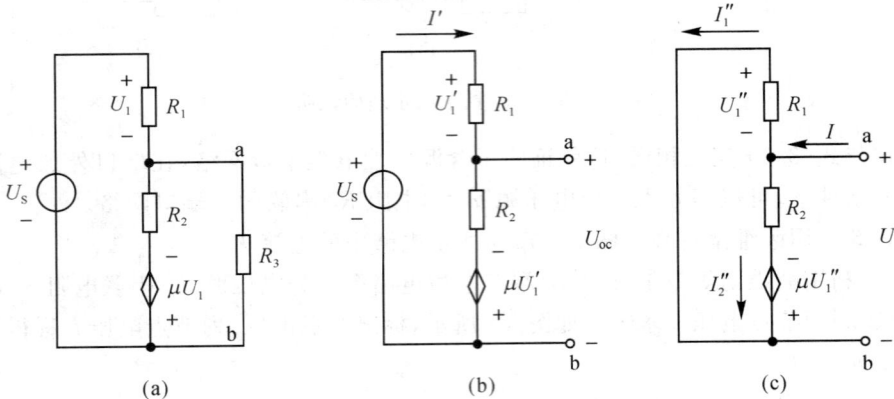

图 3.11 例 3.6 的图

解 先求将此例电路中的 R_3 移去后所得的二端网络的开路电压 U_{oc},如图(b)所示。它的电路是一个单回路电路,设回路中的电流为 I',写出此回路的 KVL 方程为

$$(R_1 + R_2 - \mu R_1) I' = U_s$$

所以
$$I' = \frac{U_s}{(1-\mu)R_1 + R_2}$$

于是得此二端网络的开路电压

$$U_{oc} = U_{ab} = R_2 I' - \mu R_1 I' = (R_2 - \mu R_1) I'$$

$$= \frac{R_2 - \mu R_1}{(1-\mu)R_1 + R_2} U_s$$

再求等效电阻 R_i,为此移去独立电压源,并将其两端短路,得到图(c)的电路。在端点 ab 间加一电压 U,求出经 a 电流如此电路的电流 I,比值 U/I 即等于所求电阻。此电路中

$$U_1'' = -U \quad I_1'' = \frac{U}{R_1} \quad I_2'' = \frac{U + (-\mu U)}{R_2} = \frac{(1-\mu)U}{R_2}$$

$$I = I_1'' + I_2'' = \frac{U}{R_1} + \frac{(1-\mu)U}{R_2} = \frac{R_2 + (1-\mu)R_1}{R_1 R_2} U$$

于是得图(c)中二端网络的等效内阻为

$$R_i = \frac{U}{I} = \frac{R_1 R_2 + (1-\mu)R_1}{(1-\mu)R_1 + R_2} U$$

当将 R_3 接至 ab 两端,其中的电流即为

$$I_3 = \frac{U_{oc}}{R_i + R_3}$$

3.3.2 诺顿定理

对于线性有源端口网络,均可等效为一个电流源与电阻相并联的电路,如图 3.12(a)、

(b)所示。图(b)中的电流源并联电阻电路称为诺顿等效电路。等效电路中的电流源 i_{sc} 等于有源二端网络 N 的端口短路电流。并联电阻 R_0 等于 N 内部所有独立电源置零时网络两端子间的等效电阻,如图 3.12(c)、(d)所示。

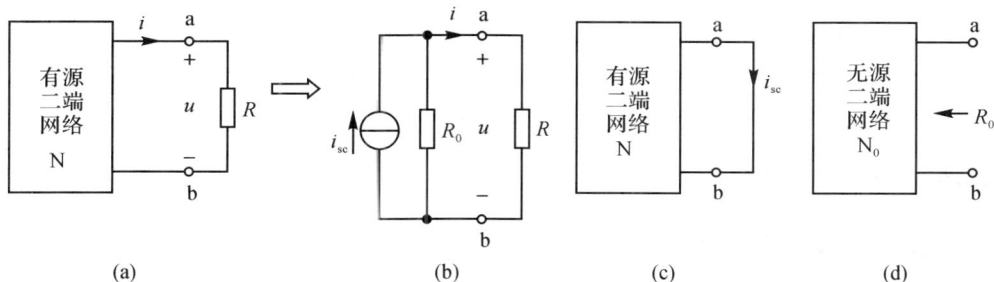

图 3.12 诺顿定理

对于给定的线性有源二端网络,其戴维南电路与诺顿电路是互为等效的。根据电源模型的等效互换条件,可知开路电压 U_{oc}、短路电流 i_{sc} 和等效电阻 R_0 之间满足如下关系:

$$U_{oc} = i_{sc} \cdot R_0$$

例 3.7 求图 3.13(a)单口网络的诺顿等效电路。

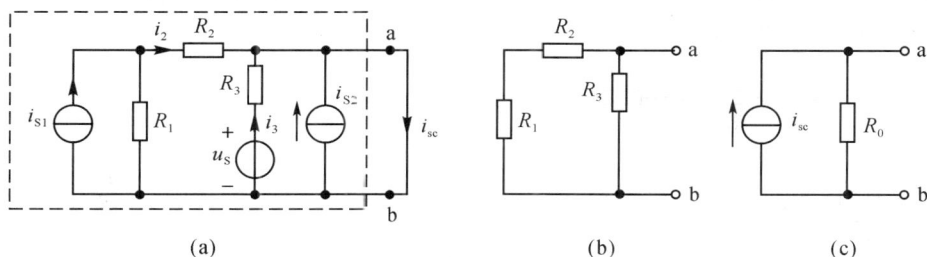

图 3.13 例 3.7 的图

解 为求 i_{sc},将单口网络从外部短路,并标明短路电流 i_{sc} 的参考方向,如图(a)所示。由 KCL 和电阻的伏安特性关系求得

$$i_{sc} = i_2 + i_3 + i_{S2} = \frac{R_1}{R_1 + R_2} i_{S1} + \frac{u_S}{R_3} + i_{S2}$$

为求 R_0,将单口内电压源用短路代替,电流源用开路代替,得到图(b)所示电路,由此求得

$$R_0 = \frac{(R_1 + R_2)R_3}{R_1 + R_2 + R_3}$$

根据所设 i_{sc} 的参考方向,画出诺顿等效电路如图(c)所示。

3.3.3 最大功率传输定理

线性有源二端网络用戴维南和诺顿等效电路进行等效,并在端口处外接负载 R_L,如图 3.14 所示。当负载改变时,它所获得的功率也不同。负载为何值时,才能从网络中获得最大的功率?

$$P_L = i^2 R_L = \left(\frac{u_{oc}}{R_0 + R_L}\right)^2 R_L$$

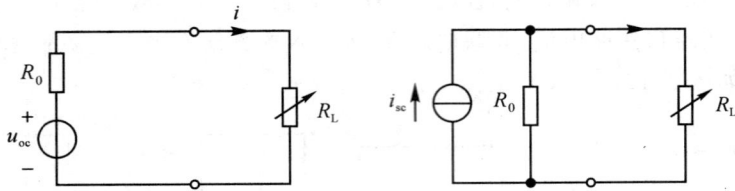

图 3.14　最大功率传输定理

上式对 R_L 求导，令其为零。

$$\frac{dP_L}{dR_L} = \frac{(R_0 - R_L)}{(R_0 + R_L)^3} u_{oc}^2 = 0$$

由于

$$\frac{d^2 P_L}{dR_L^2}\bigg|_{R_L = R_0} = -\frac{u_{oc}^2}{8R_0^3} < 0$$

所以当 $R_L = R_0$ 时，负载能从有源网络获得最大功率

$$P_{Lmax} = i^2 R_L = \frac{U_{oc}^2}{4R_0} \tag{3-2}$$

例 3.8　图 3.15(a) 所示电路，若负载 R_L 可以任意改变，问 R_L 为何值时其上获得最大功率？并求出该最大功率值。

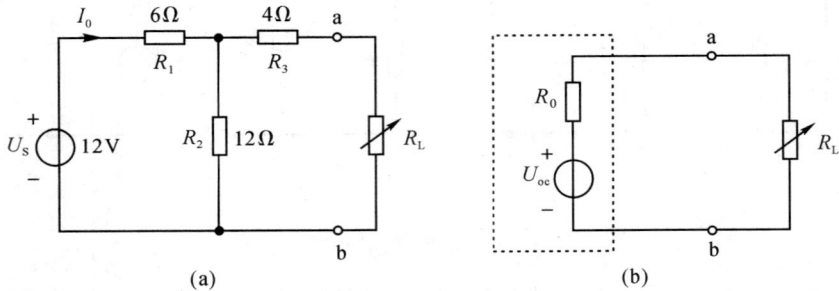

图 3.15　例 3.8 的图

解　把负载支路在 ab 处断开，其余二端网络用戴维南等效电路代替，如图(b) 所示。图中等效电压源电压为

$$U_{oc} = \frac{R_2}{R_1 + R_2} U_S = \frac{6}{3 + 6} \times 12 = 8 \text{ (V)}$$

等效电阻　$R_0 = R_3 + (R_1 /\!/ R_2) = 4 + (6 /\!/ 12) = 8 \text{ (}\Omega\text{)}$

根据最大功率传输条件，当 $R_L = R_0 = 8\Omega$ 时，负载 R_L 将获得最大功率，其值由式(3-2) 确定，即

$$P_{Lmax} = \frac{U_{oc}^2}{4R_0} = \frac{8^2}{4 \times 8} = 2 \text{ (W)}$$

在图 3.15(a) 电路中，当 $R_L = 8\Omega$ 时，不难求得

$$I_0 = \frac{U_S}{R_1 + R_2 /\!/ (R_3 + R_L)} = \frac{12}{6 + 12 /\!/ 12} = 1 \text{ (A)}$$

$$I_L = \frac{1}{2} I_0 = 0.5 \text{ (A)}$$

负载吸收功率

$$P_{Lmax} = I_0^2 \times R_L = 0.5^2 \times 8 = 2 \text{（W）}$$

$$P_S = U_S \times I_0 = 12 \times 1 = 12 \text{（W）}$$

P_L 在 P_S 中占的百分比值称为电路的功率传输效率，即

$$\eta = \frac{P_L}{P_S} \times 100\% = \frac{2}{12} \times 100\% = 16.7\%$$

由此可见，电路满足最大功率传输条件，并不意味着能保证有高的功率传输效率，这是因为有源二端网络内部存在功率消耗。因此，对于电力系统而言，如何有效地传输和利用电能是非常重要的问题，应设法减少损耗，提高效率。

3.4　特勒根定理

特勒根定理是对任何电路都普遍成立的一个定理，仅仅用基尔霍夫电流定律和电压定律就可以做出证明，所以它具有与基尔霍夫定律同等的普遍意义。

特勒根定理有两种形式。

特勒根定理一

对于一个具有 n 个结点和 b 条支路的电路，假设各支路电流和支路电压取关联参考方向，并令 $(i_1, i_2, \cdots, i_b)$、$(u_1, u_2, \cdots, u_b)$ 分别为 b 条支路的电流和电压，则对任何时间 t，有

$$\sum_{k=1}^{b} u_k i_k = 0 \qquad (3-3)$$

此定理可通过图 3.16 所示电路图证明如下：令 u_{n1}、u_{n2}、u_{n3} 分别表示结点 ①、②、③ 的结点电压，按 KVL 可得出各支路电压结点电压之间的关系为

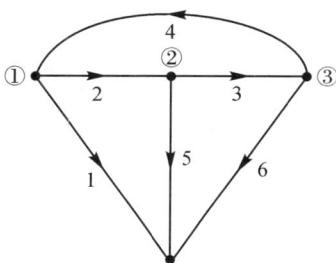

图 3.16　特勒根定理的证明

$$u_1 = u_{n1}$$

$$u_2 = u_{n1} - u_{n2}$$

$$u_3 = u_{n2} - u_{n3}$$

$$u_4 = -u_{n1} + u_{n3}$$

$$u_5 = u_{n2}$$

$$u_6 = u_{n3} \qquad (3-4)$$

对结点 ①、②、③ 应用 KCL，得

$$i_1 + i_2 - i_4 = 0$$

$$-i_2 + i_3 + i_5 = 0$$

$$-i_3 + i_4 + i_6 = 0 \qquad (3-5)$$

而

$$\sum_{k=1}^{6} u_k i_k = u_1 i_1 + u_2 i_2 + u_3 i_3 + u_4 i_4 + u_5 i_5 + u_6 i_6$$

把支路电压用结点电压表示后，代入此式并经整理，可得

$$\sum_{k=1}^{6} u_k i_k = u_{n1} i_1 + (v_{n1} - u_{n2}) i_2 + (u_{n2} - u_{n3}) i_3 + (-u_{n1} + u_{n3}) i_4$$

$$+ u_{n2} i_5 + u_{n3} i_6$$

或
$$\sum_{k=1}^{6} u_k i_k = u_{n1}(i_1 + i_2 - i_4) + u_{n2}(-i_2 + i_3 + i_5) + u_{n3}(-i_3 + i_4 + i_6)$$

式中括号内的电流分别为结点 ①、②、③ 处电流的代数和,故引用式(3-5),即有

$$\sum_{k=1}^{b} u_k i_k = 0 \tag{3-6}$$

注意在证明过程中,只根据电路的拓扑性质应用了基尔霍夫定律,并不涉及支路的内容,因此特勒根定理对任何具有线性、非线性、时不变、时变元件的集总电路都适用。这个定理实质上是功率守恒的数学表达式,它表明任何一个电路的全部支路吸收的功率之和恒等于零。

特勒根定理二

如果有两个具有 n 个结点和 b 条支路的电路,它们具有相同的图,但由内容不同的支路构成。假设各支路电流和电压都取关联参考方向,并分别用 $(i_1, i_2, \cdots, i_b)$、$(u_1, u_2, \cdots, u_b)$ 和 $(\hat{i}_1, \hat{i}_2, \cdots, \hat{i}_b)$、$(\hat{u}_1, \hat{u}_2, \cdots, \hat{u}_b)$ 表示两电路中 b 条支路的电流和电压,则在任何时间 t,有

$$\sum_{k=1}^{b} u_k \hat{i}_k = 0 \tag{3-7}$$

$$\sum_{k=1}^{b} \hat{u}_k i_k = 0 \tag{3-8}$$

证明如下:设两个电路的图如图 3.16 所示,对电路 1,用 KVL 可写出式(3-4);对电路 2 应用 KCL,有

$$\begin{aligned}
\hat{i}_1 + \hat{i}_2 - \hat{i}_4 &= 0 \\
-\hat{i}_2 + \hat{i}_3 + \hat{i}_5 &= 0 \\
-\hat{i}_3 + \hat{i}_4 + \hat{i}_6 &= 0
\end{aligned} \tag{3-9}$$

利用式(3-4)可得出

$$\sum_{k=1}^{6} u_k \hat{i}_k = u_{n1}(\hat{i}_1 + \hat{i}_2 - \hat{i}_4) + u_{n2}(-\hat{i}_2 + \hat{i}_3 + \hat{i}_5) + u_{n3}(-\hat{i}_3 + \hat{i}_4 + \hat{i}_6)$$

再引用式(3-9),即可得出

$$\sum_{k=1}^{6} u_k \hat{i}_k = 0$$

此证明可推广到任何具有 n 个结点和 b 条支路的电路,只要它们具有相同的图。定理的第二部分可用类似方法证明。

注意:定理二不能用功率守恒解释,它仅仅是对两个具有相同拓扑的电路中一个电路的支路电压和另一个电路的支路电流,或者可以是同一电路在不同时刻的相应支路电压和支路电流必须遵循的数学关系。由于它仍具有功率之和的形式,所以有时又称为"拟功率定理"。应当指出,定理二同样对支路内容没有任何限制,这也是此定理普遍适用的特点。

例 3.9 已知图 3.17 中 N 为线性电阻无源网络,由图(a)中测得 $u_{S1} = 20\text{V}$,$i_1 = 10\text{A}$,$i_2 = 2\text{A}$,在图(b)中,$\hat{i}_1 = 4\text{A}$ 时,求 u_{S2} 为多少?

解 对于 N 有

$$u_1 = u_{S1} = 20\text{V} \quad i_1 = 10\text{A} \quad u_2 = 0 \quad i_2 = 2\text{A}$$

对于 $\hat{N}$ 有

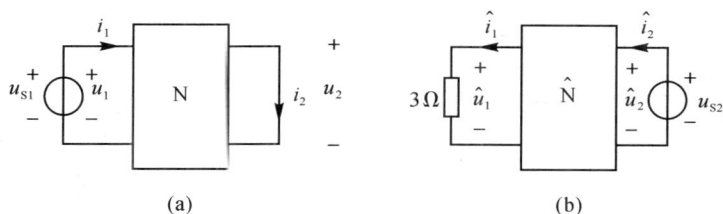

图 3.17　例 3.9 的图

$$\hat{u}_1 = 4 \times 3 = 12\text{V} \quad \hat{i}_1 = 4\text{A} \quad \hat{u}_2 = u_{\text{S}2} = ? \quad \hat{i}_2 = ?$$

$$u^{\text{T}}\hat{i} = 0 \quad u_1\hat{i}_1 + u_2(-\hat{i}_2) + \sum_{k=1}^{b} u_k\hat{i}_k = 0$$

$$\hat{u}_i^{\text{T}}i = 0 \quad \hat{u}_1(-i_1) + \hat{u}_2 i_2 + \sum_{k=1}^{b} \hat{u}_k i_k = 0$$

$$u_k\hat{u}_k = R_k i_k\hat{i}_k$$

$$\hat{u}_k i_k = \hat{R}_k\hat{i}_k i_k$$

因为　　$\hat{R}_k = R_k$

$$\sum_{k=1}^{b} u_k\hat{i}_k = \sum_{k=1}^{b} \hat{u}_k i_k$$

则　　$u_1\hat{i}_1 + u_2(-\hat{i}_2) = \hat{u}_1(-i_1) + \hat{u}_2 i_2$

$$20 \times 4 = 12 \times (-10) + 2u_{\text{S}2}$$

$$u_{\text{S}2} = 100\text{V}$$

由该例可见,若网络 N 为线性电阻无源网络时,仅需对其端口的两条外支路直接使用特勒根定理即可。在使用定理的过程中,一定要注意对应支路的电压、电流的参考方向要关联。

习　题

3.1　用叠加定理求题 3.1 图所示电路中电流 i_x。

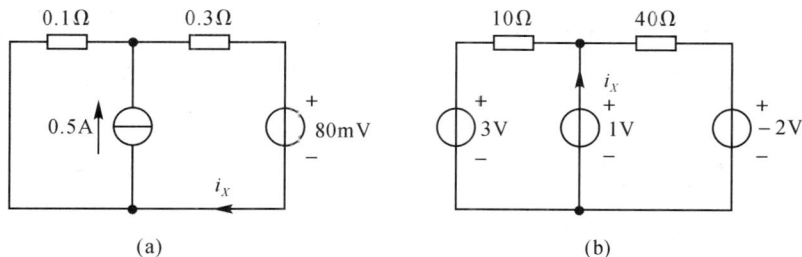

题 3.1 图

3.2　应用叠加定理求题 3.2 图所示电路中电压 u。

3.3　应用叠加定理求题 3.3 图所示电路中电压 U。

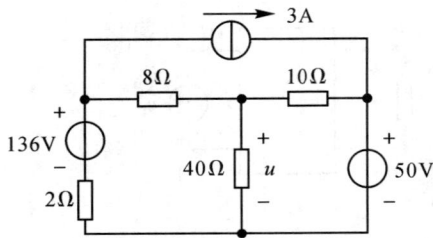

题 3.2 图

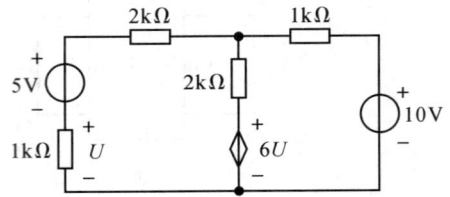

题 3.3 图

3.4 （a）已知框图内的电路为无源电路，当

$$U_s = 1\text{ V}, I_s = 2\text{ A}, u = -1\text{ V}$$
$$U_s = 2\text{ V}, I_s = -1\text{ A}, u = 5.5\text{ V}$$

问当 $U_s = -1\text{ V}, I_s = -2\text{ A}$，则 $u = ?$

（b）已知框图内的电路为有源电路，可等效为一个电流源 I_s，当

$$U_{S1} = 1\text{ V}, U_{S2} = 2\text{ V}, I_s = 1\text{ A}, I = 2\text{ A}$$
$$U_{S1} = 2\text{ V}, U_{S2} = 1.5\text{ V}, I_s = 0.5\text{ A}, I = 3\text{ A}$$
$$U_{S1} = -1\text{ V}, U_{S2} = 1\text{ V}, I_s = -1\text{ A}, I = -1\text{ A}$$

问当 $U_{S1} = 1.5\text{ V}, U_{S2} = 0.5\text{ V}, I_s = 2\text{ A}$，则 $I = ?$

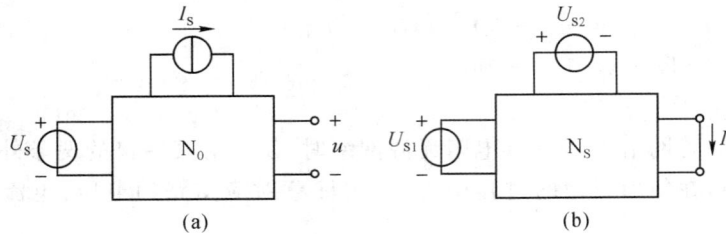

(a)   (b)

题 3.4 图

3.5 试求题 3.5 图所示电路在 $I = 2\text{A}$ 时，20V 电压源发出的功率。

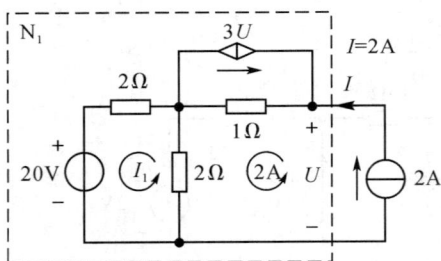

题 3.5 图

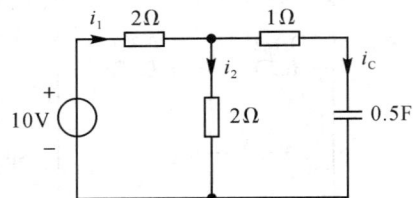

题 3.6 图

3.6 在题 3.6 图所示电路中，已知电容电流 $i_C(t) = 2.5e^t\text{A}$，用替代定理求 $i_1(t)$ 和 $i_2(t)$。

3.7 试求题 3.7 图所示电路中的 I。

3.8 用诺顿定理求题 3.8 图所示电路中的电流 i。

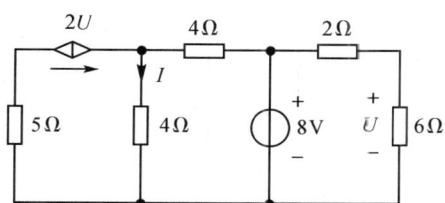

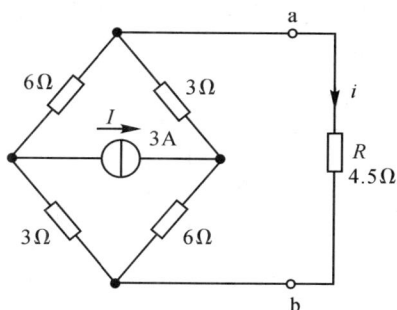

题 3.7 图　　　　　　　　　　　　　　　题 3.8 图

3.9　求题 3.9 图所示各电路在 ab 端口的戴维南等效电路或诺顿等效电路。

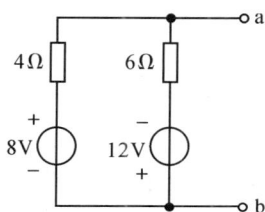

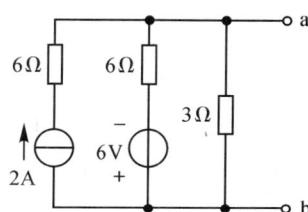

(a)　　　　　　　　　　　　　　　　　(b)

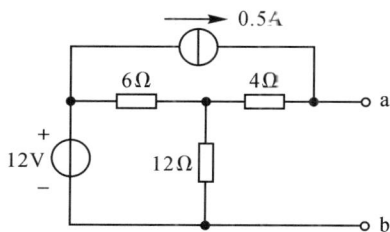

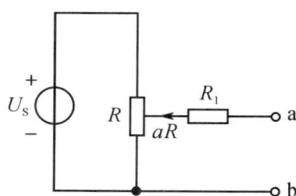

(c)　　　　　　　　　　　　　　　　　(d)

题 3.9 图

3.10　题 3.10 图所示电路，负载 R_L 为何值时能获得最大功率，最大功率是多少？

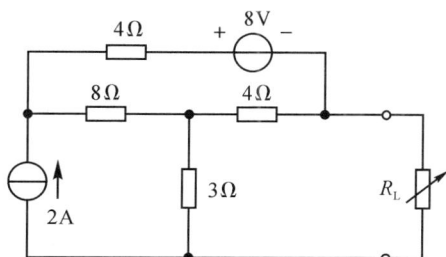

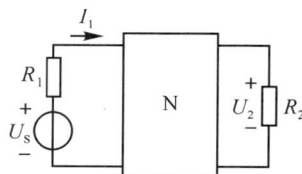

题 3.10 图　　　　　　　　　　　　　　题 3.11 图

3.11　在题 3.11 图所示电路中 N 仅由电阻组成，对不同的输入直流电压 U_S 及不同的 R_1、R_2 值进行了两次测量，得下列数据：当 $R_1 = R_2 = 2\Omega$ 时，$U_S = 8V$，$I_1 = 2A$；$U_2 = 2V$；当 $R_1 = 1.4\Omega$，$R_2 = 0.8\Omega$ 时，$\hat{U}_S = 9V$，$\hat{I}_1 = 3A$，求 $\hat{U}_2$ 的值。

3.12 题 3.12 图中网络 N 仅由电阻组成。根据图(a)和图(b)的已知情况,求图(c)中电流 I_1 和 I_2。

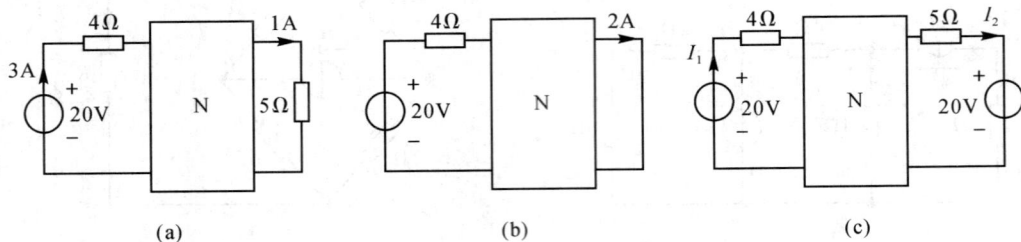

题 3.12 图

3.13 题 3.13 图中网络 N 仅由电阻组成。已知图(a)中电压 $U_1 = 1\text{V}$,电流 $I_2 = 0.5\text{A}$,求图(b)中的 $\hat{I}_1$。

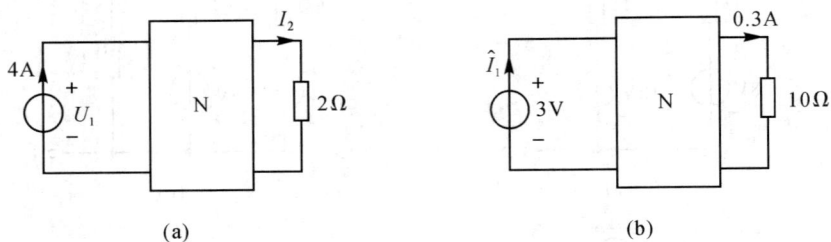

题 3.13 图

第 4 章　　正弦交流电路的基本概念

正弦交流电路是指电路中含有随时间按正弦函数规律变动的电源,而且电路各部分所产生的电压和电流均按正弦规律变化的电路。在正弦交流电源的激励下,电路各处电压和电流均为同频率正弦量。

从理论分析和实际应用两方面来看,正弦交流电路在电路分析中占有重要地位。正弦交流电源在工农业生产和居民生活中得到广泛使用,主要有以下原因:

首先,正弦电压容易产生和获得。交流发电机在结构和工艺上比直流电机简单,且易于以整流方式获得直流;交流电机性能优于直流电机。因此,工业用电中 80% 以上用交流发电机作为电源。送电时可应用变压器进行高压输送、低压供电,因此广泛采用交流供电。

其次,从信号分析角度来看,正弦信号最基本、最简单。在理论研究和实践中我们往往通过线性电路对正弦激励的响应来分析它对其他任意信号的响应。

正弦函数在数学上容易处理和计算。对给定的正弦量进行相加、相乘及微分、积分等运算其结果仍是正弦函数,同时我们能够以复数为工具来简化正弦交流电路的分析计算,即把解正弦电路的微分方程变换为解复数的代数方程,从而将电阻网络的分析方法和基本定律推广到正弦交流电路中去。

4.1　正弦量的三要素

随着时间按正弦规律变动的电流称为正弦电流。同样也有正弦电压、正弦电动势等等,我们用正弦量一词泛指这些物理量。下面,仅以正弦电流为例,说明正弦量的各个要素和不同的表示方法。

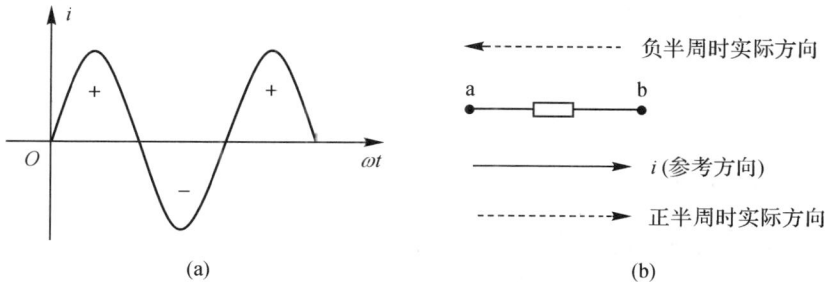

图 4.1　正弦电流的波形

　　如果规定元件上电流 i 参考方向为从 a 到 b,则当 $i>0$ 时,元件电流的实际方向与参考方向一致;当 $i<0$ 时,元件电流的实际方向与参考方向相反。图 4.1(b) 中虚线箭标代表电流实际方向。

　　频率、幅值和初相位三个值被称为确定一个正弦量的三要素,以下分别叙述。

1. 频率(周期)

　　正弦量变化一次所需时间称为周期 T,如图 4.2,以秒(s)为单位。每秒变化的次数称为频率 f,单位为赫兹(Hz)。

　　频率与周期互为倒数,即

$$f = \frac{1}{T} \qquad\qquad (4\text{-}1)$$

　　我国电力系统所用的频率是 50Hz,称为工频,它的周期是 0.02s。实验室中的信号发生器可提供大约 20Hz ~ 2MHz 左右的正弦电压。

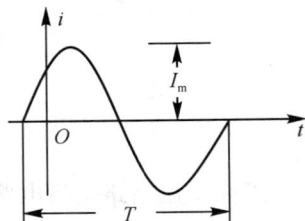

图 4.2

　　正弦量变化的快慢除用周期和频率表示外,还可用角频率 ω 来表示。

$$\omega = \frac{2\pi}{T} = 2\pi f \qquad\qquad (4\text{-}2)$$

它的单位是弧度 / 秒(rad/s)。

2. 幅值(有效值)

　　正弦量在任一瞬时的值称为瞬时值,用小写字母表示,如 i、u 分别表示电流、电压的瞬时值。以正弦电流 i 为例,瞬时值的标准表达式为

$$i = I_m \sin(\omega t + \varphi_i) \qquad\qquad (4\text{-}3)$$

式中,I_m 是瞬时值中的最大值,称为幅值或最大值,用带下标 m 的大写字母表示,如 I_m、U_m 分别表示电流、电压的幅值。

　　周期电流、电压的瞬时值都随时间而变,往往不能确切地反映周期量的效果,在工程实际中,常采用一个称为有效值的量来衡量周期量的效果。

　　以电流为例,可以根据电流的热效应来规定它的有效值:如果一个周期电流和一个直流电流通过阻值相同的电阻,在相同的时间内所产生的热量相等,就把这个直流电流的数值规定为周期电流的有效值。由于周期电流的变化是一个周期重复一次,所以必须取一个周期 T 作为计算电流产生热量的时间。

　　综上所述,可得

$$\int_0^T i^2 R \mathrm{d}t = I^2 RT$$

则周期电流的有效值为

$$I = \sqrt{\frac{1}{T} \int_0^T i^2 \mathrm{d}t} \qquad\qquad (4\text{-}4)$$

　　式(4-4)适合于任何周期量,但不能用于非周期量。

　　当周期电流为正弦量时,将 $i = I_m \sin(\omega t + \varphi_i)$ 代入式(4-4),得

$$I = \sqrt{\frac{1}{T} \int_0^T I_m^2 \sin^2(\omega t + \varphi_i) \mathrm{d}t} = \sqrt{\frac{1}{T} I_m^2 \int_0^T \sin^2(\omega t + \varphi_i) \mathrm{d}t}$$

$$= \frac{I_{\mathrm{m}}}{\sqrt{2}} = 0.707 I_{\mathrm{m}} \tag{4-5}$$

同样可知正弦电压的有效值与最大值关系为

$$U = \frac{U_{\mathrm{m}}}{\sqrt{2}}$$

按照规定,有效值用大写字母表示,和表示直流量的字母一样。

引入有效值概念后,正弦量的标准表达式也可以写成如下形式,如电流可表示为

$$i = \sqrt{2} I \sin(\omega t + \varphi_i) \tag{4-6}$$

在工程上所说的正弦电压、电流的大小都是指有效值,交流测量仪表上的示值是有效值。但各种电器和元件的绝缘水平 —— 耐压值,则按最大值考虑。

3. 初相位

式(4-3)中,$(\omega t + \varphi_i)$ 称为正弦量的相位角或相位,反映正弦量变动的进程。当 $t = 0$ 时,$(\omega t + \varphi_i) = \varphi_i$,式中的 φ_i 称为正弦量的初相位角或初相位。初相位不同,正弦波的起始点不同。初相位的单位可以用度或弧度表示。由于正弦量是周期性变化量,其值经 2π 后又重复,所以一般取主值,$|\varphi_i| \leqslant \pi$。在一个正弦电流电路的计算中,我们可以任意指定其中某一个正弦量的初相位为零,该正弦量称为参考正弦量,从而根据其他正弦量与参考正弦量之间的相互关系确定它们的初相角。

不同的初相位对应不同的波形起点,如图 4.3 所示。

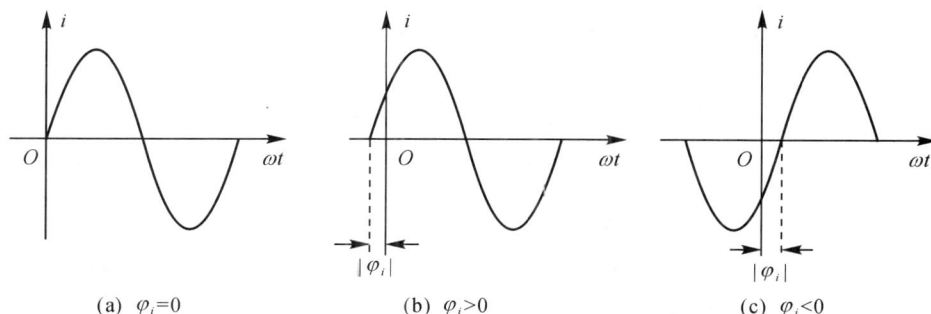

(a)　$\varphi_i = 0$　　　　　　(b)　$\varphi_i > 0$　　　　　　(c)　$\varphi_i < 0$

图 4.3　正弦波不同 φ_i 时对应的波形

在一个正弦交流电路中,电压 u 和电流 i 的频率是相同的,但初相位却可以不同。设

$$u = U_{\mathrm{m}} \sin(\omega t + \varphi_u), \quad i = I_{\mathrm{m}} \sin(\omega t + \varphi_i)$$

两个同频率正弦量的相位角之差或初相角之差,称为相位差,用 φ 表示,即 u 和 i 相位差为 $\varphi = (\omega t + \varphi_u) - (\omega t + \varphi_i) = \varphi_u - \varphi_i$。可见两个同频率正弦量的相位差等于初相角之差,与时间 t 无关。

如果 $\varphi > 0$(见图 4.4),我们称电压 u 超前电流 i 一个 φ 角;反过来也可以说电流 i 滞后于电压 u 一个 φ 角;如果 $\varphi = 0$,称两个正弦量同相位或同相,见图 4.5(a);如果 $\varphi = 180°$,称两个正弦量反相,见图 4.5(b)。

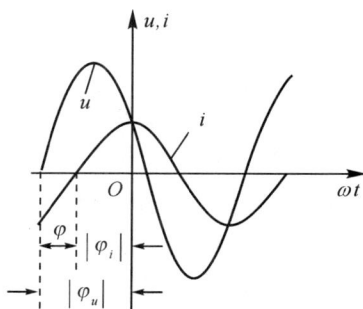

图 4.4　两个同频率正弦量相位差

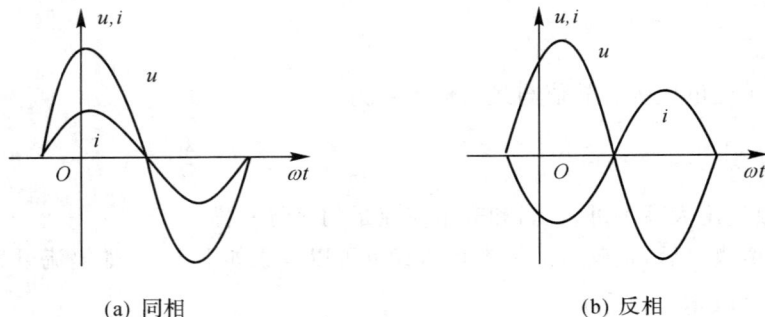

(a) 同相   (b) 反相

图 4.5 正弦量的相位差

4.2 正弦量的相量表示

为了摆脱正弦函数运算的繁琐和微分方程求解的困难,以复数为工具用复平面上的相量表示正弦时间函数,从而将求解电路的微分方程问题转化为求解相量的代数方程问题,简化了正弦交流电路的分析与运算。

1. 用复数表示正弦量

下面从数学角度探讨复数的几种表示形式,见图4.6。

以横轴为实轴,用 $+1$ 为单位,纵轴为虚轴,用 $+j$ 为单位,构成复平面。复数 A 实部为 a,虚部为 b,可写成

$$A = a + jb \tag{4-7}$$

由图 4.6 可见,$|A| = \sqrt{a^2 + b^2}$,称为复数的模;$\theta = \arctan \dfrac{b}{a}$(当 a、b 大于零时),θ 是复数的幅角。

因为 $a = |A| \cos\theta$, $b = |A| \sin\theta$,

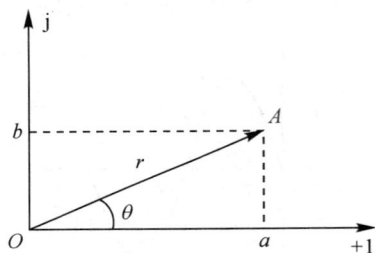

图 4.6 复数的几种表示形式

所以 $A = a + jb = |A| \cos\theta + j |A| \sin\theta$

$$= |A| (\cos\theta + j\sin\theta) \tag{4-8}$$

根据欧拉公式 $e^{j\theta} = \cos\theta + j\sin\theta$

式(4-8)可写为

$$A = |A| e^{j\theta} \tag{4-9}$$

或简写为

$$A = |A| \angle\theta \tag{4-10}$$

因此复数有 3 种形式,式(4-7)称为直角坐标式;式(4-9)称为指数式;式(4-10)称为极坐标式。三者可以互相转换。

前面已指出,一个正弦量是由有效值、角频率和初相位三要素来决定的。在线性电路中,若激励是正弦量,则电路中各部分响应均是与激励同一频率的正弦量。所以要确定这些正弦电流和电压,只要确定它们的有效值和初相就可以了。下面将要说明一个正弦量的有效值和初相位可以用复数全面表示,这就是所谓的正弦量的相量表示。

$$e^{j(\omega t + \varphi_u)} = \cos(\omega t + \varphi_u) + j\sin(\omega t + \varphi_u)$$

于是　　　$u = \sqrt{2}U \cdot \mathrm{Im}[e^{j(\omega t + \varphi_u)}]$

$\qquad\qquad = \mathrm{Im}[\sqrt{2}U e^{j(\omega t + \varphi_u)}]$ 　　　　　　　　　　　　　　　　(4-11)

式中,"Im"表示取复数的虚部。由此可见,取复数 $\sqrt{2}U e^{j(\omega t + \varphi_u)}$ 的虚部得 u,所以可以认为复数 $\sqrt{2}U e^{j(\omega t + \varphi_u)}$ 完全可以表示正弦函数 u。

　　上式还可以写成

$\qquad\qquad u = \mathrm{Im}[\sqrt{2}U e^{j\varphi_u} \cdot e^{j\omega t}]$

$\qquad\qquad\quad = \mathrm{Im}[\dot{U}_m \cdot e^{j\omega t}]$ 　　　　　　　　　　　　　　　　(4-12)

式中复数

$\qquad\qquad \dot{U}_m = \sqrt{2}U_m e^{j\Psi_u}$ 　　　　　　　　　　　　　　　　　(4-13)

的模为正弦电压的幅值 $\sqrt{2}U$,φ_u 为正弦电压的初相位。$\dot{U}_m$ 能够表示正弦量的两个要素,而我们在电路分析计算中,对给定的正弦量进行各种运算后得到的正弦量仍为同频率的正弦量,因此,在正弦电流电路分析计算中,将正弦量用复数表示后,就暂不考虑角频率 ωt 因素,在复数域中计算结束,返回时域后再将 ωt 写入正弦函数式。$\dot{U}_m$ 称为最大值相量。因为正弦量的有效值与最大值之间有 $\sqrt{2}$ 关系,而有效值更为常用,所以通常用有效值作为相量的模,记为

$\qquad\qquad \dot{U} = U e^{j\omega_u}$ 　　　　　　　　　　　　　　　　　　(4-14)

称 $\dot{U}$ 为有效值相量,显然 $\dot{U}_m = \dot{U} \cdot \sqrt{2}$。同样,电流相量记作

$\qquad\qquad \dot{I} = I e^{j\omega_i}$ 　　　　　　　　　　　　　　　　　　(4-15)

I 表示正弦电流的有效值,φ_i 表示正弦电流的初相位。

　　为与一般复数区分,我们把表示正弦量的复数称为相量,用该字母的大写形式并在上方加点表示。

　　注意,相量只是表示正弦量,而不是等于正弦量。例如正弦电压 $u = \sqrt{2} \times 220\sin(\omega t + 30°)$V,则可写出代表它的电压相量为 $\dot{U} = 220 e^{j30°}$V,此时电压相量已经与频率和时间无关。反之,从电压相量 $\dot{U}$ 也可写出它所代表的正弦电压 u。从表达式中我们也可以看到,电压 u 是时间函数,$\dot{U}$ 是复数,两者不可能等同。今后无特别指出,凡相量均指有效值相量。

2. 相量的三种表示形式

　　用在相量 $\dot{U}$ 中,有

$\qquad\qquad \dot{U} = U e^{j\varphi_u} = U(\cos\varphi_u + j\sin\varphi_u) = (U\cos\varphi_u) + j(U\sin\varphi_u)$

$\qquad\qquad\quad = U\angle\varphi_u$ 　　　　　　　　　　　　　　　　　　(4-16)

式(4-16)表示了电压相量 $\dot{U}$ 的 3 种表示形式之间的互换关系;如 $\dot{U} = 10 e^{j30°}$ 为指数式;要转换成直角坐标式可根据 $U = a + jb$,其中 $a = 10\cos30° = 8.66$,$b = 10\sin30° = 5$,得 $\dot{U}$ 的直角坐标式为 $\dot{U} = 8.66 + j5$;$\dot{U}$ 的极坐标式为 $\dot{U} = 10\angle30°$。

　　例 4.1　图 4.7 所示电路中,设 $i_1 = 100\sin(\omega t + 45°)$A,$i_2 = 60\sin(\omega t - 15°)$A,试求总电流 i。

解 令 $i_1 = \sqrt{2} I_1 \sin(\omega t + \varphi_1)$ $i_2 = \sqrt{2} I_2 \sin(\omega t + \varphi_2)$

则根据式(4-11)可得

$$
\begin{aligned}
i = i_1 + i_2 &= \mathrm{Im}[\sqrt{2} I_1 e^{\mathrm{j}(\omega t + \varphi_1)}] + \mathrm{Im}[\sqrt{2} I_2 e^{\mathrm{j}(\omega t + \varphi_2)}] \\
&= \mathrm{Im}[\sqrt{2} I_1 e^{\mathrm{j}(\omega t + \varphi_1)} + \sqrt{2} I_2 e^{\mathrm{j}(\omega t + \varphi_2)}] \\
&= \mathrm{Im}[(\sqrt{2} I_1 e^{\mathrm{j}\varphi_1} + \sqrt{2} I_2 e^{\mathrm{j}\varphi_2}) e^{\mathrm{j}\omega t}] \\
&= \mathrm{Im}[(\dot{I}_{1\mathrm{m}} + \dot{I}_{2\mathrm{m}}) e^{\mathrm{j}\omega t}] = \mathrm{Im}[\dot{I}_{\mathrm{m}} e^{\mathrm{j}\omega t}]
\end{aligned}
$$

式中，$\dot{I}_{\mathrm{m}}$ 为 i 的最大值相量，$\dot{I}_{\mathrm{m}} = \dot{I}_{1\mathrm{m}} + \dot{I}_{2\mathrm{m}}$，因而

$$\dot{I} = \dot{I}_1 + \dot{I}_2 \tag{4-17}$$

式(4-17)表明$\dot{I}$是两个同频率的正弦交流电流相加后的电流 i 的有效值相量。可见我们可以通过相量运算来求得总电流 i。

根据题意，i_1、i_2 对应的相量分别为

$$\dot{I}_1 = \frac{100}{\sqrt{2}} e^{\mathrm{j}45°} = \frac{100}{\sqrt{2}} \times (\cos 45° + \mathrm{j}\sin 45°) = 50 + \mathrm{j}50 (\mathrm{A})$$

$$\dot{I}_2 = \frac{60}{\sqrt{2}} e^{\mathrm{j}(-15°)} = \frac{60}{\sqrt{2}} \times [\cos(-15°) + \mathrm{j}\sin(-15°)] = 41 - \mathrm{j}11 (\mathrm{A})$$

则 KCL 的相量形式为

$$\dot{I} = \dot{I}_1 + \dot{I}_2 = (50 + 41) + \mathrm{j}(50 - 11) = 91 + \mathrm{j}39 = 99 e^{\mathrm{j}23.2°} (\mathrm{A})$$

对应的瞬时值 i 为

$$i = 99\sqrt{2} \sin(\omega t + 23.2°) = 140 \sin(\omega t + 23.2°) (\mathrm{A})$$

从例 4.1 我们有两点结论：首先，将正弦量用相量表示后，正弦量的三角函数运算，如加、减、乘、除等就转换为复数的代数运算，使繁琐的计算大为简化；其次，对相量的加减运算采用直角坐标式方便，对相量的乘除运算采用极坐标式或指数式方便。

3. 相量图

相量还可以用相量图表示。所谓相量图，指按照各相量的大小和相位关系在复平面上画出的图。图 4.8 表示了相量$\dot{I} = 10\angle 30° \mathrm{A}$ 和$\dot{U} = 5\angle 45° \mathrm{V}$。我们注意到有向线段的长度及与实轴的夹角分别代表正弦量的有效值和初相位。电压相量$\dot{U}$ 比电流相量$\dot{I}$ 超前$(45° - 30°) = 15°$，也就是正弦电压 u 比正弦电流 i 超前 $15°$。根据相量的极坐标式能方便地作出相量图。

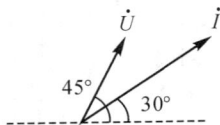

图 4.8 相量图

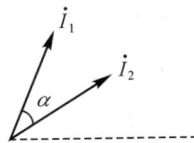

图 4.9 旋转因子在相量图中意义

4. 旋转因子

最后介绍旋转因子"$e^{\mathrm{j}\alpha}$"。

设图 4.9 中，$\dot{I}_1 = I e^{\mathrm{j}\varphi_1}$，$\dot{I}_2 = I e^{\mathrm{j}\varphi_2}$，$\varphi_1 - \varphi_2 = \alpha$。由图 4.9 可见 $\alpha > 0$，则$\dot{I}_1$ 超前于$\dot{I}_2$。有

$$\dot{I}_1 = Ie^{j(\varphi_2+\alpha)} = Ie^{j\varphi_2} \cdot e^{j\alpha} = \dot{I}_2 \cdot e^{j\alpha}$$

从相量图中可以看出，$\dot{I}_2$ 乘以 $e^{j\alpha}$ 后，相当于向前逆时针旋转一个 α 角，故称 $e^{j\alpha}$ 为旋转因子。当然，若 $\alpha < 0$ 时，则是顺时针旋转一个 $|\alpha|$ 角。

特别地，当 $\alpha = \pm 90°$ 时，$e^{\pm j90°} = \cos(\pm 90°) + j\sin(\pm 90°) = \pm j$，称为 90° 旋转因子。例如，一个复数乘以 j，就等于把该复数在复平面上逆时针旋转 $\pi/2$。一个复数乘以 $(-j)$，等于把该复数顺时针转 $\pi/2$。

4.3　电路定律和电路元件伏安特性的相量表示

在这一节中将要介绍电路元件伏安特性和电路定律的相量表示。

4.3.1　电路元件伏安特性的相量表示

1. 电阻元件

如果有正弦电流通过电阻 R，按图 4.10(a) 中电流、电压的参考方向，由欧姆定律知

$$u = Ri$$

若正弦电流为

$$i = I_m \sin(\omega t + \varphi_i)$$

则

$$u = Ri = RI_m \sin(\omega t + \varphi_i)$$
$$= U_m \sin(\omega t + \varphi_e) \tag{4-18}$$

比较式(4-18)的最后两式，它们应一致，即

$$\left.\begin{array}{l} U_m = RI_m \text{ 或 } U = RI \\ \varphi_u = \varphi_i \end{array}\right\} \tag{4-19}$$

这就是说，在电阻元件交流电路中，电压幅值或有效值与电流幅值或有效值之比值，就是电阻 R；电流和电压是同相的。波形如图 4.10(b) 所示。

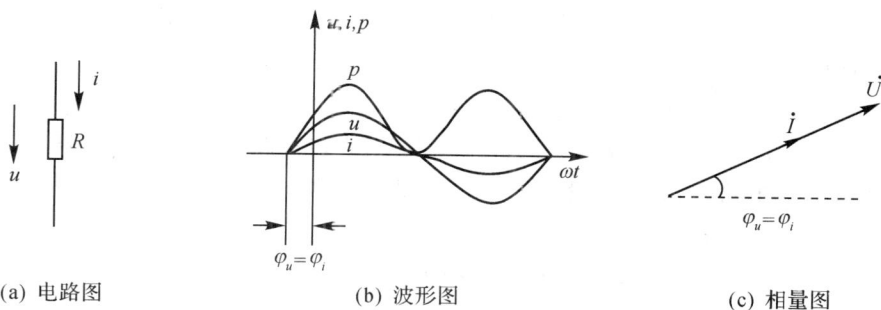

图 4.10　纯电阻元件交流电路

将电压 u 和电流 i 以相量表示，则 $\dot{I} = I\angle\varphi_i$，$\dot{U} = U\angle\varphi_u = RI\angle\varphi_i = R\dot{I}$，即

$$\dot{U} = R\dot{I} \tag{4-20}$$

这就是电阻元件欧姆定律的相量形式。此关系可用图 4.10(c) 表示。

知道了电压、电流的相互关系后，便可找出电路中的功率。瞬时功率是瞬时电压与瞬时电流的乘积，用小写字母 p 表示，单位瓦(W)。

$$p = ui = \sqrt{2}U\sin(\omega t + \varphi_u)\sqrt{2}I\sin(\omega t + \varphi_i)$$

设 $\varphi_u = \varphi_i = \varphi$,则

$$p = ui = UI[1 - \cos2(\omega t + \varphi)] \qquad (4\text{-}21)$$

　　p 随时间变化的波形如图 4.10(b)。由图可见,p 是非负实数,以 2ω 角频率按正弦规律变化,说明电阻元件总是吸收功率。

　　瞬时功率在一周期内的平均值,称为平均功率,用大写字母 P 表示,单位瓦(W)。

$$P = \frac{1}{T}\int_0^T p\,\mathrm{d}t = \frac{1}{T}\int_0^T UI[1 - \cos2(\omega t + \varphi)]\mathrm{d}t$$

$$= UI = RI^2 = \frac{U^2}{R} \qquad (4\text{-}22)$$

2. 电感元件

　　假定有一个阻值很小的非铁芯线圈(线性电感元件),忽略其电阻,认为仅由理想电感元件构成,电路如图 4.11(a) 所示。

　　在如图所示的电压 u 和电流 i 的正方向下,$u = L\dfrac{\mathrm{d}i}{\mathrm{d}t}$,设电感电流为 $i = I_{\mathrm{m}}\sin(\omega t + \varphi_i)$,则电压 u 为

$$u = L\frac{\mathrm{d}[I_{\mathrm{m}}\sin(\omega t + \varphi_i)]}{\mathrm{d}t} = I_{\mathrm{m}}\omega L\cos(\omega t + \varphi_i)$$

$$= I_{\mathrm{m}}\omega L\sin(\omega t + \varphi_i + \frac{\pi}{2})$$

$$= U_{\mathrm{m}}\sin(\omega t + \varphi_u) \qquad (4\text{-}23)$$

比较式(4-23),得

$$\left.\begin{array}{l} U_{\mathrm{m}} = \omega L I_{\mathrm{m}} \text{ 或 } U = \omega L I \\[2mm] \varphi_u = \varphi_i + \dfrac{\pi}{2} \end{array}\right\} \qquad (4\text{-}24)$$

因此,在电感元件交流电路中,电压的幅值或有效值与电流的幅值或有效值的比值为 ωL;电压比电流超前 $\pi/2$。波形见图 4.11(b)。

　　我们把 ωL 称为感抗,用 X_L 表示,即令 $X_L = \omega L = 2\pi f L$,$X_L$ 单位为欧姆(Ω)。X_L 表明电感对交流电路的阻碍作用随 f 和 L 的改变而改变。直流电路中,因为 $f = 0\mathrm{Hz}$,所以 $X_L = 0\Omega$,即电感在直流电路中相当于短路。于是式(4-24)中有

$$U_{\mathrm{m}} = X_L I_{\mathrm{m}} \text{ 或 } U = X_L I \qquad (4\text{-}25)$$

U_{m} 与 I_{m},U 与 I 之间有类似于欧姆定律的关系。

　　下面推导电感元件电压、电流关系的相量表达式。

$$\dot{I} = I\angle\varphi_i$$

$$\dot{U} = U\angle\frac{\pi}{2} + \varphi_i = X_L I\angle\varphi_i\angle\frac{\pi}{2} = \mathrm{j}X_L\dot{I}$$

即　　　　　$$\dot{U} = \mathrm{j}X_L\dot{I} \qquad (4\text{-}26)$$

方程式(4-26)所表达的电压、电流相量关系与式(4-20)欧姆定律所表达的电阻元件上的电压、电流相量关系在形式上是一致的。这就是电感元件上欧姆定律的相量形式。

　　式(4-26)表明,电压 $\dot{U}$ 的模是电流 $\dot{I}$ 的模的 X_L 倍,初相位比 $\dot{I}$ 超前 $90°$,从 $\dot{I}$ 逆时针转 $90°$

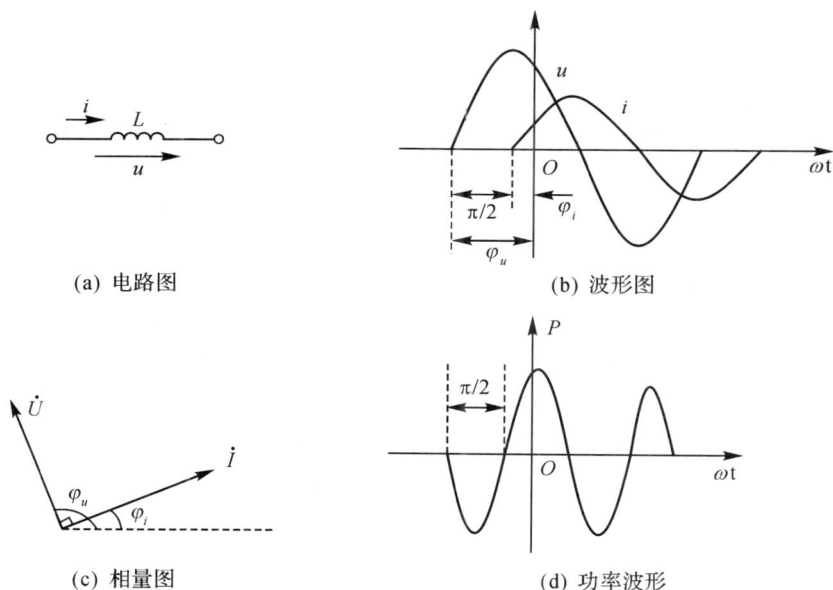

(a) 电路图

(b) 波形图

(c) 相量图

(d) 功率波形

图 4.11　电感元件交流电路

得到电压 $\dot{U}$。相量图见图 4.11(c)。

电感元件的瞬时功率 p 为

$$p = ui = \sqrt{2}U\sin(\omega t + \varphi_i + \frac{\pi}{2})\sqrt{2}I\sin(\omega t + \varphi_i)$$

$$= UI\sin 2(\omega t + \varphi_i) \tag{4-27}$$

p 随 t 的变化可正可负,其变化角频率是电压、电流的两倍,其波形见图 4.11(d)。$p > 0$ 时表明电感元件吸收能量;$p < 0$ 时表明电感元件发出能量。

在第一个和第三个 1/4 周期内,电流值增大即磁场能量 $\frac{1}{2}Li^2$ 在增大,电感从电源吸收电能,并转化为磁能储存在磁场中;在第二个和第四个 1/4 周期内,电流值减小,磁场能量在减小,电感放出原来储存的能量,归还给电源。理想电感元件(即内阻为零)从电源吸收的能量一定等于它归还给电源的能量,也就是说电感不消耗电能。也可从平均功率看出这点。

电感元件平均功率为

$$P = \frac{1}{T}\int_0^T p\,\mathrm{d}t = \frac{1}{T}\int_0^T UI\sin 2(\omega t + \varphi_i)\,\mathrm{d}t = 0 \tag{4-28}$$

电感的平均功率虽为零,但电感与电源有能量交换。为了表明电感元件与电源之间进行能量交换的大小,通常以电感元件瞬时功率的幅值来衡量,称为无功功率,用 Q 表示,根据式(4-27),电感元件的无功功率 Q 为

$$Q = UI = I^2 X_L = \frac{U^2}{X_L} \tag{4-29}$$

无功功率的单位是乏(Var)或千乏(kVar)。与无功功率相对比,前面提到的平均功率是反映元件消耗电能的速率,因而也称平均功率为有功功率。

3. 电容元件

图 4.12(a)中,当电容元件两端加上正弦交流电压 u,图中电压、电流参考方向一致,有

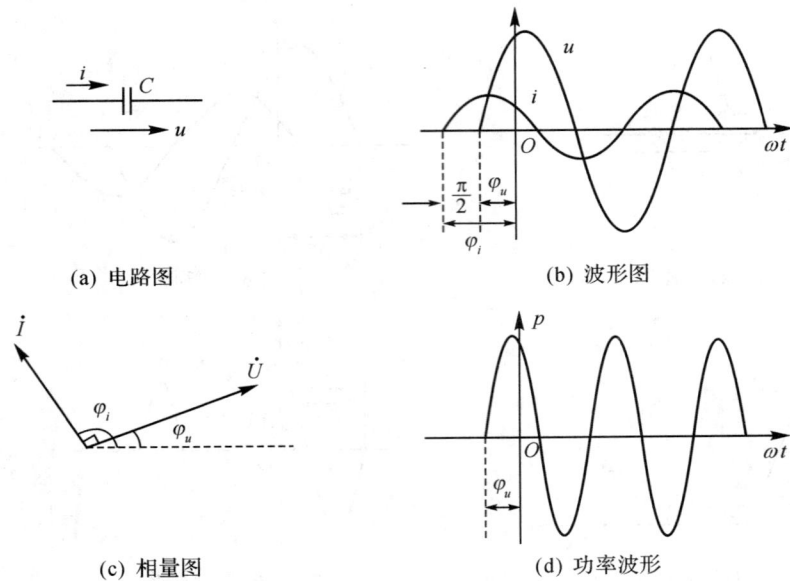

(a) 电路图　　(b) 波形图

(c) 相量图　　(d) 功率波形

图 4.12　电容元件交流电路

$$i = C \frac{\mathrm{d}u}{\mathrm{d}t} \text{ 或 } u = u_0 + \frac{1}{C}\int_0^t i\mathrm{d}t$$

设 　　　　$u = U_\mathrm{m}\sin(\omega t + \varphi_u)$

$$i = C \frac{\mathrm{d}[U_\mathrm{m}\sin(\omega t + \varphi_u)]}{\mathrm{d}t}$$

$$= \omega C U_\mathrm{m}\sin(\omega t + \varphi_u + 90°)$$

$$= I_\mathrm{m}\sin(\omega t + \varphi_i) \tag{4-30}$$

由式(4-30)得

$$\left.\begin{array}{l} U_\mathrm{m} = \dfrac{1}{\omega C} \cdot I_\mathrm{m} \text{ 或 } U = \dfrac{1}{\omega C} \cdot I \\[2mm] \varphi_i = \varphi_u + 90° \end{array}\right\} \tag{4-31}$$

U_m 与 I_m, U 与 I 之间有类似于欧姆定律的关系。式(4-31)中,令 $X_C = \dfrac{1}{\omega C}$,则有

$$\left.\begin{array}{l} U_\mathrm{m} = X_C I_\mathrm{m} \text{ 或 } U = X_C I \\[2mm] \varphi_i = \varphi_u + 90° \end{array}\right\} \tag{4-32}$$

称 X_C 为容抗,单位为欧姆(Ω),是 ω 和 C 的函数。X_C 表明电容对电流有阻碍作用。当 $f = 0\,\mathrm{Hz}$ 时,$X_C \to \infty$,即电容元件在直流中相当于断路,因此称电容具有隔直作用。

于是,对于电容元件的交流电路,电压幅值或有效值与电流幅值或有效值之比为 X_C,且电流超前于电压 90°,波形如图 4.12(b) 所示。

用相量表示电压 $\dot U$ 和电流 $\dot I$,则

$$\dot U = U\angle\varphi_u$$

$$\dot I = I\angle\varphi_u + \frac{\pi}{2} = \frac{U}{X_C}\angle\varphi_u\angle\frac{\pi}{2} = \frac{U\angle\varphi_u}{X_C \cdot \angle-\dfrac{\pi}{2}}$$

$$= \frac{\dot{U}}{-\mathrm{j}X_C} \tag{4-33a}$$

$$\dot{U} = -\mathrm{j}X_C \cdot \dot{I} \tag{4-33b}$$

式(4-33)的电压、电流关系与式(4-20)所表达的电阻元件电压、电流关系在形式上是一致的。这是欧姆定律的相量形式在电容元件上的表达。式(4-33)表明相量 $\dot{I}$ 的模等于相量 $\dot{U}$ 的模除以容抗 X_C，且 $\dot{I}$ 的相位比 $\dot{U}$ 超前 90°，相量图见图 4.12(c)。

电容和电感一样，都是储能元件，可推导出电容元件的功率关系式。

瞬时功率：

$$p = ui = \sqrt{2}U\sin(\omega t + \varphi_u)\sqrt{2}I\sin\left(\omega t + \frac{\pi}{2} + \varphi_u\right)$$

$$= UI\sin 2(\omega t + \varphi_u) \tag{4-34}$$

p 是以 2ω 角频率变化的正弦量，随着 t 的变化可正可负。p 的波形见图 4.12(d)。

在第一个和第三个 1/4 周期内，电压绝对值减小，电容元件放电，这时电容发出功率，所以 $p < 0\mathrm{W}$。在第二个和第四个 1/4 周期内，电压绝对值增大，电容元件充电，这时电容吸收功率，所以 $p > 0\mathrm{W}$。但一个周期内瞬时功率的平均值为零，吸收功率等于发出功率。

电容元件平均功率：

$$P = \frac{1}{T}\int_0^T ui\,\mathrm{d}t = 0\ (\mathrm{W}) \tag{4-35}$$

为了同电感元件的无功功率比较，我们也设电流 $i = I_\mathrm{m}\sin(\omega t + \varphi_i)$，则 $u = U_\mathrm{m}\sin(\omega t + \varphi_i - 90°)$，得瞬时功率

$$p = -UI\sin 2(\omega t + \varphi_i) \tag{4-36}$$

由此可见电容元件的无功功率为

$$Q = -UI = -I^2 X_C = -\frac{U'^2}{X_C} \tag{4-37}$$

对于电感元件和电容元件，必须注意感抗和容抗随电源频率改变，这是与电阻元件的阻值恒定不同之处。

4.3.2　电路定律的相量表示

在正弦交流电路中，各支路的电流和电压都是同频率的正弦量，因此根据 KCL 和 KVL 有

$$\sum i = 0 \qquad \sum u = 0$$

用相量来表示有

$$\sum \dot{I} = 0 \qquad \sum \dot{U} = 0 \tag{4-38}$$

同样，在线性直流电阻电路的各种电路定理和各种解电路的方法都可以用相量表示，从而应用在正弦交流电路中。

习　题

4.1　求下列各正弦量的周期、频率和初相角。

　　　　　(1)$3\cos314t$　　　(2)$8\sin(5t+20°)$　　　(3)$4\sin2\pi t$　　　(4)$6\sin(10\pi t-45°)$

4.2　计算下列各正弦量的相位差。

　　　(1)$u_1=4\sin(60t+10°)$V 和 $u_2=8\sin(60t+100°)$V

　　　(2)$i_1=15\sin(20t+45°)$A 和 $i_2=10\sin(20t-30°)$A

　　　(3)$u_1=-3\sin(2\pi t+45°)$V 和 $i_1=4\sin(2\pi t+270°)$A

4.3　某正弦电流的有效值为 1A,频率为 50Hz,初相为 30°。试写出该电流的瞬时值表达式。

4.4　用相量的极坐标式表示下列正弦量:

　　　(1)$u=5\sqrt{2}\sin\omega t$V　　　　　　(2)$u=5\sqrt{2}\sin(\omega t+60°)$V

　　　(3)$u=5\sqrt{2}\sin(\omega t-210°)$V　　　(4)$u=5\sqrt{2}\sin(\omega t+120°)$V

4.5　指出下列各式的错误:

　　　(a)$i=5\sin(\omega t-10°)=5e^{-j10°}$A　(b)$\dot{U}=10e^{30°}$V

　　　(c)$i=10\sin\omega t$　　　　　　　　(d)$\dot{I}=10\angle30°$A

4.6　试写出下列各相量所对应的正弦量,已知 $f=50$Hz。

　　　$\dfrac{10}{\sqrt{2}}\angle30°$V,　$110\angle45°$V,　$-0.12\angle-60°$V,　$0.7\angle-120°$A

4.7　在同一坐标平面上分别绘出下列各组正弦量的波形图,并指出哪个超前,哪个滞后。

　　　(1)　$i_1=5\sin(100\pi t+30°)$A

　　　　　$i_2=3\sin(100\pi t+45°)$A

　　　(2)　$u_1=10\sin(100\pi t-\dfrac{\pi}{4})$V

　　　　　$u_2=20\sin(100\pi t-\dfrac{\pi}{3})$V

　　　(3)　$u_1=300\sin(314t-60°)$V

　　　　　$u_2=200\sin(314t+30°)$V

4.8　将下列各正弦量表示成有效值相量,并绘出相量图。

　　　(1)$i_1=2\sin(\omega t-27°)$A,　　　$i_2=3\sin(\omega t+\dfrac{\pi}{4})$A

　　　(2)$u_1=100\sin(314t+\dfrac{3\pi}{4})$V,$u_2=250\sin314t$V

4.9　已知 $i_1(t)=10\sin(314t-45°)$A,$i_2(t)=5\sin(314t+90°)$A,求 $i_1(t)+i_2(t)$。

4.10　电路如题 4.10 图所示,已知 $\dot{U}_2=10\angle0°$V,$\dot{U}_3=5\angle30°$V,$\dot{I}_1=3\angle0°$A,$\dot{I}_3=1\angle45°$A。求 $\dot{U}_1$、$\dot{U}_4$ 及 $\dot{I}_4$。

4.11　电流相量 $30-j10$mA 流过 40Ω 电阻,求电阻两端的电压相量,并求在 $t=1$ms 时电阻两端的电压是多少?已知 $\omega=1000$rad/s,并设电压、电流为关联参考方向。

4.12　在单一电容元件的正弦电路中,$C=4\mu$F,$f=50$Hz,(1) 已知 $u=220\sqrt{2}\sin\omega t$V,求电流 i;(2) 已知 $\dot{I}=1\angle60°$A,求 $\dot{U}$,并画出相量图。

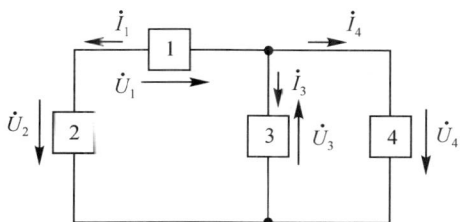

题 4.10 图

4.13　指出下列各式哪些是正确的,哪些是错误的。

$$u = \omega L i, \ u = L i, \ u = j\omega L i, \ \dot{U} = j\omega L I$$

$$u = L\frac{\mathrm{d}i}{\mathrm{d}t}, \ \dot{U}_{\mathrm{m}} = \omega L \dot{I}_{\mathrm{T}}, \ U = \omega L I$$

4.14　在单一电感元件的正弦交流电路中,$L = 10\mathrm{mH}, f = 50\mathrm{Hz}$,(1) 已知 $i = 7\sqrt{2}\sin\omega t\,\mathrm{A}$,求电压 u;(2) 已知 $\dot{U} = 127\angle 60°\mathrm{V}$,求 $\dot{I}$,并画出相量图。

4.15　题 4.15 图中所示的是电压和电流的有效值相量图,并已知 $U_1 = 110\mathrm{V}, U_2 = 220\mathrm{V}, I = 10\mathrm{A}, f = 50\mathrm{Hz}$。试分别用瞬时值表达式及相量的各种形式表示各正弦量。

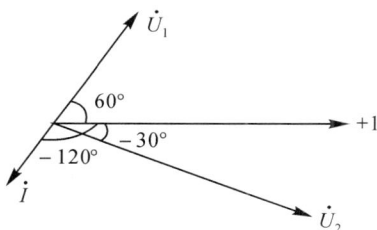

题 4.15 图

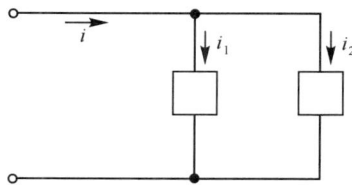

题 4.17 图

4.16　已知电流相量 $\dot{I}_1 = 6+j8\mathrm{A}, \dot{I}_2 = -6+j8\mathrm{A}, \dot{I}_3 = -6-j8\mathrm{A}, \dot{I}_4 = 6-j8\mathrm{A}$。试分别用瞬时值表达式及相量图表示它们。

4.17　在题 4.17 图中,$i_1 = 10\sin(\omega t + 36.9°)\mathrm{A}, i_2 = 6\sin(\omega t + 120°)\mathrm{A}$,求 i 并绘相量图。

4.18　在题 4.18 图中,$u_1 = 80\sin(\omega t + 120°)\mathrm{V}, u_2 = 60\sin(\omega t + 60°)\mathrm{V}, u_3 = 100\sin(\omega t - 30°)\mathrm{V}$,求 u,并绘相量图。

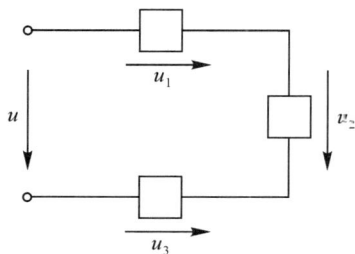

题 4.18 图

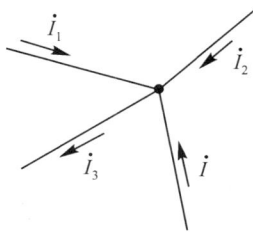

题 4.20 图

4.19   已知电路有 4 个结点 1、2、3、4，且 $\dot{U}_{12} = 20 + j50V, \dot{U}_{32} = -40 + j30V, \dot{U}_{34} = 30\angle 45°V$。求在 $\omega t = 30°$ 时，u_{14} 为多少？有效值 U_{14} 为多少？

4.20   在题 4.20 图中表示某正弦交流电路中的一个结点，已知 $\dot{I}_1 = 2 + j1A, \dot{I}_2 = 4 + j1A, \dot{I}_3 = -3 - j3A$，求 $\dot{I}$。

第 5 章　　正弦交流电路的稳态分析

在分析交流电路的过程中,我们常应用"相量"这一工具。在 4.3 节中,我们给出了 KCL、KVL 的相量形式和单一参数元件欧姆定律的相量形式,接下来我们就要提出在任何无源二端网络中的复阻抗的概念以及欧姆定律的相量形式。在以后的正弦交流电路分析中将直接使用欧姆定律和基尔霍夫定律的相量形式。

简单交流电路是指单回路交流电路,或者虽有多个回路,但能够用串并联的方法化简为单回路的交流电路。

复阻抗的概念具有代表性。在交流电路中,阻抗联系着电压与电流。任何线性无源的二端网络,对外电路而言,都可以用一复阻抗等效来代替。

5.1　*RLC* 串联电路和 *RLC* 并联电路

RLC 串联交流电路和并联电路是两个典型的简单交流电路。本处讨论 *RLC* 串联电路和 *RLC* 并联电路中的电压、电流关系,功率关系将在下一节讨论。

1. *RLC* 串联电路

图 5.1(a) 的 *RLC* 串联电路,根据 KVL 有

$$u = u_R + u_L + u_C \tag{5-1}$$

用相量计算,与之相应的电路见图 5.1(b),有

$$\dot{U} = \dot{U}_R + \dot{U}_L + \dot{U}_C \tag{5-2}$$

这是相量形式的 KVL 在 *RLC* 串联电路的应用。

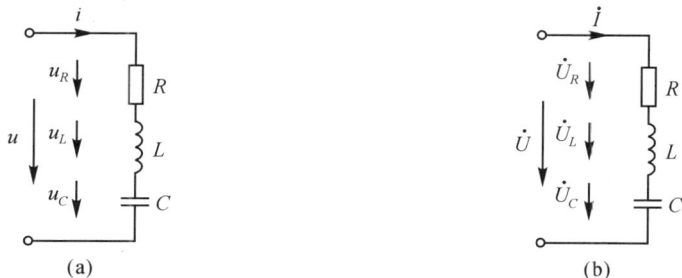

图 5.1　*RLC* 串联电路

将 $\dot{U}_R = R\dot{I}$, $\dot{U}_L = jX_L\dot{I}$, $\dot{U}_C = -jX_C\dot{I}$,代入(5-2) 式,有

$$\dot{U} = R\dot{I} + jX_L\dot{I} + (-jX_C)\dot{I}$$

$$= \dot{I}[R + j(X_L - X_C)] \tag{5-3}$$

根据复阻抗的定义,令 $Z = R + j(X_L - X_C)$,Z 称为 RLC 串联电路的等效复阻抗,单位为欧姆(Ω),则

$$\dot{U} = Z\dot{I} \tag{5-4}$$

复阻抗 Z 除有直角坐标式外,还有指数式及极坐标式,即

$$Z = |Z|e^{j\varphi} = |Z|\angle\varphi \tag{5-5}$$

式中　　　　$|Z| = \sqrt{R^2 + (X_L - X_C)^2}$　　　$\varphi = \arctan\dfrac{X_L - X_C}{R}$ 　　　(5-6)

式(5-6)中,$|Z|$ 为复阻抗的模,称为阻抗,单位欧姆;φ 为复阻抗的阻抗角。可见 R、$X_L - X_C$、$|Z|$ 三者之间的关系可用一个直角三角形 —— 阻抗三角形表示,如图 5.2(a)。注意,它不是相量三角形。

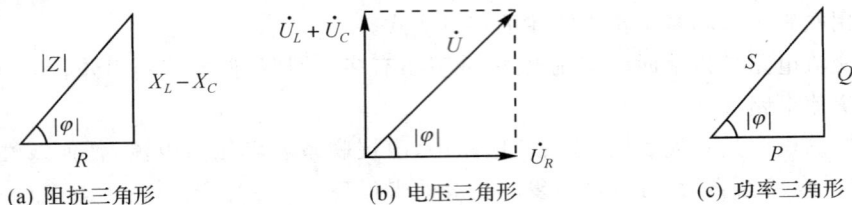

(a) 阻抗三角形　　　　(b) 电压三角形　　　　(c) 功率三角形

图 5.2　阻抗、电压、功率三角形

从式(5-4)可得

$$Z = \frac{\dot{U}}{\dot{I}} = \frac{U\angle\varphi_u}{I\angle\varphi_i} = \frac{U}{I}\angle\varphi_u - \varphi_i \tag{5-7}$$

将式(5-7)与式 $Z = |Z|\angle\varphi$ 对比,有

$$|Z| = \frac{U}{I}　　　\varphi = \varphi_u - \varphi_i \tag{5-8}$$

式(5-6)和式(5-8)说明,电源频率 f 一定时,电路参数决定了电压 U 和电流 I 的比值,决定了电压 u 与电流 i 之间的相位差角。

下面讨论 $\varphi > 0$、$\varphi = 0$、$\varphi < 0$ 三种情况下,电路的相量图及电路性质。

当 $X_L > X_C$ 时,由式(5-8)知 $\varphi > 0$,由式(4-12)知 $\varphi_u > \varphi_i$,即电压 u 超前电流 i 一个

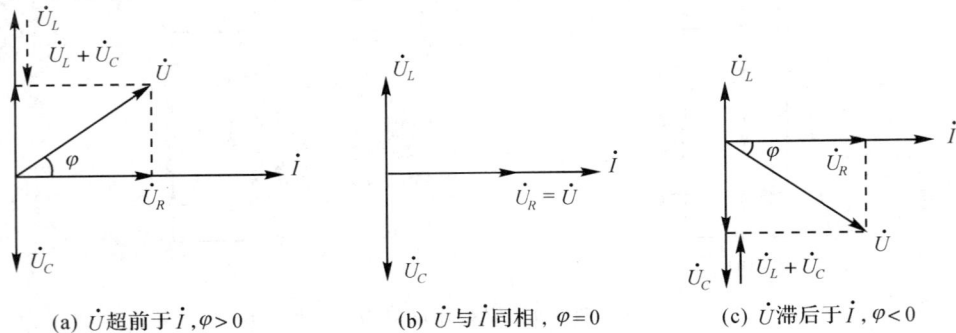

(a) $\dot{U}$ 超前于 $\dot{I}$,$\varphi > 0$　　　(b) $\dot{U}$ 与 $\dot{I}$ 同相,$\varphi = 0$　　　(c) $\dot{U}$ 滞后于 $\dot{I}$,$\varphi < 0$

图 5.3　RLC 串联电路的相量图

φ 角。以 $\dot{I}$ 为参考相量,作此时相量图,如图 5.3(a)。此时电路是电感性的。图 5.3(a) 中,由 $\dot{U}$、$\dot{U}_R$ 及 $\dot{U}_L + \dot{U}_C$ 构成的三角形叫电压三角形,它是相量三角形,为比较方便,重画于图 5.2(b) 中。与阻抗三角形相似。

当 $X_L = X_C$ 时,$\varphi = 0$,$\varphi_u = \varphi_i$,即电压 u 与电流 i 同相,相量图如 5.3(b) 所示。此时电路是电阻性的。

当 $X_L < X_C$ 时,$\varphi_u < \varphi_i$,即电压 u 比电流 i 滞后 φ 角。相量图见 5.3(c),此时电路是电容性的。

从图 5.3 可以看出,由于一般情况下,$\dot{U}$、$\dot{U}_R$、$\dot{U}_L + \dot{U}_C$ 不在同一个方向,因此对于有效值来讲,$U \neq U_R + U_L + U_C$,而应该是从电压三角形得出,即

$$U = \sqrt{U_R^2 + (U_L - U_C)^2} \tag{5-9}$$

例 5.1　已知一 RLC 串联电路,$R = 15\Omega$,$L = 12\text{mH}$,$C = 5\mu\text{F}$。端电压 $u = 10\sqrt{2}\sin 5000t\,\text{V}$。试求电路中的电流 i 和各元件上的电压瞬时表达式。

解　用相量法。先求电路复阻抗,然后解答。复阻抗为

$$Z = R + j\omega L - j\frac{1}{\omega C}$$

式中　　$j\omega L = j5000 \times 12 \times 10^{-3} = j60\ (\Omega)$

$$-j\frac{1}{\omega C} = -j\frac{1}{5000 \times 5 \times 10^{-6}} = -j40\ (\Omega)$$

所以　　$Z = 15 + j60 - j40 = 15 + j20 = 25\angle 53.1°(\Omega)$

电流相量

$$\dot{I} = \frac{\dot{U}}{Z} = \frac{10\angle 0°}{25\angle 53.1°} = 0.4\angle -53.1°(\text{A})$$

各元件上的电压相量分别为

$$\dot{U}_R = R\dot{I} = 15 \times 0.4\angle -53.1° = 6\angle -53.1°(\text{V})$$

$$\dot{U}_L = j\omega L\dot{I} = j60 \times 0.4\angle -53.1° = 24\angle 36.9°(\text{V})$$

$$\dot{U}_C = -j\frac{1}{\omega C}\dot{I} = -j40 \times 0.4\angle -53.1° = 16\angle -143.1°(\text{V})$$

它们的瞬时值表达式分别是

$$i = 0.4\sqrt{2}\sin(5000t - 53.1°)\,\text{A}$$

$$u_R = 6\sqrt{2}\sin(5000t - 53.1°)\,\text{V}$$

$$u_L = 24\sqrt{2}\sin(5000t + 36.9°)\,\text{V}$$

$$u_C = 16\sqrt{2}\sin(5000t - 143.1°)\,\text{V}$$

2. RLC 并联电路

在这一小节里我们来研究 RLC 并联电路中的总电流相量 $\dot{I}$ 与电压相量 $\dot{U}$ 之间的关系。对于图 5.4 应用 RLC 的相量形式可写出

$$\dot{I} = \dot{I}_R + \dot{I}_L + \dot{I}_C \tag{5-10}$$

电阻、电感和电容中的电流分别为

$$\dot{I}_R = \frac{\dot{U}}{R} = G\dot{U} \qquad\qquad (5\text{-}11)$$

$$\dot{I}_L = \frac{\dot{U}}{\mathrm{j}\omega L} = -\mathrm{j}B_L\dot{U} \qquad\qquad (5\text{-}12)$$

$$\dot{I}_C = \mathrm{j}\omega C\dot{U} = \mathrm{j}B_C\dot{U} \qquad\qquad (5\text{-}13)$$

以上三个公式中出现了电阻 R、感抗 ωL 和容抗

$\dfrac{1}{\omega C}$ 的倒数。电阻 R 的倒数是电导 G，感抗的倒数称为

电感的电纳，简称感纳，记为 B_L；容抗的倒数称为电容的电纳，简称容纳，记为 B_C。电导、感纳和容纳的单位都是西门子(S)。

把 $\dot{I}_R$、$\dot{I}_L$ 和 $\dot{I}_C$ 代入(5-10)式得

$$\dot{I} = [G - \mathrm{j}(B_L - B_C)]\dot{U} = (G - \mathrm{j}B)\dot{U} \qquad\qquad (5\text{-}14)$$

式中　　$Y = G - \mathrm{j}(B_L - B_C) = G - \mathrm{j}B = |Y|\angle-\varphi \qquad\qquad (5\text{-}15)$

称为电路的复导纳。由(5-14)式可知，复导纳等于电流相量与电压相量的比值。RLC 并联电路的复导纳的实部是电导 G；虚部是感纳与容纳之差，即 $B_L - B_C$，称为电纳。复导纳的模与幅角分别为

$$|Y| = \sqrt{G^2 + B^2} = \sqrt{G^2 + (B_L - B_C)^2} \qquad\qquad (5\text{-}16)$$

$$\varphi = \arctan\frac{B}{G} = \arctan\frac{B_L - B_C}{G} \qquad\qquad (5\text{-}17)$$

由(5-14)式可见

$$Y = \frac{\dot{I}}{\dot{U}} = \frac{I\angle\varphi_i}{U\angle\varphi_u} = \frac{I}{U}\angle\varphi_i - \varphi_u = |Y|\angle-\varphi$$

由此得

$$|Y| = \frac{I}{U} \qquad \varphi = \varphi_u - \varphi_i$$

可见，复导纳的模等于电流与电压有效值(或幅值)的比值，而幅角 φ 等于电压超前于电流的相位差角。若是感纳大于容纳，$\varphi > 0$，则电压超前于电流，电路呈现感性；若是感纳小于容纳，$\varphi < 0$，则电压滞后于电流，电路呈现容性。但应注意，在(5-15)式中幅角 φ 的前面带有一个负号，而从(5-17)式算出的 φ 本身仍为代数量，这里所说的 φ 大于零或小于零是指 φ 本身而言。

例 5.2　图 5.5 所示电路中，已知 $i_s = 141\sin(1000t + 30°)\,\mathrm{mA}$，$R = 500\,\Omega$，$C = 2\,\mu\mathrm{F}$。试求电流源的端电压 u 及电阻和电容中的电流 i_R 与 i_C。

解　代表 i_s 的相量为 $\dot{I}_s = 100\angle30°\,\mathrm{mA}$。

图 5.5 为 RC 并联电路，其复导纳为

$$Y = G - \mathrm{j}(-B_C) = \frac{1}{500} + \mathrm{j}1000 \times 2 \times 10^{-6}$$

$$= 2 \times 10^{-3}(1 + \mathrm{j}) = 2.83 \times 10^{-3}\angle45°\,(\mathrm{S})$$

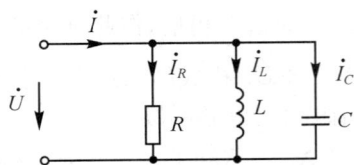

图 5.4　RLC 并联电路

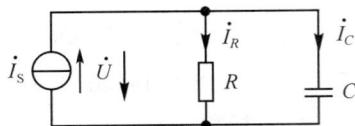

图 5.5　RC 并联电路

根据式(5-14)计算电流源的端电压为

$$\dot{U} = \frac{\dot{I}_S}{Y} = \frac{0.1\angle 30°}{2.83 \times 10^{-3}\angle 45°} = 25\sqrt{2}\angle -15°(\text{V})$$

$$u = 50\sin(1000t - 15°)\text{V}$$

电阻中的电流

$$\dot{I}_R = \frac{\dot{U}}{R} = \frac{25\sqrt{2}\angle -15°}{500} = 0.05\sqrt{2}\angle -15°(\text{A})$$

$$i_R = 0.1\sin(1000t - 15°)\text{A}$$

电容中的电流

$$\dot{I}_C = \frac{\dot{U}}{-jX_C} = j\omega C\dot{U} = j1000 \times 2 \times 10^{-6} \times 25\sqrt{2}\angle -15°$$

$$= 0.05\sqrt{2}\angle 75°(\text{A})$$

$$i_C = 0.1\sin(1000t + 75°)\text{A}$$

例 5.3　图 5.6(a) 所示是一个相位后移电路。如果 $C = 0.01\mu\text{F}$,电源电压 $u_i = \sqrt{2}\sin(1200\pi t)\text{V}$,要使输出电压相位向后移动 $60°$,问应配多大电阻?此时输出电压 U_o 等于多少?

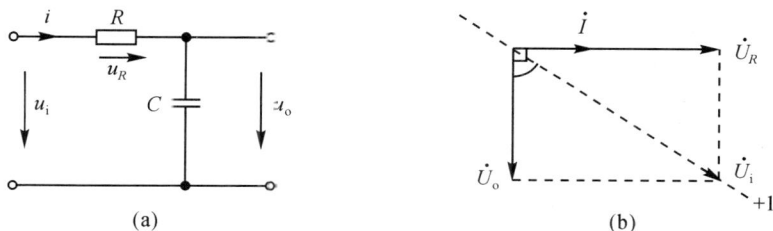

图 5.6　例 5.3 的图

解　相量图上我们关心的是相量之间的相位差。所以我们先以 i 为参考相量画出各部电压,再根据已知条件将图旋转后符合各量的初相角。

$$\dot{U} = \dot{I}(R - jX_C)$$

$$|Z| = \sqrt{R^2 + (-X_C)^2} = \sqrt{R^2 + X_C^2} = \frac{U}{I}$$

$$\varphi = \arctan\frac{-X_C}{R} = \varphi_u - \varphi_i < 0$$

从相量图 5.6(b) 可知 $|\varphi| = 90° - 60° = 30°$,

而 $\varphi < 0$,所以 $\varphi = -30°$。

由　　　　$\tan(-30°) = -\dfrac{X_c}{R} = -\dfrac{1}{\omega CR}$

得　　　　$R = -\dfrac{1}{\tan(-30°) \cdot \omega C} = \dfrac{1}{\dfrac{\sqrt{3}}{3} \times 1200\pi \times 0.01 \times 10^{-6}} = 45.9\ (\text{k}\Omega)$

$$X_C = \frac{1}{\omega C} = \frac{1}{1200\pi \times 0.01 \times 10^{-6}} = 26.5\ (\text{k}\Omega)$$

输出电压

$$U_\text{o} = IX_C = \frac{U_\text{i}}{\sqrt{R^2 + X_C{}^2}} \cdot X_C = \frac{26.5 \times 1}{\sqrt{45.9^2 + 26.5^2}} = 0.5 \,(\text{V})$$

或　　　　　　$U_\text{o} = U_\text{i} \sin |\varphi| = 1 \times \sin 30° = 0.5 \,(\text{V})$

在此移相电路中,改变 R 或 C 的数值均能达到移相目的。另外,改变信号频率也可以使输出电压的大小和相位发生变化。

5.2　复阻抗的串联和并联

在交流电路中,复阻抗的连接形式是多种多样的,其中最简单和最常用的是串联和并联。

图 5.7(a) 为两个复阻抗串联的电路。根据基尔霍夫电压定律可写出它的相量表示式

$$\dot{U} = \dot{U}_1 + \dot{U}_2 = \dot{I} Z_1 + \dot{I} Z_2 = \dot{I}(Z_1 + Z_2) \tag{5-18}$$

两个串联复阻抗可用一个等效复阻抗 Z 表示,根据定义,有(见图 5.7(b))

$$\dot{U} = \dot{I} Z \tag{5-19}$$

于是对比两式,有

$$Z = Z_1 + Z_2 \tag{5-20}$$

注意:上式是复阻抗的求和,而不光是阻抗模的求和。

一般情况下,若有 n 个阻抗串联,等效复阻抗可写为

$$Z = \sum_{k=1}^{n} Z_k = \sum_{k=1}^{n} R_k + \text{j} \sum_{k=1}^{n} X_k = |Z| \, \text{e}^{\text{j}\varphi} \tag{5-21}$$

式中

$$|Z| = \sqrt{\left(\sum R_k\right)^2 + \left(\sum X_k\right)^2} \qquad \varphi = \arctan \frac{\sum X_k}{\sum R_k}$$

即串联等效复阻抗等于对各复阻抗求和,即实部电阻和虚部电抗均应分别求和。R_k 恒为正,X_k 可正可负,感抗 X_L 前取正号,容抗 X_C 前取负号。

对图 5.7(a),有

$$\dot{U}_1 = \frac{Z_1}{Z} \dot{U} \qquad \dot{U}_2 = \frac{Z_2}{Z} \dot{U}$$

以上两式就是两个串联阻抗的分压公式。推广到一般情况有

$$\dot{U}_k = \frac{Z_k}{Z} \dot{U} = \frac{Z_k}{\sum Z_k} \dot{U} \tag{5-22}$$

图 5.8(a) 所示为两个复阻抗并联的电路。根据基尔霍夫电流定律可写出它的相量表示式

$$\dot{I} = \dot{I}_1 + \dot{I}_2 = \frac{\dot{U}}{Z_1} + \frac{\dot{U}}{Z_2} = \dot{U}\left(\frac{1}{Z_1} + \frac{1}{Z_2}\right) = \frac{\dot{U}}{Z} \tag{5-23}$$

两个并联复阻抗也可用一个等效复阻抗 Z 表示

$$\frac{1}{Z} = \frac{1}{Z_1} + \frac{1}{Z_2} \ \text{或} \ Z = \frac{Z_1 Z_2}{Z_1 + Z_2} \tag{5-24}$$

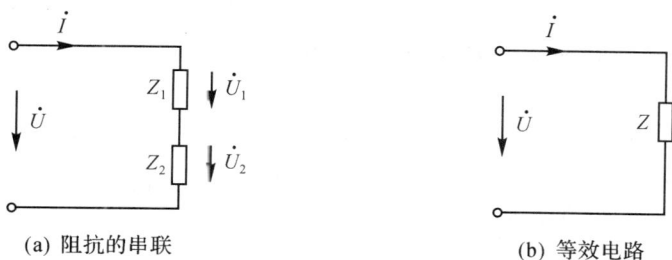

(a) 阻抗的串联   (b) 等效电路

图 5.7   两个阻抗的串联

一般情况下,若有 n 个阻抗并联,等效复阻抗可写为

$$\frac{1}{Z} = \sum_{k=1}^{n} \frac{1}{Z_k}$$ (5-25)

即等效复阻抗的倒数等于各个并联复阻抗的倒数的和。对每个 $Z_k = R_k + \mathrm{j}X_k$ 中的 X_k 同样可正可负,感抗 X_L 前取正号,容抗 X_C 前取负号。

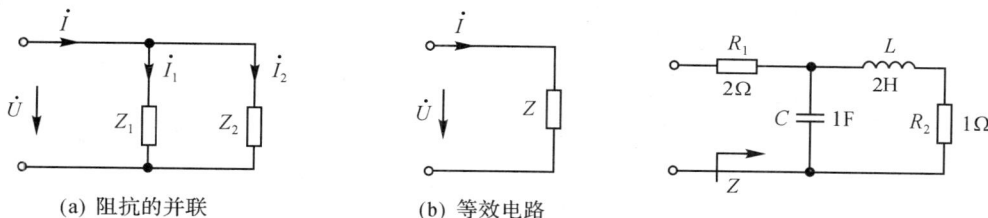

(a) 阻抗的并联   (b) 等效电路

图 5.8   两个阻抗的并联   图 5.9   例 5.4 的图

对图 5.8(a),Z_1、Z_2 中的电流为

$$\dot{I}_1 = \frac{\dot{U}}{Z_1} = \frac{\dot{I}Z}{Z_1} = \frac{Z_2}{Z_1 + Z_2} \dot{I} \qquad \dot{I}_2 = \frac{\dot{U}}{Z_2} = \frac{\dot{I}Z}{Z_2} = \frac{Z_1}{Z_1 + Z_2} \dot{I}$$

以上两式就是两个并联阻抗分流公式。推广到一般情况有

$$\dot{I}_k = \frac{\dfrac{1}{Z_k}}{\sum\limits_{k=1}^{n} \dfrac{1}{Z_k}} \dot{I}$$ (5-26)

例 5.4   已知图 5.9 所示电路,$\omega = 10\mathrm{rad/s}$。试求电路的输入阻抗 Z。

解   由串并联关系可得输入阻抗

$$Z = \frac{(1 + \mathrm{j}2\omega)\dfrac{1}{\mathrm{j}\omega}}{1 + \mathrm{j}2\omega + \dfrac{1}{\mathrm{j}\omega}} + 2 = \frac{(1 + \mathrm{j}20)\dfrac{1}{\mathrm{j}10}}{1 + \mathrm{j}20 + \dfrac{1}{\mathrm{j}10}} + 2$$

$$= \frac{\mathrm{j}40 - 397}{\mathrm{j}10 - 199} = \frac{399\angle -5.8°}{199\angle -2.9°}$$

$$= 2\angle -2.9°$$

$$= 2 - \mathrm{j}0.1(\Omega)$$

对于端口来说,此网络相当于一只 2Ω 的电阻与一只容抗 $X_C = 0.1\Omega$(相当于 $C = 1\mathrm{F}$)的电容相串联的电路,见图 5.10。改变 ω、R_1、R_2、L 及 C 都可以改变网络的等效参数。

任何复杂的无源二端网络,对端口而言,可以等效为复阻抗 Z,$Z = R + jX$,R 称为等效电阻,X 称为等效电抗。当 $X > 0$ 时,等效电路呈感性,相当于一只电阻 R 与一个感抗为 X 的电感串联;当 $X < 0$ 时,等效电路呈容性,相当于一只电阻 R 与一个容抗为 $|X|$ 的电容串联;当 $X = 0$ 时,等效为一只电阻 R。

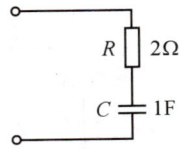

图 5.10　例 5.4 的等效电路

5.3　正弦稳态电路的分析与计算

在简单交流电路中,以欧姆定律、基尔霍夫电流定律及基尔霍夫电压定律的相量形式为基础所得到的基本公式,如阻抗串并联、分压、分流公式等,它们在形式上与电阻网络相应的公式很类似。因此可以推论,支路电流法、结点电压法、叠加定理、戴维南定理、电源等效变换法等一系列电路分析方法在正弦稳态电路中皆可适用,只不过要将电压和电流以相量表示,电阻、电感和电容及其组成的电路以复数阻抗来表示。

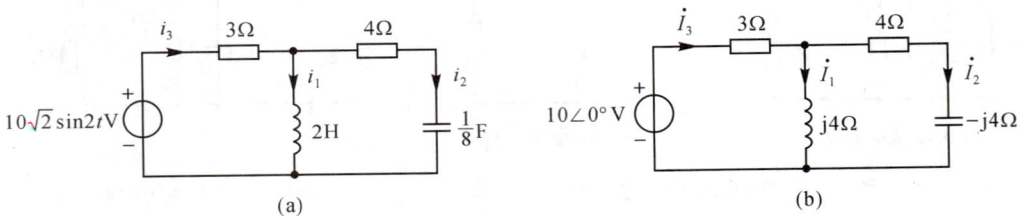

图 5.11　例 5.5 的图

例 5.5　电路如图 5.11 所示,求电流 i_1、i_2 及 i_3。

解　相量模型如图(b)所示。电路的阻抗

$$Z = 3 + \frac{j4(4 - j4)}{j4 + 4 - j4} = 7 + j4 = 8.06\angle 29.7° \text{ (Ω)}$$

则

$$\dot{I}_3 = \frac{\dot{U}_S}{Z} = \frac{10\angle 0°}{8.06\angle 29.7°} = 1.24\angle -29.7° \text{ (Ω)}$$

由分流公式得

$$\dot{I}_1 = \frac{4 - j4}{4 - j4 + j4} \dot{I}_3 = 1.75\angle -74.7° \text{ (A)}$$

$$\dot{I}_2 = \frac{j4}{4 - j4 + j4} \dot{I}_3 = 1.24\angle 60.3° \text{ (A)}$$

再根据相量写出正弦量,得

$$i_3(t) = 1.24\sqrt{2} \sin(2t - 29.7°) \text{ A}$$

$$i_1(t) = 1.75\sqrt{2} \sin(2t - 74.7°) \text{ A}$$

$$i_2(t) = 1.24\sqrt{2} \sin(2t + 60.3°) \text{ A}$$

例 5.6　正弦交流电路如图 5.12 所示。已知 $I_1 = 10\text{A}$,$I_2 = 10\sqrt{2}\text{A}$,$U_S = 100\text{V}$,$R_1 = 5\text{Ω}$,且 $R_2 = X_L$。试求 I、X_C、X_L 及 R_2。

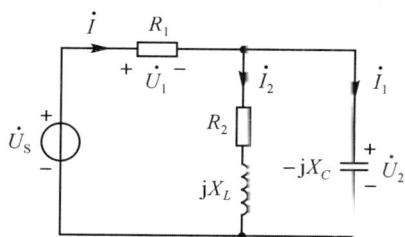

图 5.12　例 5.6 的图

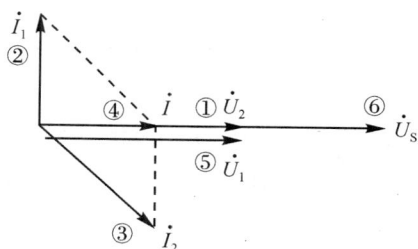

图 5.13　相量图

解　利用相量图求解。设 $\dot{U}_2$ 为参考相量，则 $\dot{U}_2 = U_2\angle 0°\mathrm{V}$，如相量图 5.14 中的 ①。"①"表示图解的第一步。

因电容元件上的电流超前电压 $90°$，故 $\dot{I}_1$ 超前 $\dot{U}_2\ 90°$，且 $I_1 = 10\mathrm{A}$，则 $\dot{I}_1 = 10\angle 90°\mathrm{A}$，如相量图中的 ②。

又 $\dot{I}_2$ 所在支路为电感性电路，且 $R_2 = X_L$，所以 $\dot{I}_2$ 滞后 $\dot{U}\ 90°$，即

$$\dot{I}_2 = I_2\angle -45° = 10\sqrt{2}\angle -45°(\mathrm{A})$$

如图中 ③ 所示。

由相量形式 KCL 得

$$\dot{I} = \dot{I}_1 + \dot{I}_2 = 10\angle 90° + 10\sqrt{2}\angle -45° = 10\angle 0°(\mathrm{A})$$

也可以直接在相量图上用平行四边形法则求 $\dot{I}$，如图中 ④ 所示。

所以　　$I = 10\mathrm{A}$

电阻 R_1 两端电压

$$\dot{U}_1 = \dot{I}R_1 = 10\angle 0° \times 5 = 50\angle 0°(\mathrm{V})$$

由相量形式 KVL 可得

$$\dot{U}_s = \dot{U}_1 + \dot{U}_2 = 50\angle 0° + U_2\angle 0° = (50 + U_2)\angle 0°$$

故　　$U_2 = U_s - U_1 = 100 - 50 = 50(\mathrm{V})$

在相量图上，$\dot{U}_1$ 与 $\dot{I}$ 同相，如图中 ⑤ 所示。由图可知，$\dot{U}_1$ 与 $\dot{U}_2$ 完全相等，故 $\dot{U}_s$ 也与它们同相，如图中 ⑥ 所示。

下面计算参数 R_2、X_C、X_L。

由　　$I_2 = \dfrac{U_2}{\sqrt{2}R_2}$

故　　$R_2 = \dfrac{U_s}{\sqrt{2}I_2} = 2.5(\Omega)$，$X_C = R_2 = 2.5(\Omega)$

又　　$\dot{U}_2 = -\mathrm{j}X_C\dot{I}_1$

所以　　$X_C = \dfrac{\dot{U}_2}{-\mathrm{j}\dot{I}_1} = \dfrac{50\angle 0°}{-\angle 90° \cdot 10\angle 90°} = 5(\Omega)$

从例 5.6 不难发现，熟练掌握单一参数元件的电压、电流在相量图中的相位关系，画出正确的相量图，对解简单交流电路，乃至复杂交流电路都将大有好处。

5.4　正弦稳态电路的功率

本节讨论一般正弦稳态电路的功率问题。5.2 节已告诉我们,对于由电阻、电感、电容组合成的无源二端网络,都可以等效为复阻抗 $Z=R+jX$,也就是等效为一个电阻与一个电抗串联的电路,如图 5.14 所示。

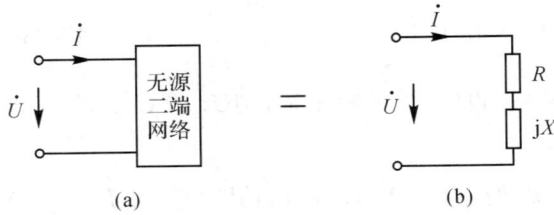

图 5.14　无源二端等效电路

设图 5.14 中外加正弦交流电压 u,在电路中产生电流 i,可分别表示为

$$i = \sqrt{2}I\sin\omega t \ , \ u = \sqrt{2}U\sin(\omega t + \varphi) \tag{5-27}$$

下面分别讨论瞬时功率、有功功率、无功功率和视在功率的概念。

1. 瞬时功率

如果端口的电压、电流如(5-27)式表示,则无源二端网络的瞬时功率为

$$p = ui = UI\cos\varphi - UI\cos(2\omega t + \varphi)$$

瞬时功率包括恒定分量和正弦分量两部分。瞬时功率的单位为瓦(W)。

2. 平均功率(有功功率)和功率因数

瞬时功率的平均值,即电路的有功功率为

$$P = \frac{1}{T}\int_0^T p\mathrm{d}t = \frac{1}{T}\int_0^T [UI\cos\varphi - UI\cos(2\omega t + \varphi)]\mathrm{d}t = UI\cos\varphi \tag{5-28}$$

可见交流电路的有功功率等于端电压有效值 U 和电流有效值 I 及系数 $\cos\varphi$ 的乘积,P 的单位为瓦(W)。联系到图 5.14(b),φ 就是复阻抗 Z 的阻抗角,$\varphi = \arctan\dfrac{X}{R}$,$\cos\varphi$ 称为功率因数。

式(5-28)是计算交流电路有功功率的一般关系式,具有普通意义。前述 RLC 串联交流电路中的有功功率关系式可由此进一步写为

$$P = UI\cos\varphi = (U\cos\varphi)I = U_R I = I^2 R \tag{5-29}$$

即计算有功功率只要计算电阻 R 上消耗的功率,式(5-29)也可以推广到任意连接的交流电路,即

$$P = \sum P_R \tag{5-30}$$

若无源二端网络的入端复阻抗为 $Z = |Z| \angle\varphi$,由于 $U = I |Z|$,因此式(5-29)也可写为

$$P = I^2 |Z| \cos\varphi = I^2 \mathrm{Re}[Z] \tag{5-31}$$

3. 无功功率

交流电路的无功功率反映电路与电源能量交换的大小,它是电源和负载进行交换的瞬

时功率的幅值(4.3 节已述)。以前面讨论过的 RLC 串联电路为例。无功功率由式(4-29)及(4-37)知 $Q = Q_L + Q_C = IU_L - IU_C = I(U_L - U_C)$。电压三角形(见图 5.2)告诉我们 $U_L - U_C = U\sin\varphi$，于是

$$Q = UI\sin\varphi \tag{5-32}$$

式(5-32)是计算交流电路无功功率的一般关系式,式中的 φ 是电压 u 的初相位与电流 i 的初相位之差,$\varphi > 0$,表明 u 超前 i,反之 i 超前 u。当 $\varphi > 0$ 时,$Q > 0$;当 $\varphi < 0$ 时,$Q < 0$。Q 有正负不是电路吸取或发出能量的表示,而是表明电路是感性($Q > 0$)或是容性($Q < 0$)。

无功功率除了可以用式(5-32)计算外,还可以用电压、电流和阻抗来计算,即

$$Q = UI\sin\varphi = I^2 \mid Z \mid \sin\varphi \tag{5-33}$$

无功功率的单位为乏(Var)。

4. 视在功率

在一般交流电路中,电压有效值 U 和电流有效值 I 的乘积称为视在功率,用字母 S 表示:

$$S = UI \tag{5-34}$$

S 的单位为伏安(VA)。实际用电设备的容量是由它们的额定电压和额定电流决定的,因此往往可以用视在功率来表示。又比式(5-28)和(5-34)可知 $P = S\cos\varphi$。

交流电路的有功功率、无功功率和视在功率之间存在着一定的关系,即

$$P = UI\cos\varphi; \quad Q = UI\sin\varphi; \quad S = UI$$

故　　　　$P^2 + Q^2 = (UI)^2(\cos^2\varphi + \sin^2\varphi) = (UI)^2 = S^2 \tag{5-35}$

式(5-35)也可以看作一个直角三角形 —— 功率三角形,与阻抗三角形相似,它也不是相量三角形(见图 5.15)。

例 5.7　有一 RLC 串联电路,已知 $R = 3\Omega, X_L = 4\Omega$, $X_C = 8\Omega$,电源电压 $u = 220\sqrt{2}\sin(\omega t + 10°)\mathrm{V}$,试计算电路电流 i,有功功率 P 和无功功率 Q。

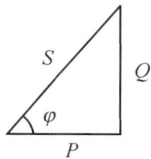

图 5.15　功率三角形

解　电路阻抗为

$$\mid Z \mid = \mid R + j(X_L - X_C) \mid = \mid 3 + j(4 - 8) \mid = 5(\Omega)$$

于是可算出电流有效值为

$$I = \frac{U}{\mid Z \mid} = \frac{220}{5} = 44 \text{ (A)}$$

电路阻抗角为

$$\varphi = \arctan\frac{X_L - X_C}{R} = \arctan\frac{-4}{3} = -53°$$

负号说明电路为容性。故可写出电流的瞬时值为

$$i = 44\sqrt{2}\sin(\omega t + 53° + 10°) = 44\sqrt{2}\sin(\omega t + 63°) \text{ (A)}$$

有功功率为

$$P = UI\cos\varphi = 220 \times 44 \times \cos(-53°) = 5.83 \text{ (kW)}$$

无功功率为

$$Q = UI\sin\varphi = 220 \times 44 \times \sin(-53°) = -7.73(\mathrm{kVar}) < 0$$

例 5.8　电路如图 5.16(a)所示,已知 $u_\mathrm{S} = 2\sqrt{2}\sin 4t\mathrm{V}$。求 i_1、i_2 及电路消耗的有功功率

P、无功功率 Q 及功率因数。

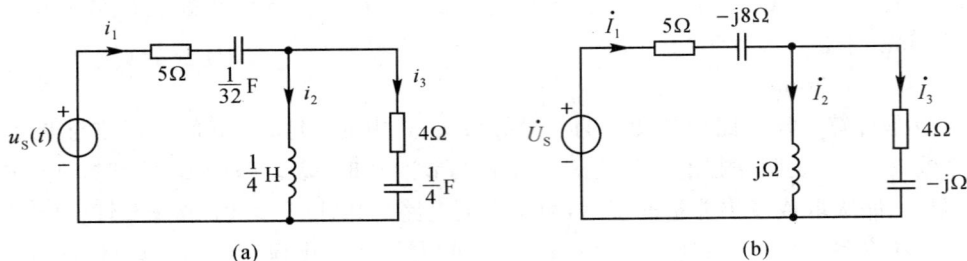

图 5.16   例 5.8 的图

解   作原电路的相量模型如图(b)所示,则电路的输入复阻抗为

$$Z = 5 - j8 + \frac{(4-j1)j1}{4-j1+j1} = 5.25 - j7 = 8.75\angle -53.1°\ (\Omega)$$

故
$$\dot{I}_1 = \frac{\dot{U}_S}{Z} = \frac{2\angle 0°}{8.75\angle -53.1°} = 0.23\angle 53.1°\ (A)$$

$$\dot{I}_2 = \frac{4-j1}{4-j1+j1}\dot{I}_1 = \frac{4-j1}{4}\times 0.23\angle 53.1° = 0.237\angle 39.1°\ (A)$$

$$\dot{I}_3 = \frac{j1}{4-j1+j1}\dot{I}_1 = \frac{j1}{4}\times 0.23\angle 53.1° = 0.0575\angle 143.1°\ (A)$$

所以
$$i_1(t) = 0.23\sqrt{2}\sin(4t+53.1°)\ (A)$$

$$i_2(t) = 0.237\sqrt{2}\sin(4t+39.1°)\ (A)$$

$$i_3(t) = 0.057\sqrt{2}\sin(4t+143.1°)\ (A)$$

则
$$P = U_S I_1\cos\varphi = 2\times 0.23\cos(-53.1°) = 0.276\ (W)$$

$$Q = U_S I_1\sin\varphi = 2\times 0.23\sin(-53.1°) = -0.368\ (Var)$$

$$\cos\varphi = \cos(-53.1°) = 0.6\quad (电流超前于电压)$$

5. 电路功率因数的提高

功率因数 $\cos\varphi$ 的定义在前面已经给出,功率因数取决于电路的参数。

功率因数介于 0 和 1 之间,电源在额定容量 S_N 下向负载输送多少有功功率与负载的功率因数有关,即

$$P = S_N\cos\varphi$$

例如,容量为 10^5 kVA 的发电机,当负载的 $\cos\varphi$ 为 0.6 时,它对外可提供的有功功率 $P = 60000$ kW,若负载的 $\cos\varphi$ 提高到 0.9,则它对外提供的有功功率 $P = 90000$ kW。因此为了充分提高电器设备的利用率,应设法提高负载的功率因数。

另外,由于输电线的电流 $I = \dfrac{P}{U\cos\varphi}$,在有功功率 P 和电压 U 一定时,$\cos\varphi$ 越小,线路电流越大,线路上的功率损耗越大。这样既不利于电能的节约,又影响供电质量。

故提高功率因数有很大的经济意义。

对于工业企业中的感性负载,提高这类电路功率因数的常用方法就是与感性负载两端并联电容器,其电路图和相量图如图 5.17 所示。

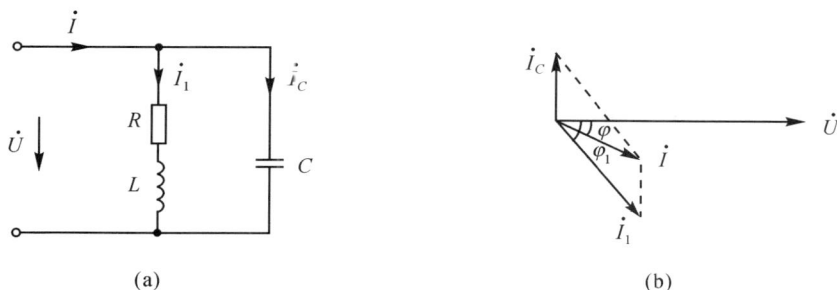

(a)　　　　　　　　　　　　　　(b)

图 5.17　电容器与感性负载并联以提高功率因数

并联电容器以前,感性负载功率因数 $\cos\varphi_1 = \dfrac{R}{\sqrt{R^2 + X_L^2}}$。并联以后,由于电容电流 $\dot{I}_C$ 比电压 $\dot{U}$ 超前 90°,$(\dot{I}_1 + \dot{I}_C)$ 的结果使总电流 $\dot{I}$ 减小,如图(b)所示,此时电压 $\dot{U}$ 和电流 $\dot{I}$ 间的相位差变成 φ,比 φ_1 小,因此 $\cos\varphi$ 变大了。

但对感性负载来说,并联前后其电流 I_1 不变,仍为 $I_1 = \dfrac{U}{\sqrt{R^2 + X_L^2}}$,功率因数不变,仍为 $\cos\varphi$。由于电容 C 不消耗有功功率,因此电路的有功功率不变,为 $P = UI_1\cos\varphi_1 = UI\cos\varphi$,但无功功率 Q 却从 $UI_1\sin\varphi_1$ 减小至 $UI\sin\varphi$,即减少了电源与负载之间的能量交换。此时负载所需的无功功率大部分或部分由电容供给,使发电机容量得到充分利用。

现在计算功率因数从 $\cos\varphi_1$ 提高到 $\cos\varphi$ 所需并联电容器的电容值。由图 5.17(b) 可得

$$I_C = I_1\sin\varphi_1 - I\sin\varphi = (\frac{P}{U\cos\varphi_1})\sin\varphi_1 - (\frac{P}{U\cos\varphi})\sin\varphi$$

$$= \frac{P}{U}(\tan\varphi_1 - \tan\varphi)$$

式中 P 为电路的有功功率。

又医　　　$I_C = \dfrac{U}{X_C} = U\omega C$

$$U\omega C = \frac{P}{U}(\tan\varphi_1 - \tan\varphi)$$

由此得　　$C = \dfrac{P}{\omega U^2}(\tan\varphi_1 - \tan\varphi)$　　　　　　　　　　　　　　(5-36)

并联电容的电容量应选择适当。如果 C 过大,增加了投资和成本,且 $\cos\varphi$ 大于 0.9 以后,再增加 C 值对减小线路电流的作用也无明显效果。因此一般供用电规则是:高压供电的企业平均功率因数不低于 0.95,其他单位不低于 0.9 即可。

例 5.9　图 5.18 所示电路中,已知 $U = 220\text{V}$,$f = 50\text{Hz}$,$R_1 = 10\Omega$,$X_1 = 10\Omega$,$R_2 = 5\Omega$,$X_2 = 5\Omega$。(1) 求电流表Ⓐ的读数和电路的功率因数;(2) 欲使电路的功率因数提高到 0.866,则需并联多大的电容?(3) 并联电容后电流表读数为多少?

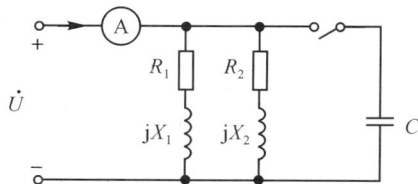

图 5.18　例 5.9 的图

解　(1) 电路等效复阻亢为

$$Z_L = (R_1 + \text{j}X_1) \mathbin{/\!/} (R_2 + \text{j}X_2)$$

$$= \frac{(10 + j10)(5 + j5)}{10 + j10 + 5 + j5}$$

$$= \frac{10}{3}\sqrt{2} \angle 45^\circ (\Omega)$$

设 $\dot{U} = 220\angle 0^\circ \text{V}$，则

$$\dot{I} = \frac{\dot{U}}{Z_L} = \frac{220\angle 0^\circ}{\frac{10}{3}\sqrt{2}\angle 45^\circ} = 33\sqrt{2}\angle -45^\circ(\text{A})$$

故电流表读数为 $33\sqrt{2}\,\text{A}$。

$$\cos\varphi_L = \cos 60^\circ = 0.5$$

（2）要使功率因数提高到 0.866，则需并联

$$C = \frac{P}{\omega U^2}(\tan\varphi_L - \tan\varphi) = \frac{UI\cos\varphi_L}{\omega U^2}(\tan\varphi_L - \tan\varphi)$$

$$= \frac{220 \times 33\sqrt{2}\cos 45^\circ}{314 \times 220^2}[\tan 45^\circ - \tan(\cos^{-1}0.866)] = 201.87(\mu\text{F})$$

（3）并联电容后，电路吸收的有功功率不变，即

$$UI'\cos\varphi = UI_L\cos\varphi_L$$

所以

$$I' = \frac{\cos\varphi_L}{\cos\varphi}I_L = \frac{0.707}{0.866} \times 33\sqrt{2} = 38.11(\text{A})$$

故此时电流表读数为 38.11A。

5.5　正弦稳态电路的串联谐振

在具有电感和电容元件的电路中，在给定电路结构的情况下，电路的复阻抗 Z 是频率的函数。当输入信号的频率不同时，电路响应不仅幅值或有效值不同，而且相位也会发生变化。在本节中，我们主要研究在输入信号的频率发生改变时，电路的串联谐振和并联谐振现象。

本节首先讨论由电阻、电感和电容组成的串联谐振电路，在下一节讨论由电阻、电感和电容组成的并联谐振电路。

对于任何含有电感和电容的电路，在一定频率下可以呈现电阻性，即整个电路的总电压与电流同相位，这种现象称为正弦电路的谐振。在 RLC 串联电路中发生的谐振称为串联谐振。我们将讨论串联谐振发生的条件及特征，以及谐振电路的频率特性。

RLC 串联电路如图 5.19 所示，输入阻抗为

$$Z = R + jX = R + j(X_L - X_C)$$

当　$X_L = X_C$ 或 $2\pi fL = \dfrac{1}{2\pi fC}$ 　　　　　　(5-37)

时，则

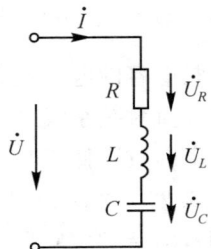

图 5.19　RLC 串联电路

$$\varphi = \arctan\frac{X_L - X_C}{R} = 0$$

即电源电压 u 与电路电流 i 同相。这时电路发生谐振现象。

式(5-37)是发生串联谐振的条件。调节 L、C 或电源频率 f 能使电路发生谐振。在 L、C 一定的条件下，调电源频率 f 满足

$$f = f_0 = \frac{1}{2\pi\sqrt{LC}} \tag{5-38}$$

时就能实现谐振，f_0 称为谐振频率。

串联谐振具有下列特征：

（1）串联谐振时外加电压与电路电流同相（$\varphi = 0$），因此电路呈电阻性。电源供给电路的能量全部消耗在电阻上。能量互换只发生在电感和电容之间，而不再与电源交换能量，此时 $i_L = i_C$，p_L 与 p_C 的幅值大小一样，当 p_L 为负时 p_C 为正，即 L 发出的能量被 C 吸收，C 发出的能量被 L 吸收。

串联谐振时谐振角频率 $\omega_0 = 2\pi f_0 = \frac{1}{\sqrt{LC}}$，则感抗、容抗分别为

$$X_L = \omega_0 L = \sqrt{\frac{L}{C}}, \ X_C = \frac{1}{\omega_0 C} = \sqrt{\frac{L}{C}}$$

电感电压、电容电压以及总电压分别为

$$\dot{U}_L = j\dot{I}X_L = j\dot{I}X_C = -\dot{U}_C, \ \dot{U} = \dot{U}_R + \dot{U}_L + \dot{U}_C = \dot{U}_R$$

即 $\dot{U}_L$ 与 $\dot{U}_C$ 在相位上相反，相量模相等，互相抵消，外加电压 $\dot{U}$ 等于电阻电压 $\dot{U}_R$，如图 5.20 所示。

（2）电路阻抗 $|Z|$ 达最小值，电路电流 I_0 达到最大值，即

$$|Z| = |Z|_{min} = R \quad （因为 X_L = X_C）$$

在电源电压 U 不变情况下 $I_0 = I_{0max} = \frac{U}{R}$。

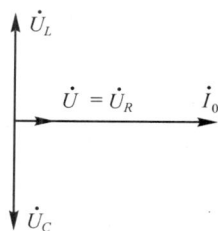

图 5.20　串联谐振时的相量图

图 5.21 分别画出了阻抗和电流随频率变化的曲线。由图知，当 $f > f_0$ 时，由于 $X_L > X_C$，电路呈感性；当 $f < f_0$ 时，由于 $X_L < X_C$，电路呈容性。

（3）串联谐振时，U_L、U_C 可能大于电源电压 U。因为

$$U_L = U_C = \omega_0 L I_{0max} = \omega_0 L \cdot \frac{U}{R} = \frac{\omega_0 L}{R}U$$

当 $X_L = X_C > R$ 时，U_L 和 U_C 都高于电源电压 U，所以串联谐振也称电压谐振。

U_L 或 U_C 与电源电压之比值，通常用 Q 表示

$$Q = \frac{U_L}{U} = \frac{U_C}{U} = \frac{\omega_0 L}{R} = \frac{1}{\omega_0 CR} = \frac{\sqrt{\frac{L}{C}}}{R} \tag{5-39}$$

则　　　　$U_L = U_C = QU$

称 Q 为谐振电路的品质因数，是由串联电路的 R、L、C 参数值决定的无量纲的量。它的意义是表示谐振时电容或电感电压是电源电压的 Q 倍。

在电力工程中一般应避免发生电压谐振，因为谐振时在电容上和电感上可能出现比电

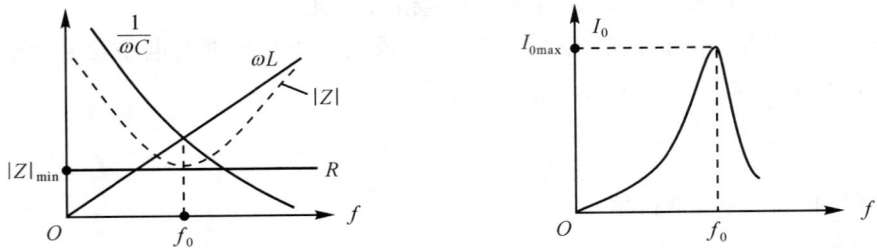

图 5.21　阻抗与电流随频率变化的曲线

源电压大得多的过电压,从而可能击穿电容器和电感线圈的绝缘。在电信工程中则相反,常利用串联谐振来获得较高电压。例如收音机中就可利用串联谐振电路,又称调谐电路,来选择所要收听的某个电台的广播。

RLC 串联电路中,电流及各电压随频率变动,我们在图 5.22 中画出了电流随频率变动的曲线,叫做电流的谐振曲线。谐振曲线的尖锐或平坦同 Q 值有关,Q 值越大,在 f_0 附近曲线越尖锐。

当谐振曲线比较尖锐时,稍有偏离谐振频率 f_0 的信号,电路响应 I 将显著减弱。就是说谐振曲线越尖锐,选择性就越强。

此外还通常引用通频带的概念。在图 5.23 中,电流 I_0 值在等于最大值 I_{0max} 的70.7%(即 $1/\sqrt{2}$)处,频率的上下限之间宽度称为通频带,即 $\triangle f = f_2 - f_1$,式中 f_2 是上限频率,f_1 是下限频率。

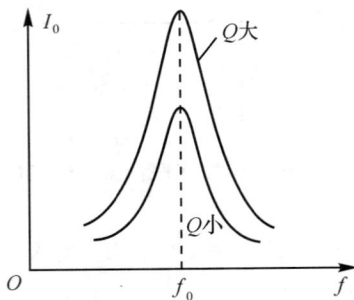

图 5.22　Q 与谐振曲线的关系

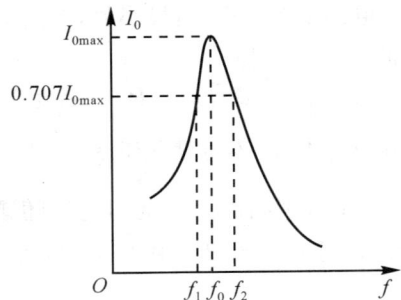

图 5.23　通频带

可以证明,通频带与品质因数成反比。Q 值越大,谐振曲线愈尖锐,选择性越好,但通频带越窄。

例 5.10　将一线圈($R = 1\Omega, L = 2\text{mH}$)与电容器串联,接在 $U = 10\text{V}, \omega = 2500\text{rad/s}$ 的电源上,问 C 为何值时电路发生谐振?并求谐振电流 I_{0max}、电容端电压 U_C、线圈端电压 U_{RL} 及品质因数 Q。

解　因为 $\omega L = \dfrac{1}{\omega C}$ 时发生串联谐振,故所需电容值为

$$C = \frac{1}{\omega^2 L} = \frac{1}{2500^2 \times 2 \times 10^{-3}} = 80(\mu\text{F})$$

电路品质因数为　　$Q = \dfrac{\omega_0 L}{R} = \dfrac{\sqrt{\dfrac{L}{C}}}{R} = \sqrt{\dfrac{2 \times 10^{-3}}{80 \times 10^{-6}}} \bigg/ 1 = 5$

谐振时电流　　　　$I_{0\max} = \dfrac{U}{R} = \dfrac{10}{1} = 10(\mathrm{A})$

电容端电压　　　　$U_C = QU = 5 \times 10 = 50(\mathrm{V})$

线圈两端电压　　　$U_{RL} = \sqrt{U_R^2 + U_L^2} = \sqrt{U^2 + U_C^2}$

　　　　　　　　　　$= \sqrt{10^2 + 50^2} = 51(\mathrm{V})$

谐振时电路的相量图如图 5.24 所示。

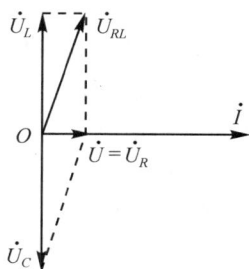

图 5.24　例 5.10 相量图

5.6　正弦稳态电路的并联谐振

　　图 5.25 表示一个由正弦电压源激励的电阻、电感与电容相并联的电路。并联电路的复导纳为

$$Y = \frac{1}{R} + \mathrm{j}(\omega C - \frac{1}{\omega L}) \qquad (5\text{-}40)$$

　　如果 ω、L 满足一定的条件，使 Y 的虚部为零，电流与电压就将同相，电路就发生并联谐振。发生谐振的条件为复导纳中的虚部为零，即

$$\omega_0 C - \frac{1}{\omega_0 L} = 0$$

$$\omega_0 = \frac{1}{\sqrt{LC}} \qquad (5\text{-}41)$$

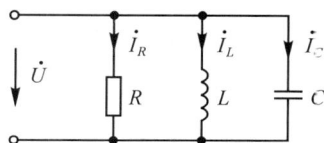

图 5.25　并联谐振电路

　　并联谐振具有以下特征：

　　(1) 谐振时电源电压与电路电流同相（$\varphi = 0$），因此电路呈电阻性。

　　(2) 谐振时电路的复导纳最小，因而复阻抗的模 $|Z|$ 最大，电路中电流 I_0 最小。

$$\dot{I} = Y\dot{U} = G\dot{U}$$

阻抗与电流的谐振曲线见图 5.26 所示。

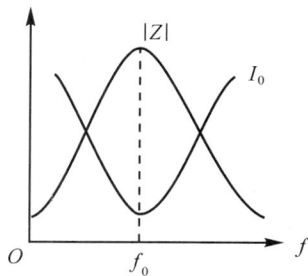

图 5.26　$|Z|$ 和 I_0

　　(3) 并联谐振电路的品质因数

　　品质因数 Q 定义为 I_C 或 I_1 与总电流 I_0 之比值，即

$$Q = \frac{I_L(\omega_0)}{I} = \frac{I_C(\omega_0)}{I} = \frac{\dfrac{1}{\omega_0 L}U}{GU} = \frac{R}{\omega_0 L}$$

$$= \frac{\omega_0 CU}{GU} = \omega_0 RC$$

即有　　$I_L = I_C = QI$ 　　　　　　　　　　　　　　　　　$(5\text{-}42)$

　　并联支路电流大小相等，且比总电流大许多倍。因此并联谐振也叫电流谐振。

　　并联谐振在工业技术和无线电工程中具有广泛应用。如在高频信号的接收、滤波中的应用等。

除了典型的串联和并联谐振电路外,对于其他大多数一般电路的谐振情况,应首先写出电路的复阻抗或复导纳的表达式,然后将表达式分解成实部和虚部两部分,令其虚部等于零,即可求得电路的谐振频率。但每个电路是否存在谐振频率,还要取决于组成电路的电阻、电容和电感的参数值。下面的例子可以说明这一点。

例 5.11 电路如图 5.27,试求电路的谐振角频率,若电路存在谐振角频率,则电路中电阻、电容和电感之间应满足什么关系?

解 该电路的复导纳为

$$Y = j\omega C + \frac{1}{R + j\omega L}$$

$$= j\omega C + \frac{R}{R^2 + (\omega L)^2} - j\frac{\omega L}{R^2 + (\omega L)^2}$$

图 5.27 例 5.11 的图

当 $\omega = \omega_0$ 时,电路产生谐振,电路复导纳的虚部为零,即

$$\omega_0 C - \frac{\omega_0 L}{R^2 + (\omega_0 L)^2} = 0$$

由此式可解得谐振角频率为

$$\omega_0 = \frac{1}{\sqrt{LC}}\sqrt{1 - \frac{CR^2}{L}}$$

由此式看到,此电路是否存在谐振角频率取决于组成电路 3 个元件参数的值,当

$$1 - \frac{CR^2}{L} > 0 \qquad 即 \qquad R < \sqrt{\frac{L}{C}}$$

时,ω_0 才是实数,电路存在谐振角频率,而当 $R > \sqrt{\frac{L}{C}}$ 时,电路不存在谐振角频率,因而不会发生谐振。

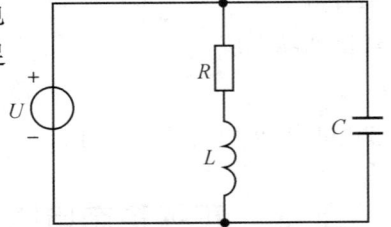

5.7 滤波电路

在具有电感和电容元件的电路中,在给定电路结构的情况下,电路的复阻抗 Z 是电路工作频率的函数。当电源的电压和电流或输入信号(激励)的频率不同时,电路中各部分的电压和电流(响应)不仅幅值或有效值不同,而且相位也会发生变化。这种响应和频率之间的关系称为交流电路的频率响应或频率特性。在无线通信和电子技术等领域需要研究电路在不同频率下的工作情况,这种研究称之为频域分析。在频域分析中研究得较多的有滤波电路。

滤波是指利用交流电路中的感抗和容抗随频率而变化的特性,从而使得输出信号对不同频率的输入信号会产生不同的响应,让所需的某些频率的信号通过,而对不需要的频率信号进行抑制。下面介绍几种常用的滤波电路。

1. 低通滤波电路

常用电阻和电容或电阻和电感组成各种滤波电路,由于有电感组成的滤波电路体积较大,故一般常用电阻和电容组成的滤波电路。图 5.28 为 RC 串联电路 $U_i(j\omega)$ 是输入信号电

压，$U_o(j\omega)$ 是输出信号电压，它们都是频率的函数。

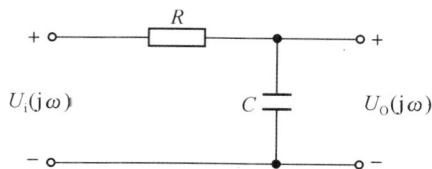

图 5.28 RC 低通滤波电路

定义输出信号电压和输入信号电压的比值为电路的传递函数，用 $T(j\omega)$ 表示，由图 5.28 可得：

$$T(j\omega) = \frac{U_o(j\omega)}{U_i(j\omega)} = \frac{\dfrac{1}{j\omega C}}{R + \dfrac{1}{j\omega C}} = \frac{1}{1 + j\omega RC} = \frac{1}{\sqrt{1 + (\omega RC)^2}} \angle - \mathrm{tg}^{-1}(\omega RC)$$

$$= |T(j\omega)| \angle \varphi(\omega) \tag{5-43}$$

式中

$$|T(j\omega)| = \frac{U_o(\omega)}{U_i(\omega)} = \frac{1}{\sqrt{1 + (\omega RC)^2}} \tag{5-44}$$

是传递函数 $T(j\omega)$ 的模；

$$\varphi(\omega) = \mathrm{tg}^{-1}(\omega RC) \tag{5-45}$$

是传递函数 $T(j\omega)$ 的幅角，二者都是角频率 ω 的函数。表示 $|T(j\omega)|$ 随 ω 变化的特性称为幅频特性，表示 $\varphi(\omega)$ 随 ω 变化的特性称为相频特性，二者都称为 RC 滤波电路的频率特性。

设参数 $\quad \omega_0 = \dfrac{1}{RC}$ \hfill (5-46)

我们选择几个特殊的频率点来观察幅频特性和相频特性随角频率变化的情况：

$\omega = 0 \qquad |T(j\omega)| = 1 \qquad \varphi(\omega) = 0$

$\omega = \infty \qquad |T(j\omega)| = 0 \qquad \varphi(\omega) = -\dfrac{\pi}{2}$

$\omega = \omega_0 \qquad |T(j\omega)| = \dfrac{1}{\sqrt{2}} = 0.707 \qquad \varphi(\omega) = -\dfrac{\pi}{4}$

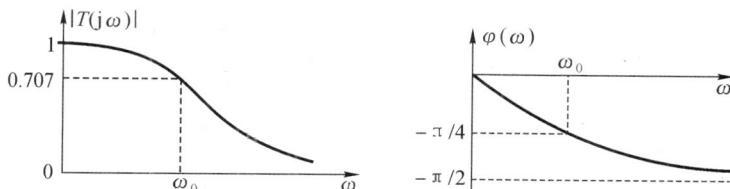

图 5.29 低通滤波电路的频率特性

低通滤波电路的幅频特性和相频特性随角频率变化的整体情况如图 5.29 所示，从图中看到，以 ω_0 作为分界点，低频信号很容易通过，而高频信号的幅值下降很快，表明该电路具有低频通过而抑制高频的能力。

在实际应用中，信号输出电压不能下降太大，规定输出电压为输入电压的 70% 时的频率为截止频率，而此时的频率刚好有 $\omega = \omega_0$，因此又称 ω_0 为滤波电路的截止频率，将频率范

围 $0 < \omega \leqslant \omega_0$ 称为滤波电路的通频带。

2. 高通滤波电路

将前面低通滤波电路的电阻和电容互相换位置得到图 5.30。此时电路的传递函数为

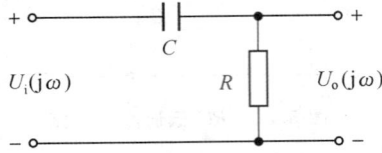

图 5.30 RC 高通滤波电路

$$T(j\omega) = \frac{U_o(j\omega)}{U_i(j\omega)} = \frac{R}{R + \frac{1}{j\omega C}} = \frac{1}{1 - j\frac{1}{\omega RC}} = \frac{1}{\sqrt{1 + (\frac{1}{\omega RC})^2}} \angle tg^{-1}(\frac{1}{\omega RC})$$

$$= | T(j\omega) | \angle \varphi(\omega) \tag{5-47}$$

式中

$$| T(j\omega) | = \frac{U_o(\omega)}{U_i(\omega)} = \frac{1}{\sqrt{1 + (\frac{1}{\omega RC})^2}} \tag{5-48}$$

是传递函数 $T(j\omega)$ 的模;

$$\varphi(\omega) = tg^{-1}(\frac{1}{\omega RC}) \tag{5-49}$$

是传递函数 $T(j\omega)$ 的幅角。

设参数 $\omega_0 = \frac{1}{RC}$

$\omega = 0$	$\| T(j\omega) \| = 0$	$\varphi(\omega) = \frac{\pi}{2}$
$\omega = \infty$	$\| T(j\omega) \| = 1$	$\varphi(\omega) = 0$
$\omega = \omega_0$	$\| T(j\omega) \| = \frac{1}{\sqrt{2}} = 0.707$	$\varphi(\omega) = \frac{\pi}{4}$

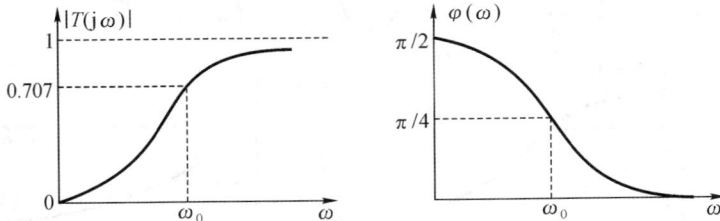

图 5.31 高通滤波电路的频率特性

幅频特性和相频特性随角频率变化的整体情况如图 5.31 所示,从图中看到,以 ω_0 作为分界点,高频信号很容易通过,而低频信号的幅值下降很快,表明该电路具有高频通过而抑制低频的能力,所以此电路称之为高通滤波电路。

3. 带通滤波电路

利用电阻和电容同样可以组成带通滤波电路,电路如图 5.32 所示。

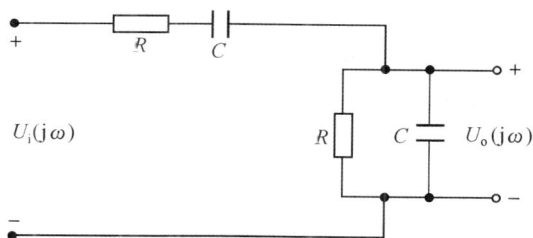

图 5.32　RC 带通滤波电路

此时电路的传递函数为

$$T(j\omega) = \frac{U_o(j\omega)}{U_i(j\omega)} = \frac{\dfrac{R/(j\omega C)}{R + 1/(j\omega C)}}{R + \dfrac{1}{j\omega C} + \dfrac{R/(j\omega C)}{R + 1/(j\omega C)}}$$

$$= |T(j\omega)| \angle \varphi(\omega) \tag{5-50}$$

式中

$$|T(j\omega)| = \frac{1}{\sqrt{9 + (\omega RC - \dfrac{1}{\omega RC})^2}} \tag{5-51}$$

是传递函数 $T(j\omega)$ 的模；

$$\varphi(\omega) = -\operatorname{tg}^{-1}\left(\frac{\omega RC - \dfrac{1}{\omega RC}}{3}\right) \tag{5-52}$$

是传递函数 $T(j\omega)$ 的幅角。

设参数　$\omega_0 = \dfrac{1}{RC}$

$\omega = 0$ 　　　　$|T(j\omega)| = 0$ 　　　　　　　$\varphi(\omega) = \dfrac{\pi}{2}$

$\omega = \infty$ 　　　　$|T(j\omega)| = 0$ 　　　　　　　$\varphi(\omega) = -\dfrac{\pi}{2}$

$\omega = \omega_0$ 　　　　$|T(j\omega)| = \dfrac{1}{3}$ 　　　　　　　$\varphi(\omega) = 0$

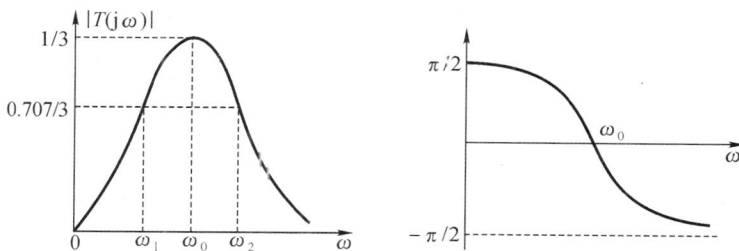

图 5.33　带通滤波电路的频率特性

由图 5.33 可见,当 $\omega = \omega_0$ 时,输出电压与输入电压同相,同时输出也达到最大值$\dfrac{U_o}{U_i} =$

$\dfrac{1}{3}$,并规定,当 $|T(j\omega)|$ 等于最大值的 70.7% 处之间频率的宽度称为通频带宽度,即

$$\Delta\omega = \omega_2 - \omega_1$$

因而将频率范围 $\omega_1 \leqslant \omega \leqslant \omega_2$ 称为带通滤波器的通频带。

习　题

5.1　用下列各式表示 RC 串联电路中的电压和电流，哪些是对的?哪些是错的?

$$u = u_R + u_C, \quad U = U_R + U_C, \quad \dot{U} = \dot{U}_R + \dot{U}_C$$

$$U = iR + \frac{1}{C}\int i\,\mathrm{d}t, \quad I = \frac{U}{R + X_C}, \quad \dot{I} = \frac{\dot{U}}{R - \mathrm{j}\omega C}$$

$$i = \frac{u}{|Z|}, \quad I = \frac{u}{|Z|}, \quad U_R = \frac{R}{R + X_C}U$$

$$\dot{U}_C = -\frac{\mathrm{j}X_C}{R + \mathrm{j}X_C}\dot{U}$$

5.2　计算下列各题，并说明电路的性质：

(a) $\dot{U} = 30\angle150°\text{V}, \dot{I} = -3\angle-165°\text{A}$ 求 R、X；

(b) $\dot{I} = 3\angle10°\text{A}, Z = 5 + \mathrm{j}5\Omega$，求 $\dot{U}$、P。

5.3　在如题 5.3 图所示各电路中，各电流表指示有效值，求电流表 A_2 的读数。

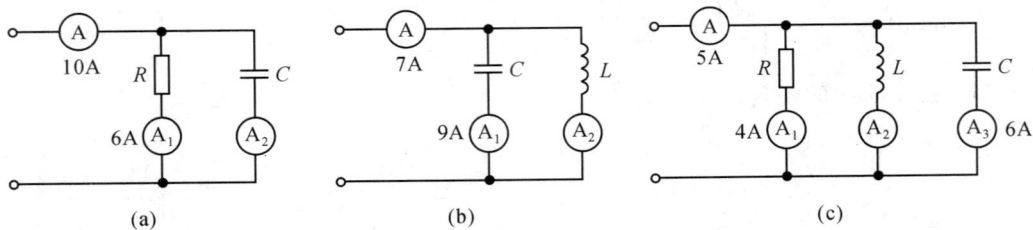

题 5.3 图

5.4　在题 5.4 图所示各电路中，各电压表指示有效值，求电压表 V_2 的读数。

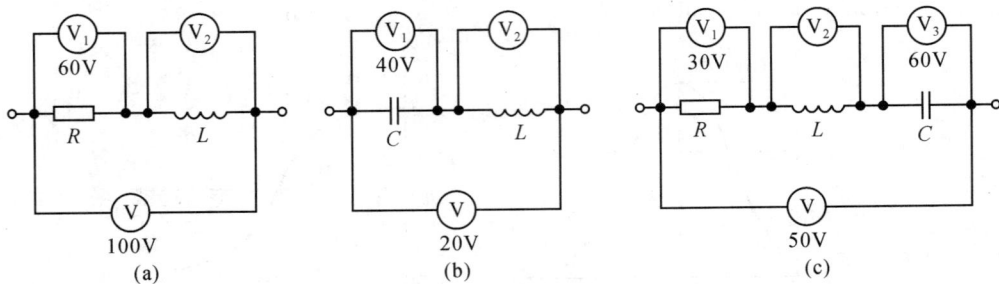

题 5.4 图

5.5　作出题 5.5 图示各电路的相量模型,并求 ab 端的阻抗和导纳。又 a、b 端正弦稳态电压与电流的相位关系如何?

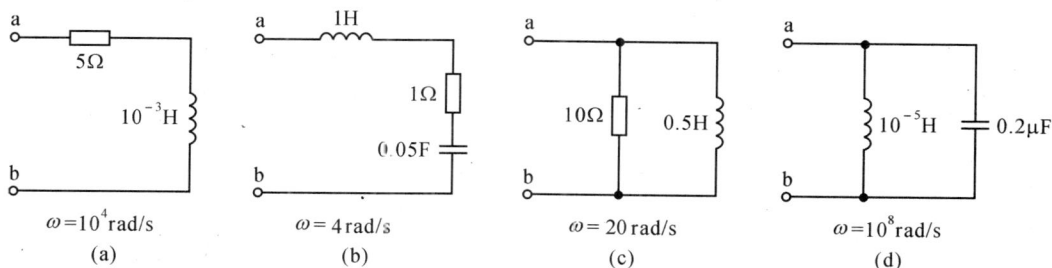

题 5.5 图

5.6　电路如题 5.6 图所示,$u_S = 100\sqrt{2}\sin 20t\,V$。

(1) 计算 $\dot{I}$、$\dot{U}_{ab}$、$\dot{U}_{bc}$ 和 $\dot{U}_{cd}$。

(2) 作相量图表示 $\dot{I}$、$\dot{U}_{ab}$、$\dot{U}_{bc}$ 和 $\dot{U}_{cd}$。

(3) 求 $\dot{U}_{ab}$ 和 $\dot{I}$ 间的相位差角。$\dot{I}$ 是超前还是滞后 $\dot{U}_{ab}$?

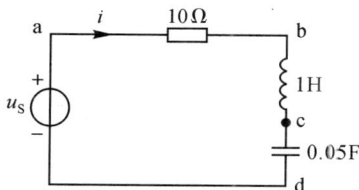

题 5.6 图

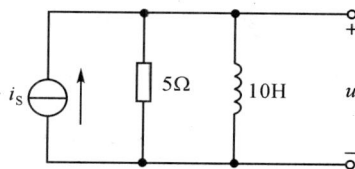

题 5.7 图

5.7　电路如题 5.7 图所示,$i_S = \sqrt{2}\sin(t + 90°)\,A$。试求稳态电压 u,并绘相量图。

5.8　在 RLC 串联电路中,已知 $R = 30\,\Omega$,$L = 127\,mH$,$C = 40\,\mu F$,信号电压 $U = 220\,V$,$f = 50\,Hz$,试求 I, U_L, U_C, U_R。

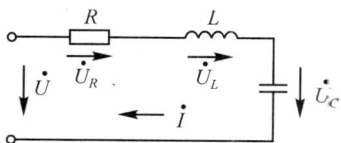

题 5.8 图

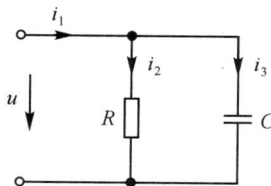

题 5.9 图

5.9　RC 并联电路如题 5.9 图所示,已知 $i_2 = 6\sqrt{2}\sin\omega t\,mA$,$i_3 = 8\sqrt{2}\sin(\omega t + 90°)\,mA$。试求 i_1。

5.10　试求题 5.10 图示电路中各无源二端网络的复阻抗 Z_{AB}。

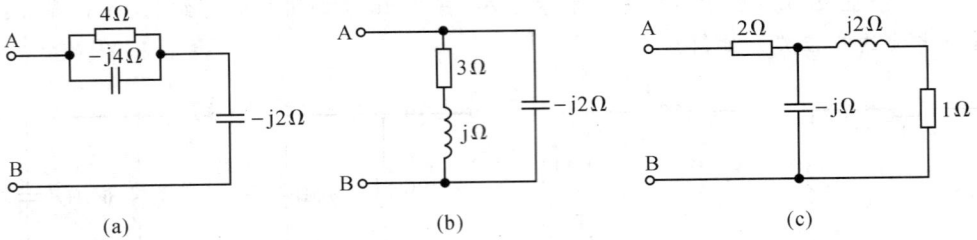

题 5.10 图

5.11　电路如题 5.11 图所示。已知 $\dot{U} = 10\angle 60°\text{V}, \dot{U}_C = 5\angle -30°\text{V}$,电容的容抗 $X_C = 10\Omega$,试求与所接负载相应的阻抗 Z。

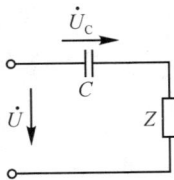

题 5.11图

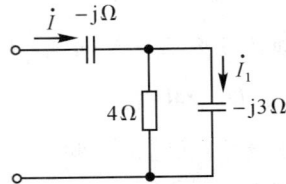

题5.12图

5.12　在题 5.12 图所示电路中,已知 $\dot{I}_1 = 1\angle 0°\text{A}$,求 $\dot{I}$。

5.13　求题 5.13 图所示电路中电流 $\dot{I}$。

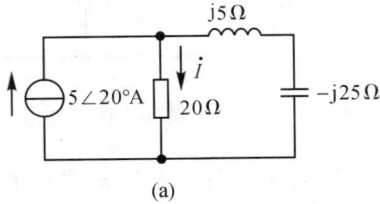

(a)

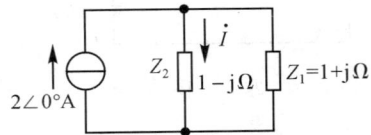

(b)

题 5.13 图

5.14　求题 5.14 图所示电路中电压 $\dot{U}$。

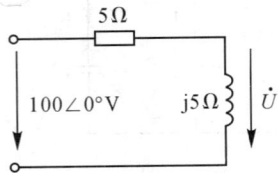

(a)

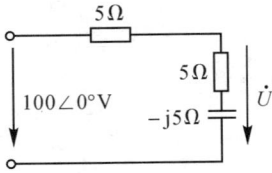

(b)

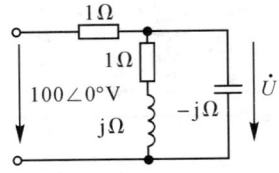

(c)

题 5.14 图

5.15　题 5.15 图所示电路中,$U = 100\text{V}, \omega = 10^6\text{rad/s}, C = 0.01\mu\text{F}$,S 闭合和断开时 I 都是 1A。(1) 求 R 和 L;(2) 画出 S 闭合和断开时的相量图。

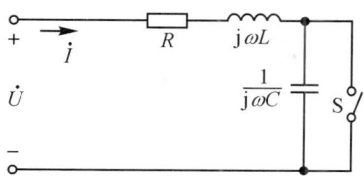

题5.15图

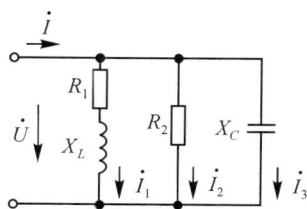

题5.16图

5.16   电路如题 5.16 图所示。已知 $U = 220\text{V}, R_1 = 5\Omega, X_L = 15\Omega, R_2 = 10\Omega, X_C = 10\Omega$，试求电流 I_1、I_2、I_3 及 I。

5.17   求题 5.17 图示电路的戴维南等效电路。

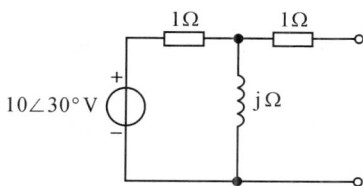

题 5.17 图

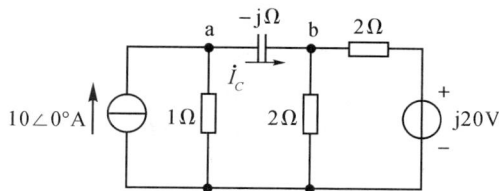

题 5.18 图

5.18   电路如题 5.18 图所示，用叠加定理求流过电容的电流。

5.19   求题 5.19 图所示电路的戴维南等效电路。

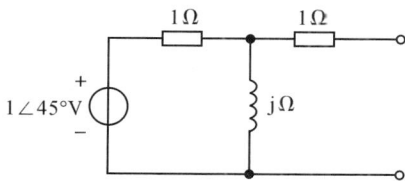

(a)

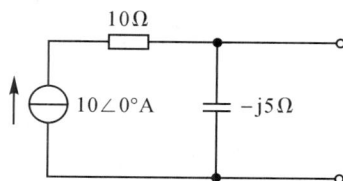

(b)

题 5.19 图

5.20   求题 5.20 图所示电路的正弦稳态戴维南电路。$u_S(t) = 2\sin 5t\text{V}$。

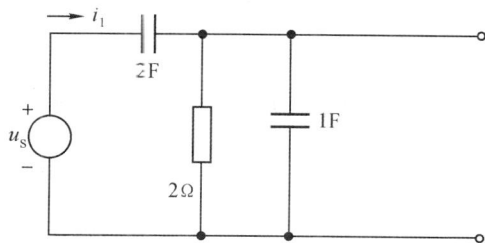

题 5.20 图

5.21   用结点分析法求题 5.21 图所示电路中的 $\dot{U}_1$ 和 $\dot{U}_2$。

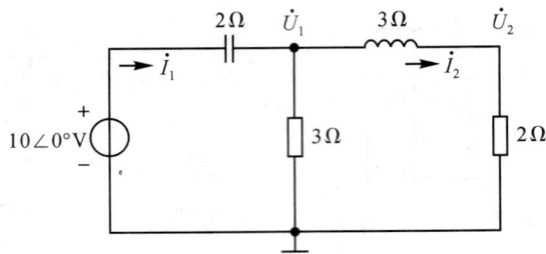

题 5.21 图

5.22 一个 RL 串联交流电路,其复阻抗为 $Z = 4 + j4\Omega$,问该电路的功率因数为多少? 电压、电流之间的相位差角是多少?

5.23 一交流电路的端电压 $\dot{U} = 50e^{j30°}$V,电流 $\dot{I} = 5e^{j60°}$A。试计算电路电阻 R、电抗 X、有功功率 P、无功功率 Q 和视在功率 S。

5.24 一电感线圈,可看作 R 与 L 串联,电阻 $R = 2k\Omega$,感抗 $X_L = 43.3\Omega$,求它的功率因数。

5.25 无源二端网络如题 5.25 图所示,$u(t) = 75\sin\omega t$ V,$i(t) = 10\sin(\omega t + 30°)$A,求此二端网络由两个元件串联的等效电路和元件的参数值,并求二端网络的功率因数及输入的有功功率和无功功率。

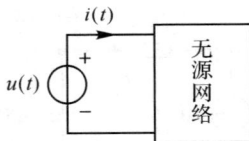

题5.25图

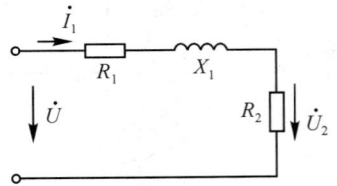

题5.27图

5.26 某无源二端网络的输入阻抗为 $Z = 20\angle 60°\Omega$,外施电压 $\dot{U} = 100\angle 30°$V。求网络消耗的功率及功率因数。

5.27 在题 5.27 图所示电路中,$I_1 = \dfrac{20}{\sqrt{3}}$A,$U = 220$V,$U_2 = 150$V。已知电源输出的功率为 2kW,求 R_1、X_1 及 R_2 的值。

5.28 电路如题 5.28 图所示。(1) 求 $\dot{I}$;(2) 求整个电路吸收的平均功率和功率因数。

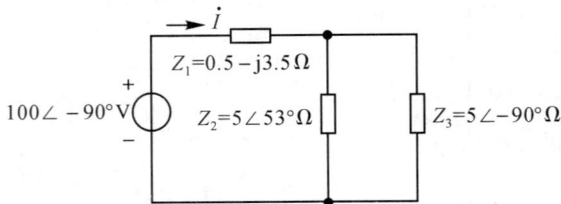

题 5.28 图

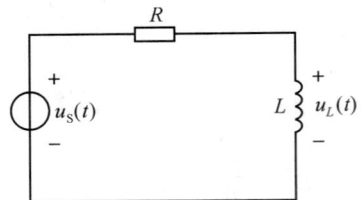

题 5.29 图

5.29 题 5.29 图所示电路,已知 $u_S(t) = 100\sin 200t$V,向电路提供 200W 功率,且 u_L 的峰值为 50V。求 R 和 L。

5.30　日光灯管与镇流器串联到交流电压上,灯管等效为电阻 $R_1 = 280\Omega$,镇流器可看作电阻 R_2 与电感 L 串联,其中 $R_2 = 20\Omega$,$L = 1.65H$,电源电压 $U = 220V$,试求电路中的电流和灯管两端及镇流器两端的电压。电源频率为 $50Hz$。

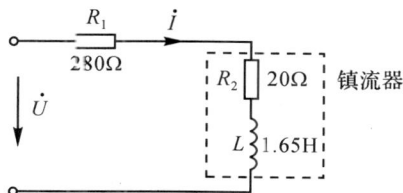

题 5.30 图

5.31　今有 40W 的日光灯一个,使用时灯管与镇流器串联在电压为 220V,频率为 50Hz 的电源上。此题中,灯管和镇流器分别视作电阻 R 和纯电感 L,灯管两端电压为 110V,试求镇流器的感抗和电感。这时电路的功率因数等于多少?若将功率因数提高到 0.8,问应并联多大电容。

5.32　题 5.32 图所示为一移相电路。已知 $C = 0.01\mu F$,输入电压 $u_1 = \sqrt{2}\sin 6280t \, V$,今欲使输出电压 u_2 在相位上前移 $60°$,问应配多大的电阻 R?此时输出电压的有效值 U_2 等于多少?

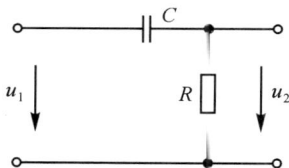

题 5.32 图

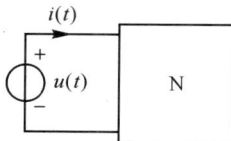

题 5.33 图

5.33　试说明当频率低于和高于谐振频率时,RLC 串联电路是容性还是感性的?

5.34　RLC 串联谐振电路,$R = 5\Omega$,$L = 10mH$,$C = 1\mu F$。输入正弦电压有效值为 100V。求

(1) 电路的谐振角频率 ω_0、谐振电路 I_{0max};

(2) 电感和电容两端的电压值 U_L 和 U_C,及与电源电压 U 的比值;

(3) 电路的品质因数 Q。

5.35　一电感线圈($R = 10\Omega$,$L = 1mH$)与电容器($C = 40pF$)并联电路。求(1)电路发生谐振时的频率 ω_0 和 f_0;(2)若输入电流 $i = 10\sqrt{2}\cos 10^6 t \, \mu A$,则电压响应 u 为多少?

5.36　题 5.36 图所示电路的谐振频率 f_0 为多少?

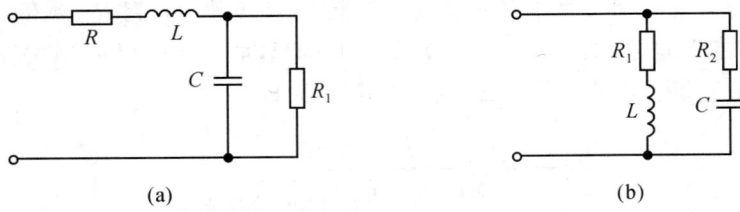

(a)   (b)

题 5.36 图

5.37　有一 RLC 串联电路，$R = 5\Omega$，$L = 400\text{mH}$，端电压 $U = 1\text{V}$。当 $\omega = 5000\text{rad/s}$ 时发生谐振。求电容 C 的值，及电路的电流和各元件电压的有效值。并求谐振的品质因数 Q。

5.38　题 5.38 图所示电路能否发生谐振？如发生谐振，求电路的谐振频率。

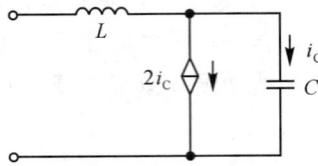

题 5.38 图

第 6 章　　互感电路与交流变压器

本章主要介绍两个及以上电感之间存在的磁耦合现象及相对应的参数和方程,并对空心变压器和理想变压器的工作原理进行简要的介绍。

6.1　磁耦合现象与互感

当电流 i 通过一线圈时,在它周围就产生磁场。如果有两个线圈相互靠近,那么其中一个线圈中的电流所产生的磁通有一部分穿过另一个线圈,在两个线圈间形成了磁的耦合,那么这两个线圈称为一对耦合线圈。

图 6.1 给出两个有磁耦合的线圈,线圈 1 中有电流 i_1。由电流 i_1 所产生的磁通不仅与本线圈交链产生的自感磁链 $\Psi_{11} = N_1\Phi_1$(N_1 为线圈匝数),而且有一部分与线圈 2 交链形成互感磁链,称之为线圈 1 对线圈 2 的互感磁链,用 Ψ_{21} 表示,它等于 Φ_{21} 与 N_2 的乘积,即

$$\Psi_{21} = N_2\Phi_{21} \tag{6-1}$$

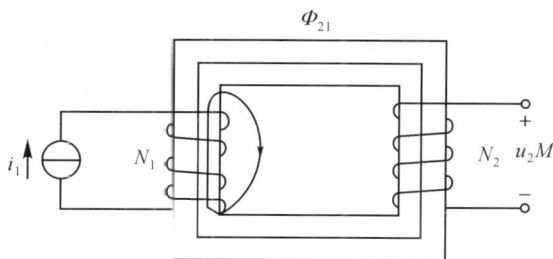

图 6.1　一对耦合线圈

线圈 1 中的互感磁链 Ψ_{21} 与产生此磁链的电流 i_1 之比定义为两线圈间的互感,即

$$M_{21} = \left|\frac{\Psi_{21}}{i_1}\right| \tag{6-2}$$

同样,如线圈 2 中有电流 i_2,它与线圈 1 相交链而形成的磁链为 $\Psi_{12} = N_1\Phi_{12}$,线圈 2 对线圈 1 的互感

$$M_{12} = \left|\frac{\Psi_{12}}{i_2}\right| \tag{6-3}$$

对线性电感线圈来说 $M_{12} = M_{21} = M$,且 M 值与电流无关。互感的单位与自感的单位相同,单位是亨(H)。

为表示两个线圈磁耦合紧密的程度,引入一个系数 k,称为耦合系数,它这样定义:设两

个线圈的自感分别为 L_1、L_2，两个线圈间的互感为 M，耦合系数

$$k^2 = \frac{M^2}{L_1 L_2} \text{ 或 } k = \frac{M}{\sqrt{L_1 L_2}} \tag{6-4}$$

耦合系数越大，两个线圈的磁耦合越紧密，而且有 $0 \leqslant k \leqslant 1$。

根据电磁感应定律，按右螺旋定则取互感电压和互感耦合磁通的参考方向，互感电压为

$$u_{21} = \frac{\mathrm{d}\Psi_{21}}{\mathrm{d}t} = M \frac{\mathrm{d}i_1}{\mathrm{d}t} \tag{6-5}$$

$$u_{12} = \frac{\mathrm{d}\Psi_{12}}{\mathrm{d}t} = M \frac{\mathrm{d}i_2}{\mathrm{d}t} \tag{6-6}$$

下面考虑图 6.2(a) 和 (b) 两组耦合线圈，它们之间的区别就是第二个线圈的绕向不同。根据右螺旋定则，图 (a) 和 (b) 中由电流 i_1 所产生的互感耦合磁通方向如图中箭头所示为向上。但由于第二个线圈的绕向不同，所以图 (a) 中互感电压为 $u_{ab} = M \frac{\mathrm{d}i_1}{\mathrm{d}t}$，图 (b) 中互感电压为 $u_{ab} = -M \frac{\mathrm{d}i_1}{\mathrm{d}t}$。由此可见，互感电压的方向不仅和耦合磁通的方向有关，而且还和线圈的绕向有关。

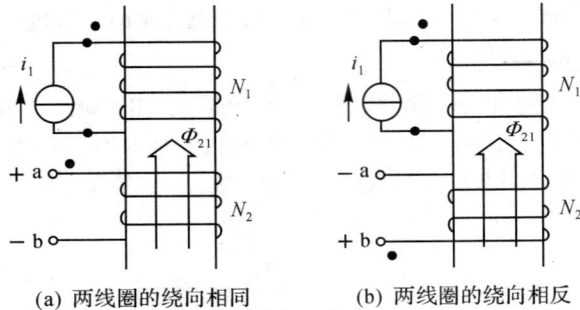

(a) 两线圈的绕向相同   (b) 两线圈的绕向相反

图 6.2   互感线圈

为了确定互感电压的方向，就需要在电路图中画出互感线圈的绕向，这样做很不方便。实际上，在电路图中为了作图简便起见，常常是不画出线圈的绕向，而用一种符号，例如，用小圆点"·"或星号"＊"来标记出它们的电流与绕向之间的关系。这一方法称为同名端方法。同名端标记的原则是：当两个线圈的电流同时由同名端流进（或流出）线圈时，两个电流所产生的磁通相互增强。标记的方法是：先对其中一个线圈的任一端钮用一符号标记，如用小圆点"·"，并假想有电流 i_1 自该端子流进线圈；然后再用小圆点标记第二个线圈的一个端子，如电流 i_2 自该端钮流进线圈时，两个电流 i_1、i_2 所产生的磁通相互增强（可根据两个线圈的绕向和电流的方向，按右螺旋关系来判断），则根据标记同名端的原则，这两个带圆点的端子称为同名端，而不带圆点的两个端子也互为同名端。

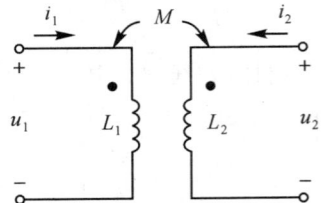

判断互感线圈的同名端不仅在理论分析中很有必要，在实际问题中也是很有必要的，如果搞错了同名端，将可能达不到预期的目的，甚至会造成不良的后果。

图 6.3   互感线圈的电路图

当两个线圈的同名端确定以后，就可以用图 6.3 所示的

图形符号来表示它们。并且,可以根据同名端以及指定的电流和电压的参考方向直接写出互感电压的表达式。其规则为:当互感电压正极性所在的端子与产生该电压的电流(原因)流进另一线圈所在的端子互为同名端时,则互感电压与产生它的互感磁链两者的参考方向将成右螺旋关系,于是互感电压表达式的右端带正号;否则,带负号。

现在就图 6.3 所示的两个互感线圈的电路写出其电压与电流的方程。此电路中线圈 1 的端电压包括自感电压和互感电压,因为电流和电压参考方向一致,所以自感电压是 $L_1 \dfrac{\mathrm{d}i_1}{\mathrm{d}t}$,电流 i_2 和电压 u_1 的参考方向相对于同名端一致,所以互感电压为 $M\dfrac{\mathrm{d}i_2}{\mathrm{d}t}$,于是有

$$u_1 = L_1 \frac{\mathrm{d}i_1}{\mathrm{d}t} + M \frac{\mathrm{d}i_2}{\mathrm{d}t} \tag{6-7}$$

同理可得

$$u_2 = L_2 \frac{\mathrm{d}i_2}{\mathrm{d}t} + M \frac{\mathrm{d}i_1}{\mathrm{d}t} \tag{6-8}$$

若互感线圈的同名端和电压、电流参考方向如图 6.4(a) 所示,线圈的电压、电流关系如下:

$$u_1 = L_1 \frac{\mathrm{d}i_1}{\mathrm{d}t} - M \frac{\mathrm{d}i_2}{\mathrm{d}t} \tag{6-9}$$

$$u_2 = M \frac{\mathrm{d}i_1}{\mathrm{d}t} - L_2 \frac{\mathrm{d}i_2}{\mathrm{d}t} \tag{6-10}$$

图 6.4(b) 是图 6.4(a) 电路的相量模型,其中的电压、电流的相量关系如下:

$$\dot{U}_1 = \mathrm{j}\omega L_1 \dot{I}_1 - \mathrm{j}\omega M \dot{I}_2 \tag{6-11}$$

$$\dot{U}_2 = \mathrm{j}\omega M \dot{I}_1 - \mathrm{j}\omega L_2 \dot{I}_2 \tag{6-12}$$

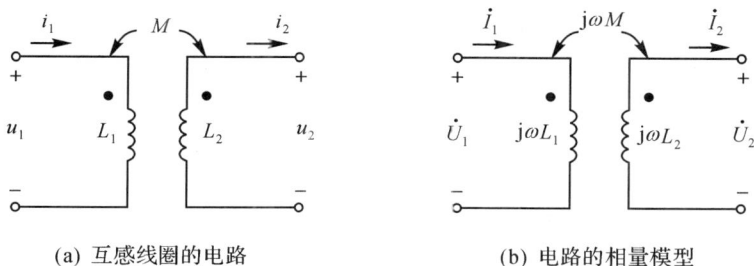

(a) 互感线圈的电路　　　　　(b) 电路的相量模型

图 6.4　互感线圈的电路及其相量模型

例 6.1　如图 6.2(a) 所示的耦合线圈中,$M = 0.0125\mathrm{H}$,$i_2 = 10\sin 800t\,\mathrm{A}$(自同名端流进),试求互感电压 u_{12}。

解　令 u_{12} 的参考方向以同名端为正极性,因此

$$\begin{aligned}
u_{12} &= M \frac{\mathrm{d}i_2}{\mathrm{d}t} \\
&= 0.0125 \times 800 \times 10\cos 800t \\
&= 100\sin\left(800t + \frac{\pi}{2}\right) \ (\mathrm{V})
\end{aligned}$$

用相量表示时,有

$$\dot{U}_{12} = \mathrm{j}\omega M \dot{I}_2 = \frac{100}{\sqrt{2}} \angle \pi/2 \,(\mathrm{V})$$

6.2 含有互感电路的分析计算

在计算具有互感的正弦电流电路时,仍可采用相量法,KCL的形式仍然不变,但在KVL的表达式中,应计入由于互感的作用而引起的互感电压。当某些支路具有互感时,这些支路的电压将不仅与本支路电流有关,同时还将与那些与之有互感关系的支路电流有关,这种情况类似于含有电流控制电压源(CCVS)的电路。在进行具体的分析计算时,应当充分注意因互感的作用而出现的一些特殊问题。

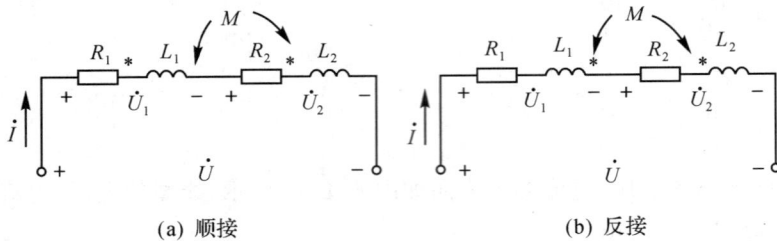

(a) 顺接　　　　　　　　　　　(b) 反接

图 6.5　互感线圈的串联

先分析具有互感的两线圈的串联电路,线圈 1 的自感为 L_1,电阻为 R_1;线圈 2 的自感为 L_2,电阻为 R_2;两线圈的互感为 M。图 6.5(a)的接法称为顺接,电流是从两线圈的同名端流进(或流出),加上正弦电压 u,其相量表示为 $\dot{U}$,则

线圈 1 的电压

$$\dot{U}_1 = R_1 \dot{I} + j\omega L_1 \dot{I} + j\omega M \dot{I} \tag{6-13}$$

线圈 2 的电压

$$\dot{U}_2 = R_2 \dot{I} + j\omega L_2 \dot{I} + j\omega M \dot{I} \tag{6-14}$$

总电压

$$\dot{U} = \dot{U}_1 + \dot{U}_2 = [(R_1 + R_2) + j\omega(L_1 + L_2 + 2M)] \dot{I} \tag{6-15}$$

它的等效阻抗为

$$Z = (R_1 + R_2) + j\omega(L_1 + L_2 + 2M) \tag{6-16}$$

相当于一个电阻为 $R = R_1 + R_2$,电感为 $L = L_1 + L_2 + 2M$ 的电感线圈。它的等效电感 $L > L_1 + L_2$,这是由于两个线圈产生的磁通互相加强所致。

图 6.5(b)的接法称为反接,电流对一个线圈是从同名端流进(流出),而对另一线圈是从异名端流进(流出),则

$$\dot{U}_1 = R_1 \dot{I} + j\omega L_1 \dot{I} - j\omega M \dot{I} \tag{6-17}$$

$$\dot{U}_2 = R_2 \dot{I} + j\omega L_2 \dot{I} - j\omega M \dot{I} \tag{6-18}$$

$$\dot{U} = \dot{U}_1 + \dot{U}_2 = [(R_1 + R_2) + j\omega(L_1 + L_2 - 2M)] \dot{I} \tag{6-19}$$

等效阻抗为

$$Z = (R_1 + R_2) + j\omega(L_1 + L_2 - 2M) \tag{6-20}$$

等效电感 $L = L_1 + L_2 - 2M < L_1 + L_2$,这是由于两个线圈产生的磁通互相削弱所致。

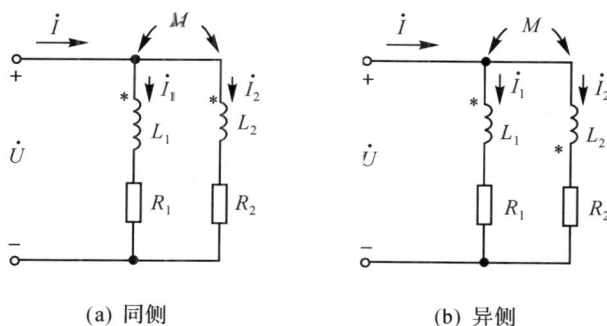

(a) 同侧　　　　　　　　　(b) 异侧

图 6.6　互感线圈的并联

现在来研究两个具有互感的线圈的并联情况。图 6.6(a) 电路,同名端在同一侧称为同侧并联,在正弦电流情况下有

$$\dot{U} = (R_1 + j\omega L_1)\,\dot{I}_1 + j\omega M\,\dot{I}_2 = Z_1\dot{I}_1 + Z_M\dot{I}_2 \tag{6-21}$$

$$\dot{U} = (R_2 + j\omega L_2)\,\dot{I}_2 + j\omega M\,\dot{I}_1 = Z_2\dot{I}_2 + Z_M\dot{I}_1 \tag{6-22}$$

因为 $\dot{I} = \dot{I}_1 + \dot{I}_2$,用 $\dot{I}_2 = \dot{I} - \dot{I}_1$ 代入第一式,用 $\dot{I}_1 = \dot{I} - \dot{I}_2$ 代入第二式,得

$$\dot{U} = Z_M\dot{I} + (Z_1 - Z_M)\,\dot{I}_1, \quad \dot{U} = Z_M\dot{I} + (Z_2 - Z_M)\,\dot{I}_2 \tag{6-23}$$

根据上式可画出等效电路如图 6.7(a) 所示,显然,有互感耦合的图 6.6(a) 电路,可以用无互感耦合的等效电路图 6.7(a) 来代替,这种处理方法称为互感消去法或去耦法。

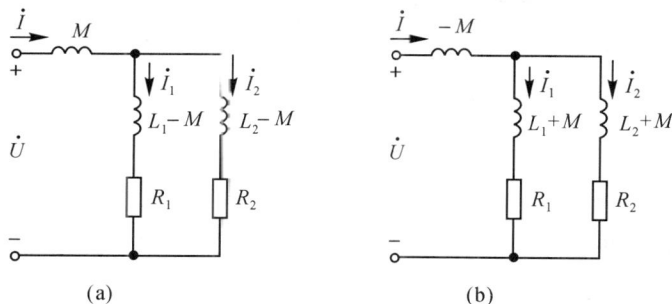

(a)　　　　　　　　　(b)

图 6.7　图 6.6 的去耦等效电路

根据图 6.7(a),直接利用复阻抗串并联的计算法,可得等效复阻抗为

$$Z_{\text{eq}} = \frac{\dot{U}}{\dot{I}} = Z_M + \frac{(Z_1 - Z_M)(Z_2 - Z_M)}{Z_1 + Z_2 - 2Z_M} = \frac{Z_1 Z_2 - Z_M^{\ 2}}{Z_1 + Z_2 - 2Z_M} \tag{6-24}$$

在 $R_1 = R_2 = 0$ 情况下,上式成为

$$L_{\text{eq}} = \frac{L_1 L_2 - Z_M^{\ 2}}{L_1 + L_2 - 2Z_M} \tag{6-25}$$

其中 L_{eq} 表示具有互感 M 的电感 L_1 与 L_2 并联后的等效电感。

如果线圈的异名端连在同一侧,如图 6.6(b),称为异侧并联,它的等效电路如图 6.7(b),等效阻抗为

$$Z_{\text{eq}} = \frac{Z_1 Z_2 - Z_M^{\ 2}}{Z_1 + Z_2 + 2Z_M} \tag{6-27}$$

在 $R_1 = R_2 = 0$ 的情况下，上式成为

$$L_{eq} = \frac{L_1 L_2 - Z_M^{\;2}}{L_1 + L_2 + 2Z_M} \tag{6-28}$$

对具有互感耦合的电路，将互感电压的作用看作是电流控制的电压源，就可以用含有受控源的电路模型来等效。图 6.6(a) 所示并联电路的受控源电路模型如图 6.8 所示。

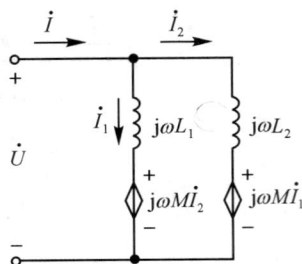

图 6.8　用受控电源构成的图 6.6(a)
电路的等效模型

6.3　理想变压器

变压器是含有两个或多个磁耦合线圈的实际装置，它利用互感来实现从一个电路向另一个电路传输能量或信号，一般变压器的线圈都绕在一个具有高磁导率的磁芯上。例如，电力变压器的磁芯是由硅钢片叠成，理想变压器是在一定的近似条件下得出的铁芯变压器的近似模型。图 6.9(a) 是理想变压器的示意图，与电源相连的线圈叫做初级线圈或原边线圈、一次线圈，与负载相连的线圈叫做次级线圈或副边线圈、二次线圈。

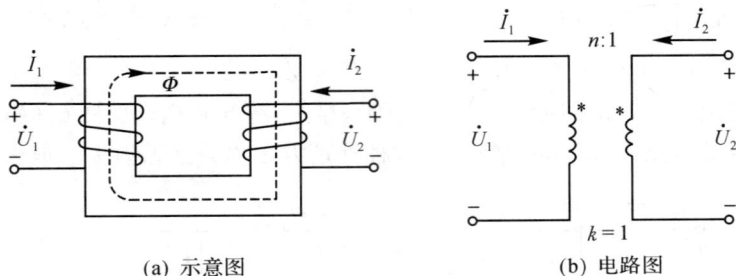

(a) 示意图　　　　　　(b) 电路图

图 6.9　理想变压器

在分析理想变压器的工作原理之前，为便于进行分析计算，我们首先做下列假设：

(1) 原线圈和副线圈的电阻均为零，磁芯在反复磁化过程中也没有功率损耗，因而变压器本身没有能量损耗；

(2) 原、副线圈间的耦合系数 $k = 1$；

(3) 磁芯的磁导率 $\mu \to \infty$，所以原、副线圈的自感 L_1 和 L_2 及它们间的互感 M 均趋向无穷大。符合上列条件的变压器为理想变压器，它的电路图形符号如图 6.9(b) 所示。

根据条件(2)，即两个线圈间全耦合的情形：$\Phi_{11} = \Phi_{21}, \Phi_{22} = \Phi_{12}$，所以

$$L_1 = \frac{N_1 \Phi_{11}}{i_1} = \frac{N_1}{N_2} \frac{N_2 \Phi_{21}}{i_1} = \frac{N_1}{N_2} M \tag{6-29}$$

$$L_2 = \frac{N_2 \Phi_{22}}{i_2} = \frac{N_2}{N_1} \frac{N_1 \Phi_{12}}{i_2} = \frac{N_2}{N_1} M \tag{6-30}$$

因此 L_1 与 L_2 的比值为

$$\frac{L_1}{L_2} = \left(\frac{N_1}{N_2}\right)^2 = n^2 \quad \text{或} \quad \sqrt{\frac{L_1}{L_2}} = \frac{N_1}{N_2} = n \tag{6-31}$$

匝数比 n 称为理想变压器的变比。

现讨论理想变压器原、副边线圈的电压和电流的关系。

6.3.1　变压器具有电压变换作用

按图 6.9(b) 中各电压、电流的参考方向及同名端,两个回路方程为

$$\dot{U}_1 = \mathrm{j}\omega L_1 \dot{I}_1 + \mathrm{j}\omega M \dot{I}_2$$

$$\dot{U}_2 = \mathrm{j}\omega M \dot{I}_1 + \mathrm{j}\omega L_2 \dot{I}_2$$

因为 $k = 1$,即 $M = \sqrt{L_1 L_2}$,代入回路方程,可得

$$\dot{U}_1 = \mathrm{j}\omega(L_1 \dot{I}_1 + \sqrt{L_1 L_2} \dot{I}_2) = \mathrm{j}\omega \sqrt{L_1}(\sqrt{L_1} \dot{I}_1 + \sqrt{L_2} \dot{I}_2)$$

$$\dot{U}_2 = \mathrm{j}\omega(\sqrt{L_1 L_2} \dot{I}_1 + L_2 \dot{I}_2) = \mathrm{j}\omega \sqrt{L_2}(\sqrt{L_1} \dot{I}_1 + \sqrt{L_2} \dot{I}_2)$$

所以,两线圈电压的比值

$$\frac{\dot{U}_1}{\dot{U}_2} = \frac{\sqrt{L_1}}{\sqrt{L_2}} = \frac{N_1}{N_2} = n \tag{6-32}$$

即两线圈电压之比等于线圈的匝数比,或电压与匝数成正比。如果 $\dot{U}_1$(或 $\dot{U}_2$)的参考方向与图 6.9(b) 相反,或任一同名端的位置发生改变,那么上式的比值将为负值。

6.3.2　变压器具有电流变换作用

从电路图 6.9(b) 有

$$\dot{U}_1 = \mathrm{j}\omega L_1 \dot{I}_1 + \mathrm{j}\omega M \dot{I}_2$$

所以　　$$\dot{I}_1 = \frac{\dot{U}_1}{\mathrm{j}\omega L_1} - \frac{M}{L_1} \dot{I}_2 = \frac{\dot{U}_1}{\mathrm{j}\omega L_1} - \sqrt{\frac{L_2}{L_1}} \dot{I}_2$$

根据条件(3),$L_1 \to \infty$ 以及 $\sqrt{\dfrac{L_1}{L_2}} = n$,有

$$\dot{I}_1 = -\sqrt{\frac{L_2}{L_1}} \dot{I}_2 \tag{6-33}$$

即　　$$\frac{\dot{I}_1}{\dot{I}_2} = -\frac{1}{n} \tag{6-34}$$

因此,由理想变压器的假设可以得到,理想变压器的原、副边电压和电流满足下列关系:

$$\frac{u_1}{u_2} = \frac{N_1}{N_2} = n$$

$$\frac{i_1}{i_2} = -\frac{N_2}{N_1} = -\frac{1}{n}$$

在工程上常采用两方面的措施,使实际变压器的性能接近理想变压器。一是尽量采用具有高磁导率的铁磁材料做芯子;二是尽量使每个线圈紧密耦合,使耦合系数接近 1,并在保持变比不变的前提下,尽量增加原、副边的匝数。

6.3.3　变压器具有阻抗变换作用

理想变压器除了变换电压和电流外,还可以用来变换阻抗。如果在副边接上复阻抗,则从原边看进去的入端阻抗将是

$$Z_i = \frac{\dot{U}_1}{\dot{I}_1} = \frac{n\dot{U}_2}{-\frac{1}{n}\dot{I}_2} = n^2\left(\frac{\dot{U}_2}{-\dot{I}_2}\right) = n^2 Z$$

例 6.2 音频功率放大器的输出必须接到扬声器上。设音频放大器的内阻抗 $Z_i = 4000\Omega$，扬声器的阻抗 $Z = 8\Omega$。为了达到阻抗匹配，需要接入变压器，称为阻抗变换器或输出变压器，试求该变压器的匝数比 n。

解 根据阻抗匹配要求

$$Z_i = n^2 Z$$

变压器的匝数比

$$n = \sqrt{\frac{Z_i}{Z}} = \sqrt{\frac{4000}{8}} = 22.36$$

6.4　空心变压器

空心变压器的两个线圈绕在非铁磁材料制成的芯子上，它在高频电路和测量仪器中获得广泛的应用。

图 6.10 是空心变压器的电路模型，原边有电阻 R_1 和电感 L_1，副边有电阻 R_2 和电感 L_2，两线圈的互感为 M。负载的电阻和电抗为 R_L、X_L。

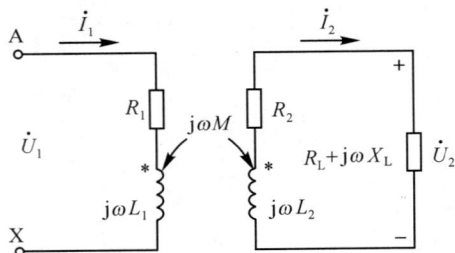

图 6.10　空心变压器的电路模型　　　图 6.11　空心变压器原边的等效电路

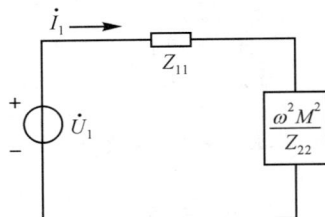

现讨论空心变压器原、副边线圈的等效电路。按图 6.10 中各电压、电流的参考方向及同名端，两个回路方程为

$$\dot{U}_1 = (R_1 + j\omega L_1)\dot{I}_1 - j\omega M\dot{I}_2$$

$$0 = -j\omega M\dot{I}_1 + (R_2 + j\omega L_2 + R_L + j\omega X_L)\dot{I}_2$$

令原边回路的复阻抗 $Z_{11} = R_1 + j\omega L_1$；副边回路的复阻抗 $Z_{22} = R_2 + R_L + j\omega L_2 + j\omega X_L$；互感阻抗 $Z_M = j\omega M = jX_M$。将它们代入回路方程，得

$$\dot{U}_1 = Z_{11}\dot{I}_1 - Z_M\dot{I}_2$$

$$0 = -Z_M\dot{I}_1 + Z_{22}\dot{I}_2$$

解得　　$$\dot{I}_1 = \frac{Z_{22}\dot{U}_1}{Z_{11}Z_{22} - Z_M^2} = \frac{\dot{U}_1}{Z_{11} + \frac{\omega^2 M^2}{Z_{22}}} \qquad (6\text{-}35)$$

从原边看进去的输入阻抗

$$Z_{in} = \frac{\dot{U}_1}{\dot{I}_1} = Z_{11} + \frac{\omega^2 M^2}{Z_{22}} \tag{6-36}$$

空心变压器原边的等效电路如图 6.11 所示。该电路中除了原边回路阻抗外,还有阻抗 $\omega^2 M^2 / Z_{22}$,称为引入阻抗。它表现了副边对原边的影响。

当次级线圈开路时,$Z_{22} \to \infty$,$\dot{I}_2 = 0$,初级线圈中没有互感电压,即次级线圈对初级线圈不产生任何影响,这时 $Z_{in} = Z_{11}$;当次级线圈接通负载时,副边的作用是在原边增加了一个引入阻抗($\omega^2 M^2 / Z_{22}$),用 Z_1 表示。

$$
\begin{aligned}
Z_1 &= \frac{\omega^2 M^2}{Z_{22}} = \frac{\omega^2 M^2}{R_{22} + jX_{22}} \\
&= \frac{\omega^2 M^2 R_{22}}{R_{22}{}^2 + X_{22}{}^2} - \frac{j\omega^2 M^2 X_{22}}{R_{22}{}^2 + X_{22}{}^2} \\
&= R_1 + jX_1
\end{aligned} \tag{6-37}
$$

式中

$$R_1 = \frac{\omega^2 M^2 R_{22}}{R_{22}{}^2 + X_{22}{}^2}, \ X_1 = \frac{-j\omega^2 M^2 X_{22}}{R_{22}{}^2 + X_{22}{}^2}$$

R_1 和 X_1 分别称为引入电阻和引入电抗。

例 6.3　在图 6.12(a) 的电路中,已知 $U_1 = 10V$,$\omega = 10^6 \text{rad/s}$,$L_1 = L_2 = 0.1\text{mH}$,$M = 0.02\text{mH}$,$C_1 = C_2 = 0.01\mu\text{F}$,$R_1 = 10\Omega$,要使负载 R_2 的功率最大,问 R_2 应为何值?并求此时的最大功率。

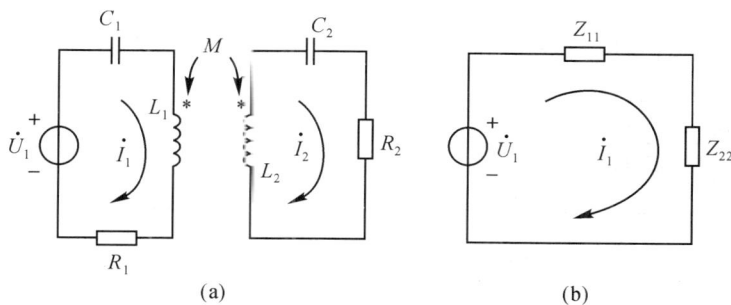

图 6.12　例 6.3 的图

解　本题因 $\omega L_1 = \omega L_2 = \dfrac{1}{\omega C_1} = \dfrac{1}{\omega C_2}$,原边和副边的电抗都等于零,$Z_{11} = R_1 = 10\Omega$,$Z_{22} = R_2$,所以引入电抗等于零。将图 6.12(a) 所示电路转换成初级等效电路(见 6.12(b)),则

$$Z_1 = \frac{\omega^2 M^2}{Z_{22}} = \frac{\omega^2 M^2}{R_2} = \frac{400}{R_2} = R_1$$

从电源获得最大功率的条件是 $R_1 = R_1$,即

$$10 = \frac{400}{R_2}, \ R_2 = 40(\Omega)$$

所以初级电流

$$\dot{I}_1 = \frac{10\angle 0°}{10 + 10} = 0.5\angle 0° \text{ (A)}$$

电阻 R_2 吸收的最大功率

$$P_{max} = I_1^2 R_1 = 0.5^2 \times 10 = 2.5 \,(\text{W})$$

6.5　磁介质和铁磁材料

根据电磁场理论的分析我们知道,在实际应用中的磁场都是利用电流产生的,它的大小和在空间的分布与电流在空间的分布及周围空间磁介质的性质有关。在工程应用中,常将导线绕在由磁介质材料制成的铁芯材料上,由于磁介质材料的磁导率比周围空气大的多,因此,当给导线通过电流时,产生的磁力线和磁场的绝大部分都汇聚在铁芯中,工程上将磁力线和磁场在闭合铁芯中的路径称为磁路。由磁介质材料制成的铁芯通常称为铁磁材料,铁磁材料之所以能将磁力线和磁场汇聚,是由于铁磁材料的内部结构与一般的钢铁材料不一样。

工程上常用的铁磁材料主要是指铁、镍、钴、稀土元素及其合金,它们的内部结构如图6.13 所示,铁磁材料是由大量的分子团组成,这些分子团称之为"磁畴",每个磁畴都是一个小磁铁,有着确定的磁场方向,在常温下由于分子团的热运动,每个磁畴的磁场方向都是随机指向的,因而铁磁物质从宏观整体来看对外没有磁性。但当将铁磁材料放入通有电流的线圈中,载流线圈产生的磁场会使铁磁材料中的所有磁畴的磁场方向与之趋于相同,由于铁磁材料的磁畴数量巨大,因此,铁磁材料产生的附加磁场远比载流线圈产生的磁场大得多,这种过程我们称之为铁磁材料的磁化,并且铁磁材料的磁导率 μ 不是常量,而与外界的磁场有关,如图 6.14 所示。

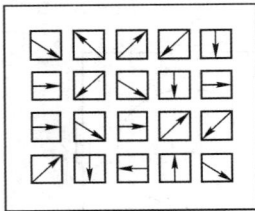

图 6.13　铁磁材料的磁畴

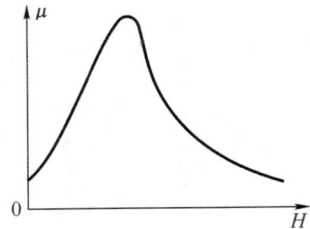

图 6.14　铁磁材料的磁导率曲线

工程上广泛采用载流线圈和铁磁材料组合实现各种需要强磁场的磁路以达到实际应用的目的,如变压器、电动机、继电器、电磁铁、电磁仪表等电气设备中。由于上述电气设备通常是工作在交流状态下,因而铁磁材料在交流磁场的作用下反复被磁化,它们的磁化特性常用 $B-H$ 曲线的形式表示,称为磁化曲线,如图 6.15,可以通过实验的方法测得各种铁磁材料的磁化曲线。通过实验可知铁磁材料的磁化过程是不可逆的,它表现为闭合回线的形式,称之为磁滞回线。从图 6.15 磁滞回线我们看到,铁磁材料的 $B-H$ 特性关系是非线性的,磁滞回线与 $B-H$ 轴分别有两个交点 B_r 和 H_c,分别称之为"剩余磁感应强度"和"矫顽磁力"。磁化过程是这样进行的,一开始铁磁材料是没有磁性的,因此磁化曲线从原点出发,

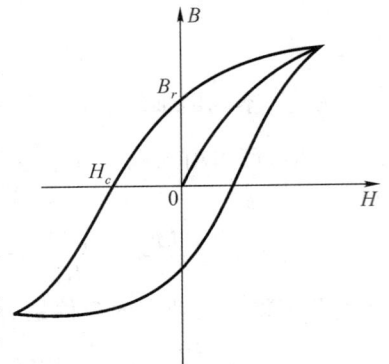

图 6.15　铁磁材料的磁化曲线

随着外界磁场的增加,铁磁材料产生的磁感应强度迅速增加,当外界磁场增加到一定程度时,铁磁材料产生的磁感应强度增加趋缓,即出现"饱和现象",这是因为铁磁材料内部所有的磁畴的磁场方向都与外界的磁场方向趋于一致,即使外界磁场再增加,铁磁材料产生的磁感应强度也不会增加。当将外界的磁场减小到零,铁磁材料产生的磁感应强度也不会为零,我们将此称为"剩余磁感应强度 B_r",或简称为"剩磁"。只有将外界磁场反方向加在铁磁材料上并达到一定程度时,铁磁材料的剩磁才会为零,使铁磁材料的剩磁为零的外界反向磁场强度称为"矫顽磁力 H_c"。然后铁磁材料在外界反方向磁场的作用下又开始反方向磁化,如此反复,形成闭合曲线,我们称之为"磁滞回线"。当外界磁场是由线圈中通过的正弦交流电流形成的,则铁磁材料反复被磁化,磁滞回线具有对称性,并且随着电流的大小不同,磁滞回线是一族对称曲线。

每种铁磁材料的磁滞回线都不一样,根据磁滞回线形状的不同,铁磁材料可分为以下几类:

(1) 软磁材料

具有较小的矫顽磁力,磁滞回线横向较窄,面积较小。一般用来制造电机、各种电器、变压器等的铁芯。此类铁磁材料常用的有铸铁、硅钢、坡莫合金及铁氧体等。特别是铁氧体材料在电子技术中应用很广泛,例如可做计算机的磁芯、磁鼓以及摄录设备的磁头、磁带等。

(2) 永磁材料

具有较大的矫顽磁力,磁滞回线横向较宽、面积较大。一般用来制造永久磁铁,即制造需要常久保持磁性的材料,如自动门吸、电冰箱的门封等。此类铁磁材料常用的有碳钢及铁镍钴合金等。近年来稀土永磁材料发展很快,像稀土钴、稀土钕铁硼等,其矫顽磁力更大。

(3) 矩磁材料

具有较小的矫顽磁力和较大的剩磁,磁滞回线接近于矩形,而且稳定性也非常好。一般用来制造计算机和控制系统中的记忆元件、开关元件、逻辑元件等。此类铁磁材料常用的有镁锰铁氧体及某些特殊的铁镍合金等。

在工程中最常用的电机和变压器等,由于它们一般都处于交变磁场的作用下,也存在功率损耗,简称为"铁损"。铁损通常由磁滞损耗和涡流损耗两部分组成。为避免由于铁损出现过大而发生过热引起线圈烧毁的现象,在选用铁磁材料制作铁芯时,在选用材料和制作工艺时应注意以下问题:

(1) 尽量选用磁滞回线面积小的铁磁材料

之所以会产生磁滞损耗是因为铁磁材料内部的磁畴在交变磁场的作用下,受外界的磁场的作用始终要和外界磁场方向保持一致,因而磁畴在改变方向时要克服相互间的作用而产生磨擦,因此要消耗功率。通过实验证明,磁滞损耗与磁滞回线所包围的面积成正比。为减小磁滞损耗而引起铁芯的发热,要选用磁滞回线面积小的铁磁材料制作铁芯。特别是铁芯工作在高频交变磁场作用下,更要引起注意。

(2) 尽量阻断涡流形成的回路

当铁芯上绕制的线圈通有交变电流时,在铁芯中产生的磁通量也是交变的,因此在铁芯内部也会产生感应电动势和感应电流,这种感应电流称为涡流,它在垂直于磁通方向的平面内环流,也会引起铁芯发热。为了减小涡流损耗,在顺磁场方向铁芯由彼此绝缘的薄钢片叠加而成,这样可以限制涡流只能在很小的截面内流动。另外,通常还会在薄钢片中加入少量的电阻率较大的元素,如硅等,工程上称为硅钢片,硅钢片的厚度越薄,涡流就越小,铁芯就越不容易发热。

习 题

6.1 列出题 6.1 图所示电路 u_1、u_2 的表达式。

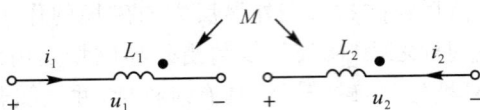

题 6.1 图

6.2 在题 6.2 图(a)所示电路中,已知 $i_1(t)$、$i_2(t)$ 波形如图(b)、(c)所示,试画出 $u_1(t)$、$u_2(t)$ 的波形。

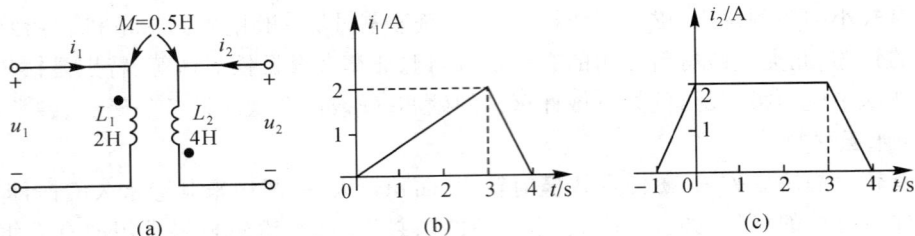

题 6.2 图

6.3 试标出题 6.3 图所示各对线圈的同名端。

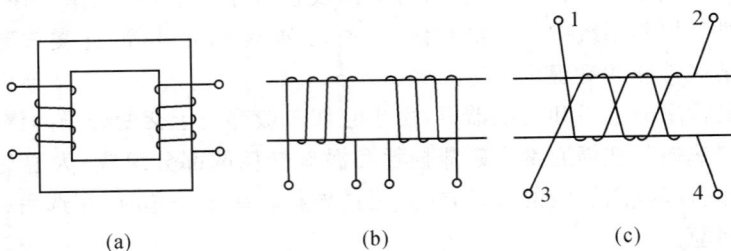

题 6.3 图

6.4 将两个线圈串联起来接到 50 赫兹 220 伏的正弦电源上。顺接时得电流 $I = 2.7$ 安,吸收的功率为 218.7 瓦;反接时电流为 7 安。求互感 M。

6.5 求题 6.5 图中电流 $\dot{I}_1$ 和 $\dot{I}_2$。已知电源的角频率 $\omega = 100\text{rad/s}$。

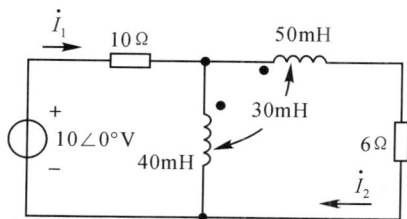

题 6.5 图

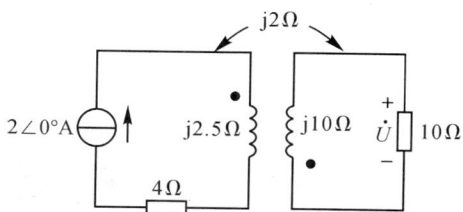

题 6.6 图

6.6　求题 6.6 图中负载电阻 10Ω 两端电压 $\dot{U}$。若将电流源改为 $\dot{U}_S = 2\angle 0°\text{V}$ 的电压源，负载电阻两端的电压为多少？

6.7　求题 6.7 图所示电路中 5Ω 电阻上的电压 $\dot{U}$。

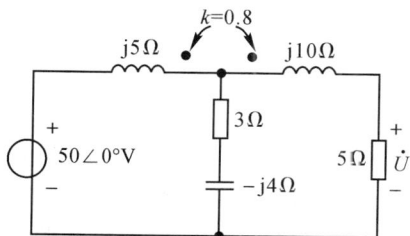

题 6.7 图

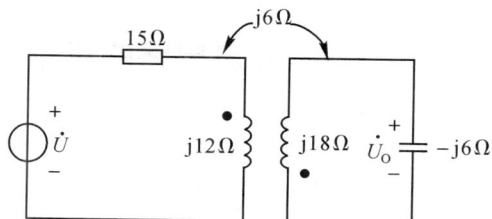

题 6.8 图

6.8　已知题 6.8 图中电源电压 $u(t) = 12\sin(3t - 60°)\text{V}$。求变压器电路的输出电压 u_o 和输入电压 u 的幅值比和相位差。

6.9　题 6.9 图所示为一变压器电路。已知 $\omega L_1 = 1000\Omega, \omega L_2 = 4000\Omega, \omega M = 1200\Omega$，$R_1 = 200\Omega, R_2 = 800\Omega, R = 1000\Omega$。求变压器副边至原边的引入阻抗以及变压器的输入阻抗。

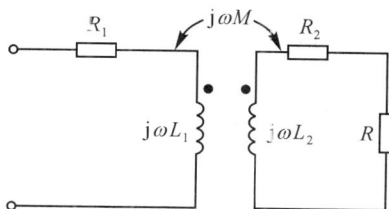

题 6.9 图

第7章　三相交流电路

本章介绍三相交流电路的基本概念,对三相交流电的产生、传输、分配及三相交流电路的线电压、线电流、相电压、相电流、三相功率等概念作一简单的介绍。

7.1　三相交流电路的基本概念

大部分生活用电和工业用电都采用交流电。绝大多数电力系统采用三相交流电路来产生和传输电能。这表现在几乎所有的发电厂都用三相交流发电机,绝大多数的输电线都是三相输电线,而且电气设备中的大部分是三相交流电动机。三相交流电路的应用如此广泛,是由于它有着许多技术和经济上的优点。

三相电路实质上是复杂交流电路的一种特殊类型。可以认为,三相电路是电路分析法在工程方面的一个重要的应用实例。

三相电源是具有三个频率相同、幅值相等,初相位依次相差 120° 的正弦电压源,如图 7.1 所示,按一定方式连接而成,这组电压源称为对称三相电源。用三相电源供电的电路就称为三相交流电路。工程上把三相电源的参考正极分别标计为 A、B、C,负极分别标记为 X、Y、Z。

若取 A 相为参考正弦量,则瞬时表达式为

$$u_A = U_m \sin \omega t$$
$$u_B = U_m \sin(\omega t - 120°) \tag{7-1}$$
$$u_C = U_m \sin(\omega t - 240°) = U_m \sin(\omega t + 120°)$$

它们的相量表达式为

$$\dot{U}_A = U \angle 0°$$
$$\dot{U}_B = U \angle -20° = a^2 \dot{U}_A \tag{7-2}$$
$$\dot{U}_C = U \angle -240° = U \angle 120° = a \dot{U}_A$$

式中 a 是工程上为了方便而引入的单位相量算子,即

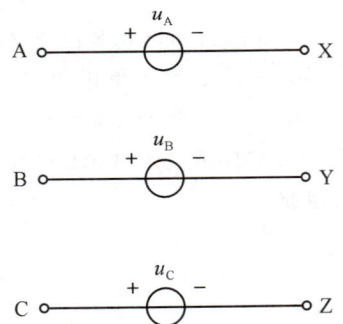

图 7.1　对称三相电源

$$\alpha = 1\angle 120° = -\frac{1}{2} + j\frac{\sqrt{3}}{2}$$

$$\alpha^2 = 1\angle 240° = 1\angle -120° = -\frac{1}{2} - j\frac{\sqrt{3}}{2}$$

$$(7\text{-}3)$$

图 7.2(a)、(b) 分别为对称三相电源的电压波形和相量图。

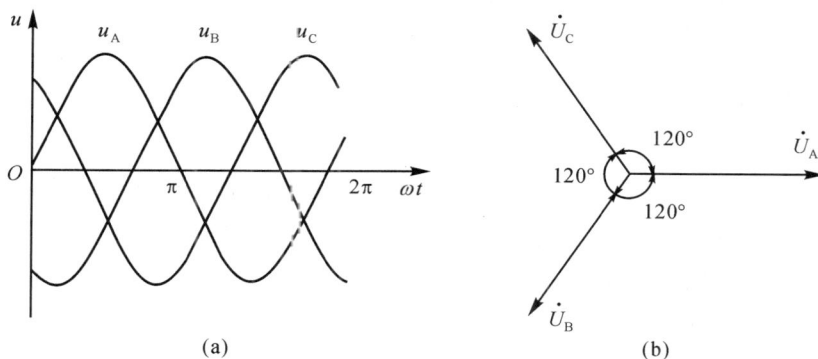

(a)　　　　　　　　　　　　　(b)

图 7.2　对称三相电源的电压波形和相量图

对称三相电源的电压瞬时值之和为零,即

$$u_A + u_B + u_C = 0 \tag{7-4}$$

或

$$\dot{U}_A + \dot{U}_B + \dot{U}_C = 0 \tag{7-5}$$

三相电源中,各相电压经过同一值(例如最大值)的先后次序称为三相电源的相序。在图 7.2(b) 中,假设把 A 相作为第一相,B 相作为第二相,C 相作为第三相,如果 A 相比 B 相领先 120°,B 相又比 C 相领先 120°,那么通常称这种 A－B－C 相序为正序或顺序。相反,如果第一相滞后于第二相,第二相滞后于第三相,那么称这种相序为负序或逆序。通常,如无特别说明,三相电源都认为是正序。在实际工作中,人们可以改变三相电源的相序来改变电动机的旋转方向。

对称三相电源以一定方式连接起来就形成三相电路的电源。通常的连接方式是星形连接(也称 Y 连接)和三角形连接(也称 △ 连接)。

把对称三相电源的负极 X、Y、Z 连在一起,如图 7.3 所示,就形成了对称三相电源的星形连接。X、Y、Z 连在一起形成的节点称为对称三相电源的中点,用 N 表示。从中点 N 引出的导线称为中线或零线。从三个电源的正极 A、B、C 引出的三条输电线称为端线(俗称火线)。

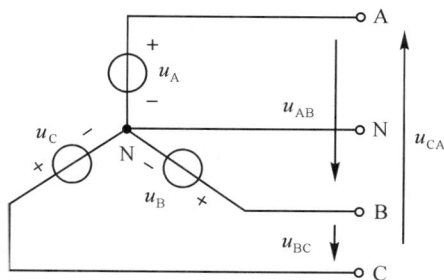

图 7.3　星形连接的对称三相电源

流过端线的电流称为线电流。端线 A、B、C 之间的电压称为线电压,用 u_{AB}、u_{BC}、u_{CA} 表示。流过电源每相的电流称为相电流,每一相的电压称为相电压,用 u_A、u_B、u_C 表示。

下面讨论星形连接的对称三相电源的线电压与相电压的关系。由图 7.3 得

$$u_{AB} = u_A - u_B$$
$$u_{BC} = u_B - u_C \quad 或 \quad \dot{U}_{AB} = \dot{U}_A - \dot{U}_B$$
$$\dot{U}_{BC} = \dot{U}_B - \dot{U}_C \tag{7-6}$$
$$u_{CA} = u_C - u_A \qquad \dot{U}_{CA} = \dot{U}_C - \dot{U}_A$$

如设 $\dot{U}_A = U\angle 0°, \dot{U}_B = U\angle -120°, \dot{U}_C = U\angle 120°$，即 $A-B-C$ 相序是正序，则有

$$\dot{U}_{AB} = U\angle 0° - U\angle -120° = \sqrt{3}U\angle 30° = \sqrt{3}\,\dot{U}_A\angle 30°$$
$$\dot{U}_{BC} = U\angle -120° - U\angle 120° = \sqrt{3}U\angle -90° = \sqrt{3}\,\dot{U}_B\angle 30° \tag{7-7}$$
$$\dot{U}_{CA} = U\angle 120° - U\angle 0° = \sqrt{3}U\angle 150° = \sqrt{3}\,\dot{U}_C\angle 30°$$

从上式结果可以看出，对称星形连接的三相电源的线电压也是对称的。线电压的有效值（用 U_1 表示）是相电压有效值（用 U_p 表示）的 $\sqrt{3}$ 倍，即 $U_1 = \sqrt{3}U_p$，它们的相位分别超前各自对应的相电压 $30°$，各线电压之间的相位差为 $120°$。它们的相量关系如图 7.4 所示。

显然，对星形连接的三相电源来说，线电流等于相电流。

图 7.3 所示的供电方式称为三相四线制（三条端线和一条中线），如果没有中线，就称为三相三线制。

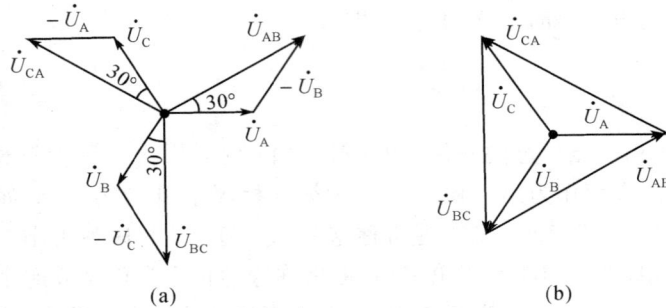

图 7.4　星形连接对称三相电源的电压相量图

　　将对称三相电源中的三个单相电源首尾相接，即 X 与 B，Y 与 C，Z 与 A 相接形成一个回路，如图 7.5 所示，由三个连接点引出三条端线就形成三角形连接的对称三相电源。必须注意，在上述正确连接的情况下，因为 $\dot{U}_A + \dot{U}_B + \dot{U}_C = 0$，所以回路中不会有电流，但若有一相电源极性接反，那么三相电源电压之和不为零，回路中将会有很大的环行电流，造成严重后果。

　　三角形连接的对称三相电源，只有三条端线，没有中线，它是三相三线制。显然，三角形连接的对称三相电源，线电压等于相电压，但线电流不等于相电流。

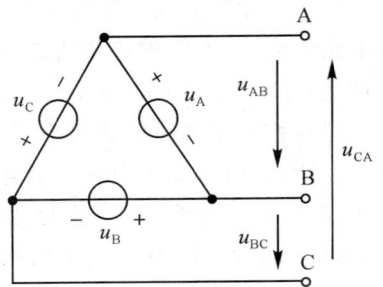

图 7.5　三角形连接的对称三相电源

$$u_{AB} = u_A \qquad \dot{U}_{AB} = \dot{U}_A$$
$$u_{BC} = u_B \quad \text{或} \quad \dot{U}_{BC} = \dot{U}_B \qquad\qquad (7\text{-}8)$$
$$u_{CA} = u_C \qquad \dot{U}_{CA} = \dot{U}_C$$

例 7.1　一个三相电源,它的 A 相电压为 $\dot{U}_A = 10\sqrt{3} + j10V$;B 相电压为 $\dot{U}_B = -j20V$;C 相电压 $\dot{U}_C = -10\sqrt{3} + j10V$。问该电源是否为三相对称电源?

解　将各相电压改写成极坐标形式:

$$\dot{U}_A = 10\sqrt{3} + j10V = 20\angle 30° \ V$$

$$\dot{U}_B = -j20V = 20\angle -90° \ V$$

$$\dot{U}_C = -10\sqrt{3} + j10V = 20\angle -210° \ V$$

可见,各相电压的幅值相等,它们的相位差为 $120°$。所以该电源为三相对称电源。

7.2　负载的星形连接和三角形连接

由三相电源供电的负载称为三相负载。通常可将三相负载划分为两类,一类是如电灯、电烙铁等由三个各自独立的单相负载所组成;另一类就是如三相电动机等三相负载。

三相制中的三相负载是由三个负载连接成星形或三角形所组成,分别称为负载的星形连接和负载的三角形连接,如图 7.6 所示。从 A'、B'、C' 向外引出三相负载的端线。每一个负载称为一相,若星形负载分别称为 A 相、B 相和 C 相负载,计为 Z_A、Z_B 和 Z_C,若三角形负载分别称为 AB 相、BC 相和 CA 相负载,计为 Z_{AB}、Z_{BC} 和 Z_{CA}。如果三个负载完全相同,有 $Z_A = Z_B = Z_C$ 或 $Z_{AB} = Z_{BC} = Z_{CA}$,则称为对称三相负载;否则,就称为不对称三相负载。

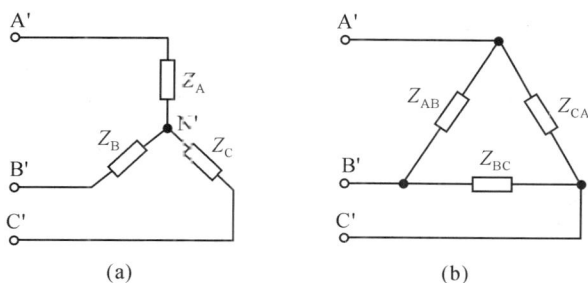

图 7 6　对称三相负载的连接

三相电路就是由对称三相电源和三相负载用输电线(端线)A-A',B-B',C-C' 连接起来所组成的系统。工程上可以根据实际需要组成多种类型,如星形 — 星形系统(简称 Y-Y 连接的三相制),星形 — 三角形系统(简称 Y-△ 连接的三相制),三角形 - 星形系统(简称 △-Y 连接的三相制),三角形 — 三角形系统(简称 △-△ 连接的三相制)。

7.3　对称三相交流电路

对称三相电路就是由对称三相电源和对称三相负载所组成的三相电路。三相电路实质上是复杂交流电路的一种特例,所以前面讨论的正弦电流电路的分析方法对三相电路完全适用。对称三相电路有一些特殊规律,了解并利用这些规律不仅使三相电路的分析计算大为简化,对解决实际问题也颇为有益。

首先讨论对称的三相四线制的 Y-Y 系统,如图 7.7 所示。图中 Z_1 为传输线的复阻抗,Z_N 为中线复阻抗。对于这种结构的电路,一般可用节点法求出中性点 N′ 与 N 之间的电压。以 N 为参考节点,得

$$\dot{U}_{N'N}\left(\frac{3}{Z+Z_1}+\frac{1}{Z_N}\right)=(\dot{U}_A+\dot{U}_B+\dot{U}_C)\frac{1}{Z+Z_1} \tag{7-9}$$

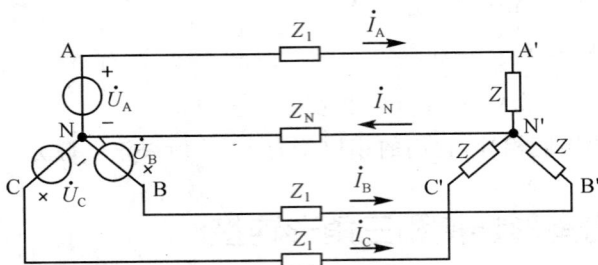

图 7.7　对称三相四线制的 Y-Y 系统

因为 $\dot{U}_A+\dot{U}_B+\dot{U}_C=0$,所以 $\dot{U}_{N'N}=0$,也就是 N′ 点与 N 点同电位,因此各线电流为

$$\dot{I}_A=\frac{\dot{U}_A-\dot{U}_{N'N}}{Z+Z_1}=\frac{\dot{U}_A}{Z+Z_1}$$

$$\dot{I}_B=\frac{\dot{U}_B}{Z+Z_1}=\dot{I}_A\angle-120° \tag{7-10}$$

$$\dot{I}_C=\frac{\dot{U}_C}{Z+Z_1}=\dot{I}_A\angle 120°$$

可见,线电流(即相电流)是对称的。因此中线电流 $\dot{I}_N$ 为零,即

$$\dot{I}_N=\dot{I}_A+\dot{I}_B+\dot{I}_C=0 \tag{7-11}$$

负载端的相电压分别为

$$\dot{U}_{A'}=\dot{I}_A Z$$

$$\dot{U}_{B'}=\dot{I}_B Z=\dot{U}_{A'}\angle-120° \tag{7-12}$$

$$\dot{U}_{C'}=\dot{I}_C Z=\dot{U}_{A'}\angle 120°$$

也是对称的。

由以上分析可见,对称三相 Y-Y 电路有以下一些特殊规律:

(1) 由于 $\dot{U}_{N'N}=0$,即星形的中线点 N′ 点与 N 点同电位,中线的阻抗对电路的电压、电流没有影响。在计算时为了方便,中性点 N′ 与 N 之间可以直接短接起来,每相的电流、电压仅由该相的电源和阻抗决定,形成了各相的独立性。

(2) 电路中任一三相电压和电流都是对称的,所以只要分析计算一相的电压和电流,其他两相的相量表达式可根据对称性质直接写出。这就是对称三相电路归结为一相计算的方法。在分析计算时,常常单独画出等效的一相电路,再用短接线把中线点 N′ 与 N 连接起来,

如图 7.8 所示。注意:因为 $\dot{U}_{N'N} = 0$,所以一相电路中不包括中线阻抗 Z_N。实际上,在进行对称的 Y-Y 三相电路的计算时,不管有无中线,所得结果是一样的。

Y-Y 系统归结为一相的计算方法,原则上可以推广到其他形式的对称系统中应用,因为根据星形—三角形的等效互换,其他型式的对称系统可以变换成 Y-Y 三相电路来计算分析。

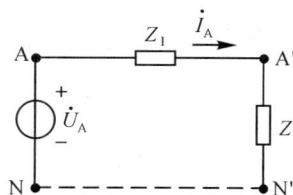

图 7.8 图 7.7 电路的单相图

例 7.2 图 7.9 所示一对称三相电路,对称三相电源的相电压为 220V,对称三相负载阻抗 $Z = 100\angle 30°\Omega$,输电线阻抗 $Z_1 = 1 + j2\Omega$,求三相负载的电压和电流。

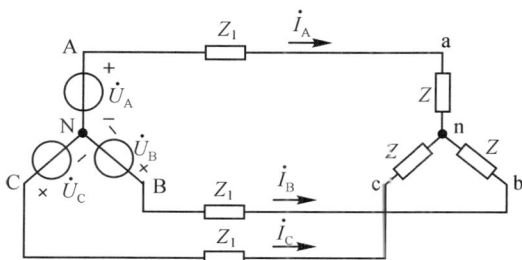

图 7.9 例 7.2 的图

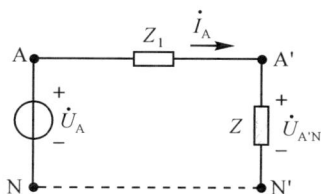

图 7.10 图 7.9 的单相图

解 设 $\dot{U}_A = 220\angle 0°V$。取 A 相的单相等效电路如图 7.10 所示。A 相线电流

$$\dot{I}_A = \frac{\dot{U}_A}{Z + Z_1} = \frac{220\angle 0°}{100\angle 30° + (1 + j2)} = \frac{220\angle 0°}{101.9\angle 30.7°} = 2.159\angle -30.7° \text{(A)}$$

根据对称性(即相位前移或后移 120°)可以写出

$$\dot{I}_B = 2.159\angle -150.7° \text{(A)}$$

$$\dot{I}_C = 2.159\angle -89.3° \text{(A)}$$

A 相负载相电压

$$\dot{U}_{A'N'} = Z\dot{I}_A = 100\angle 30° \times 2.159\angle -30.7° = 215.9\angle -0.7° \text{(V)}$$

同样由对称性写出

$$\dot{U}_{B'N'} = 215.9\angle -120.7° \text{(V)}$$

$$\dot{U}_{C'N'} = 215.9\angle -119.3° \text{(V)}$$

A、B 两相负载间的线电压

$$\dot{U}_{A'B'} = \sqrt{3}\,\dot{U}_{A'N'}\angle 30° = 373.9\angle 29.3° \text{(V)}$$

同样由对称性写出

$$\dot{U}_{B'C'} = 373.9\angle -90.7° \text{(V)}$$

$$\dot{U}_{C'A'} = 373.9\angle 149.3° \text{(V)}$$

此例仍为 Y 形连接三相电路,只不过每相阻抗由 Z_1 与 Z 串联组成。计算时仍可用一相等效电路进行计算。但应注意,此电路里负载的相电压、线电压与电源的相电压、线电压是不

相等的,原因是输电线上有压降。

例7.3 对称三相电路如图7.11(a)。已知:$Z = 45 + j45\Omega$,$Z_1 = 3 + j3\Omega$,对称线电压U_1 = 380V。求负载端的线电流、线电压和相电流。

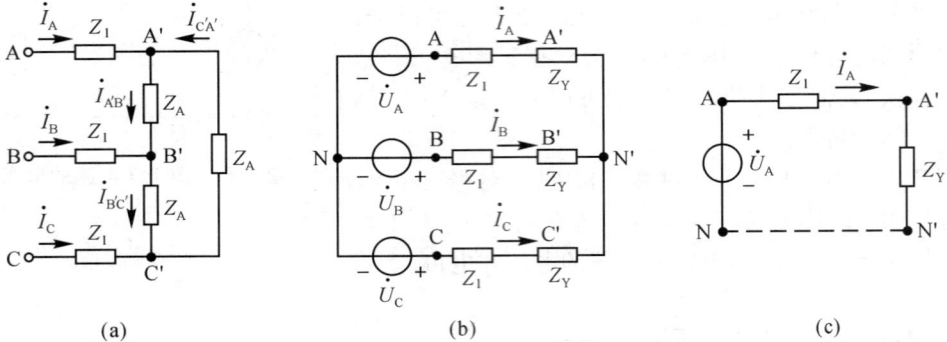

图7.11 例7.3的图

解 将原电路化为对称的Y-Y系统,如图7.11(b)。其中

$$Z_Y = \frac{1}{3}Z_\Delta = \frac{45 + j45}{3} = 15 + j15(\Omega)$$

设$\dot{U}_A = 220\angle 0°V$,于是作单相图如图7.11(c)所示,则

$$\dot{I}_A = \frac{\dot{U}_A}{Z_1 + Z_Y} = \frac{220\angle 0°}{(3 + j3)(15 + j15)} = 8.64\angle -45° (A)$$

$$\dot{I}_B = 8.64\angle -165° (A)$$

以上电流即为负载端的线电流,负载Z_Y的相电压$\dot{U}_{A'N'}$为

$$\dot{U}_{A'N'} = \dot{I}_A Z_Y = 8.64\angle -45°(15 + j15) = 183.25\angle 0° (V)$$

负载端的线电压为

$$\dot{U}_{A'B'} = \sqrt{3}\dot{U}_{A'N'}\angle 30° = 317.4\angle 30° (V)$$

$$\dot{U}_{B'C'} = 317.4\angle -90° (V)$$

$$\dot{U}_{C'A'} = 317.4\angle 150° (V)$$

三角形负载中的相电流为

$$\dot{I}_{A'B'} = \frac{\dot{U}_{A'B'}}{Z_\Delta} = \frac{317.4\angle 30°}{45 + j45} = 4.99\angle -15° (A)$$

$$\dot{I}_{B'C'} = 4.99\angle -135° (A)$$

$$\dot{I}_{C'A'} = 4.99\angle 105° (A)$$

其次讨论对称的三相三线制的Y-△系统,如图7.12所示。电源仍然是星形接法,而负载是三角形接法,此时中线已无用处。在三角形负载处,直接加在负载处的电压就是线电压。

为分析方便,设线路阻抗为零。此时三角形负载的相电流为

$$\dot{I}_{AB} = \frac{\dot{U}_{AB}}{Z} \qquad \dot{I}_{BC} = \frac{\dot{U}_{BC}}{Z} \qquad \dot{I}_{CA} = \frac{\dot{U}_{CA}}{Z} \tag{7-13}$$

由于电源是三相对称电源,因而三相负载的相电流也对称,设$\dot{I}_{AB}$的有效值为I_p,初位相

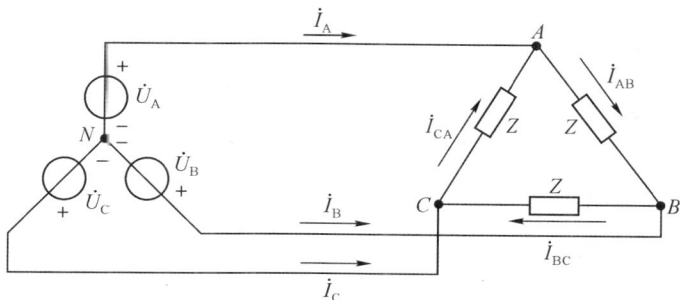

图 7.12　三相三线制的 Y-△ 系统

为零,则相对应的各线电流为:

$$\dot{I}_A = \dot{I}_{AB} - \dot{I}_{CA} = I_p\angle 0° - I_p\angle 120° = \sqrt{3}\,\dot{I}_{AB}\angle -30°$$

$$\dot{I}_B = \dot{I}_{BC} - \dot{I}_{AB} = I_p\angle -120° - I_p\angle 0° = \sqrt{3}\,\dot{I}_{BC}\angle -30° \qquad (7\text{-}14)$$

$$\dot{I}_C = \dot{I}_{CA} - \dot{I}_{BC} = I_p\angle 120° - I_p\angle -120° = \sqrt{3}\,\dot{I}_{CA}\angle -30°$$

从上可知,负载为对称三角形接法时,当相电流对称时,线电流也对称,且线电流的有效值为相电流的 $\sqrt{3}$ 倍,位相滞后于所对应的相电流 30°,其相量图如图 7.13 所示。

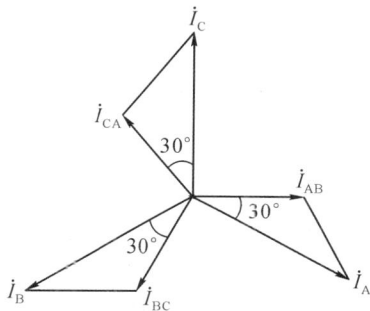

图 7.13　负载为对称三角形接法时的电流相量图

在分析计算 Y-△ 接法的三相系统时,也可利用阻抗的 Y-△ 等效变换法,将三角形负载变换成星形负载,然后利用 Y-Y 接法的三相系统的分析计算法对三相电路进行计算。

7.4　不对称三相交流电路

在三相电路中,无论是电源或负载,只要有一部分不对称就称为不对称三相电路。在实际生活中,有很多单相负载如照明负载,如果这些单相负载接入到电源上,就可能是三个相的负载阻抗不相同,形成不对称三相负载。这一节所讨论的是一个由对称三相电源和不对称三相负载组成的不对称三相电路。

图 7.14 所示电路是一个电源和负载都是星形连接的不对称三相电路,其中 Z_A、Z_B、Z_C 是不对称三相负载。对称三相电源的中点 N 与负载中点 N′ 之间有中线(即三相四线制接法)。

假设忽略传输线阻抗,即 $Z_1 = C$,因为中线阻抗为零,所以每相负载上的电压一定等于该相电源的电压,与每相负载阻抗无关,即

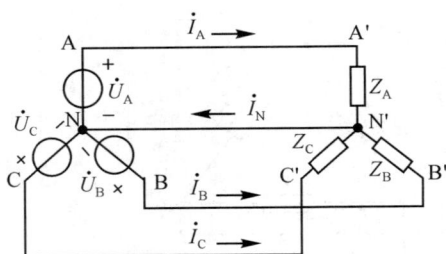

图 7.14　有中线的不对称三相电路

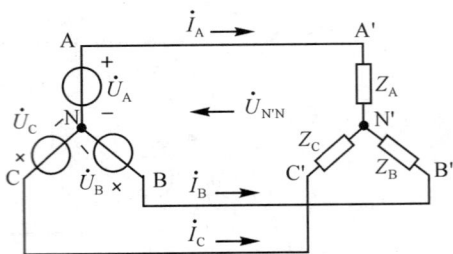

图 7.15　没有中线的不对称三相电路

$$\dot{U}_{A'N'} = \dot{U}_A,\ \dot{U}_{B'N'} = \dot{U}_B,\ \dot{U}_{C'N'} = \dot{U}_C \tag{7-15}$$

可见,三相负载上的电压是对称的。但由于三相负载不相同,使得三相电流是不对称的,即

$$\dot{I}_A = \frac{\dot{U}_{A'N'}}{Z_A},\ \dot{I}_B = \frac{\dot{U}_{B'N'}}{Z_B},\ \dot{I}_C = \frac{\dot{U}_{C'N'}}{Z_C} \tag{7-16}$$

中线电流为

$$\dot{I}_N = \dot{I}_A + \dot{I}_B + \dot{I}_C \tag{7-17}$$

显然,一般不等于零。

　　若图 7.14 中没有中线,如图 7.15 所示(即三相三线制接法)。同样,忽略传输线阻抗,即 $Z_1 = 0$。采用节点法来分析此电路。

　　此电路节点电压方程是

$$\dot{U}_{N'N}\left(\frac{1}{Z_A} + \frac{1}{Z_B} + \frac{1}{Z_C}\right) = \frac{\dot{U}_A}{Z_A} + \frac{\dot{U}_B}{Z_B} + \frac{\dot{U}_C}{Z_C}$$

即　　　　$$\dot{U}_{N'N} = \left(\frac{\dot{U}_A}{Z_A} + \frac{\dot{U}_B}{Z_B} + \frac{\dot{U}_C}{Z_C}\right)\Big/\left(\frac{1}{Z_A} + \frac{1}{Z_B} + \frac{1}{Z_C}\right) \tag{7-18}$$

即使电源相电压是对称的,此电路的中间点的电压一般也不等于零,即负载中点 N′ 与电源中点 N 的电位不相等,这种现象称为中性点位移。

　　三相负载上的相电压分别为

$$\dot{U}_{A'N'} = \dot{U}_A - \dot{U}_{N'N} \quad \dot{U}_{B'N'} = \dot{U}_B - \dot{U}_{N'N} \quad \dot{U}_{C'N'} = \dot{U}_C - \dot{U}_{N'N} \tag{7-19}$$

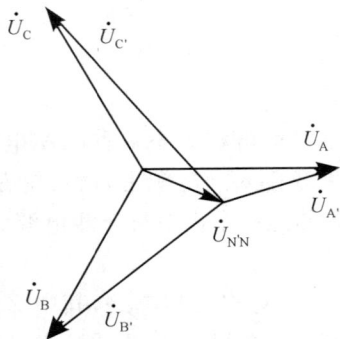

图 7.16　中性点位移

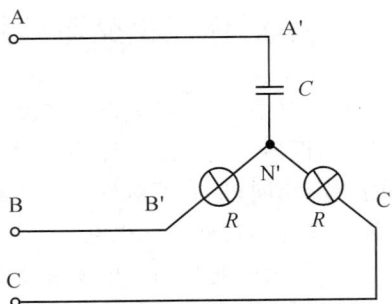

图 7.17　例 7.4 的图

　　图 7.16 为无中线的定性相量图,图中电源相电压 $\dot{U}_A$、$\dot{U}_B$、$\dot{U}_C$ 是对称的,$\dot{U}_{N'N}$ 表明了负

载中性点位移的大小和相位。显然,当 $\dot{U}_{N'N}$ 过大时,可能负载某一相的电压太低,导致电气设备不能正常工作(如图 7.17 中的 A 相),而另两相的电压又过高,可能超过电气设备的允许电压,以致烧毁设备。

低压配电电路一般采用三相四线制。中线的存在保证了每相负载上的电压等于电源的相电压而与负载的大小无关。

例 7.4　图 7.17 所示电路为一不对称三相电路。电源是对称的,$R = 1/\omega C$,其中 R 是白炽灯电阻。求中点位移电压和各个电阻上的电压。

解　设 $\dot{U}_{AN} = U \angle 0^{\circ}$,中点位移电压(电源中点与负载中点之间的电压)

$$\dot{U}_{N'N} = \frac{\mathrm{j}\omega C \dot{U}_A + \dfrac{1}{R} \dot{U}_B + \dfrac{1}{R} \dot{U}_C}{\mathrm{j}\omega C + \dfrac{1}{R} + \dfrac{1}{R}}$$

$$= \frac{\mathrm{j} \dot{U}_A + \dot{U}_B + \dot{U}_C}{\mathrm{j} + 2}$$

$$= \frac{(\mathrm{j} - 1) \dot{U}_A}{\mathrm{j} + 2}$$

$$= 0.632 \dot{U}_A \angle 108.4^{\circ}$$

B 相白炽灯上的电压

$$\dot{U}_{B'N'} = \dot{U}_B - \dot{U}_{N'N} = \dot{U}_A \angle -120^{\circ} - 0.632 \dot{U}_A \angle 108.4^{\circ} \approx 1.5 \dot{U}_A \angle -101.6^{\circ}$$

C 相白炽灯上的电压

$$\dot{U}_{C'N'} = \dot{U}_C - \dot{U}_{N'N} = \dot{U}_A \angle 120^{\circ} - 0.632 \dot{U}_A \angle 108.4^{\circ} \approx 0.4 \dot{U}_A \angle 138.4^{\circ}$$

可以看出:三相电源 A 相接电容时,B 相灯上的电压比 C 相灯上的电压高,因此 B 相灯比 C 相灯要亮。利用这一电路就可以确定三相电源的相序,事实上,这是一个相序指示器的电路。

7.5　三相交流电路的功率

在三相电路中,三相负载吸收的有功功率 P、无功功率 Q 分别等于各相负载所吸收的有功功率和无功功率的和,即

$$P = P_A + P_B + P_C$$
$$Q = Q_A + Q_B + Q_C \tag{7-20}$$

在三相对称负载的情况下,有功功率 P 和无功功率 Q 分别等于各相负载所吸收的有功功率和无功功率的三倍。即

$$P = 3P_A \qquad Q = 3Q_A \tag{7-21}$$

有功功率、无功功率和视在功率的关系与单相电路的相同。

例 7.5　如图 7.18 所示对称三相电源的线电压是 380V,负载 $Z_1 = 3 + \mathrm{j}4\,\Omega$,$Z_2 = -\mathrm{j}12\,\Omega$。求电流表 A_1 和 A_2 的读数及三相负载所吸收的总有功功率、总无功功率、总视在功率和功率因数。

解　因为 Z_1 与三相电路是星型连接，Z_2 与三相电路是三角型连接，根据星型连接和三角型连接线电流和相电流的关系可得

$$\dot I_1 = \dot I_{A'} + \dot I_{B'} + \dot I_{C'} = 0$$

$$I_2 = \sqrt 3 \, I_{A'} = \frac{380}{12}\sqrt 3 = 55 \ (\text{A})$$

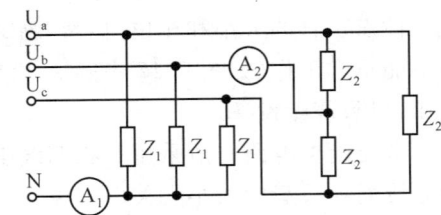

图 7.18　例 7.5 的图

因电路中既有感性负载，又有容性负载，所以计算功率的方法必须利用 Y-△ 变换的方法将 △ 连接的 Z_2 负载变换成 Y 形连接，根据 Y-△ 变换的法则可得

$$Z'_2 = \frac{1}{3}Z_2 = -\text{j}4$$

因各相电路的总阻抗 Z 为

$$Z = Z_1 \ /\!/ \ Z'_2 = \frac{(3 + \text{j}4)(-\text{j}4)}{3} = \frac{16 - \text{j}12}{3}$$

$$|Z| = \sqrt{\frac{256 + 144}{9}} = \frac{20}{3}$$

所以

$$P = 3P_{A'} = 3\left(\frac{U_{A'}}{|Z|}\right)^2 R = 3 \times \left(\frac{3 \times 220}{20}\right)^2 \times \frac{16}{3} = 17.424 \ (\text{kW})$$

$$Q = 3Q_{A'} = 3\left(\frac{U_{A'}}{|Z|}\right)^2 X = 3 \times \left(\frac{3 \times 220}{20}\right)^2 = 13.068 \ (\text{kW})$$

$$S = \sqrt{P^2 + Q^2} = 21.718 \ (\text{kVA})$$

$$\cos\varphi = \frac{P}{S} \approx 0.8$$

在三相四线制电路中，采用三功率表法测量三相负载的功率，如图 7.19 所示。

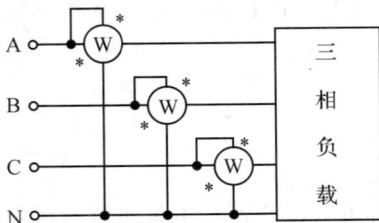

图 7.19　三功率表法测量三相负载功率

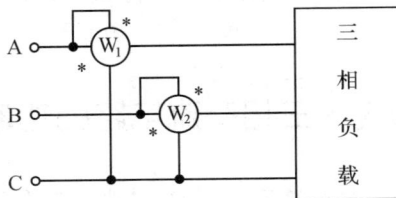

图 7.20　二瓦计法测量三相负载功率

用功率表分别测量各相负载的功率，将测得的结果相加就可以得到三相负载的功率。若负载对称，则需一块表，读数乘以 3。

在三相三线制电路中，由于没有中线，采用二功率表法测量三相负载的功率，如图 7.20 所示，简称二瓦计法。

若 W_1 的读数为 P_1，W_2 的读数为 P_2，则 $P = P_1 + P_2$，即为三相总功率。注意：每块表的单独读数无意义。

若负载不对称，就不能用二表法测量三相功率。可用三功率表法，分别对每相进行测量，然后相加。

习　题

7.1　三相电源线电压为 380V，负载为星形连接，每相阻抗均为 $Z = 45\angle 25°\Omega$。求各相的电流，并画出相量图。

7.2　题 7.2 图所示三相电路的线电压 380V 的三相对称电源与三角形连接的负载相连，负载每相阻抗 $Z = 30 + j40\Omega$。试求负载的相电流、线电流、电源输出的有功功率，并画出电压和电流的相量图。设 $\dot{U}_{AB} = 380\angle 0°V$，$\dot{U}_{BC} = 380\angle -120°V$，$U_{CA} = 380\angle 120°V$。

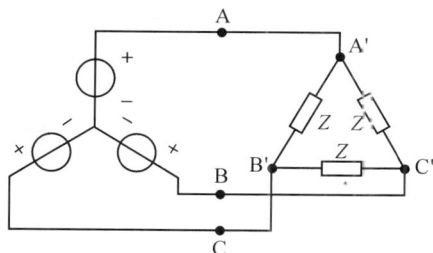

题 7.2 图

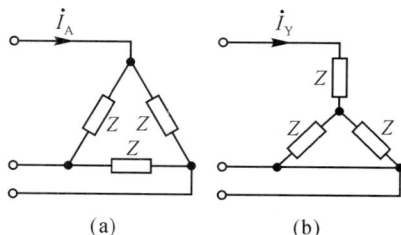

题 7.3 图

7.3　把题 7.3 图(a) 三角形连接的三相对称负载，不改变元件参数但改接为图(b) 所示的星形连接，接在同一三相交流巨源上。设三相电源的线电压为 U_L，每相负载阻抗为 $Z = |Z|\angle\varphi$。试求：

(1) 两种接法的电流有效值之比 I_Δ / I_Y 是多少？

(2) 两种接法电源供给的有功功率之比 P_Δ / P_Y 是多少？

7.4　题 7.4 图所示对称三相电路中，电流表的读数为 1A，$Z_1 = 220\Omega$，$Z_2 = 30 + j40\,\Omega$，试求：(1) 三相对称电源的相电压和线电压；(2) 流过负载 Z_2 的相电流 $\dot{I}_{AB}$、$\dot{I}_{BC}$、$\dot{I}_{CA}$ 以及流过电源的线电流 $\dot{I}_A$、$\dot{I}_B$、$\dot{I}_C$。

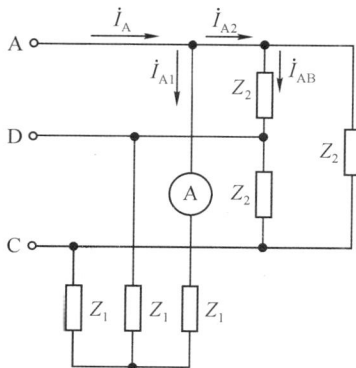

题 7.4 图

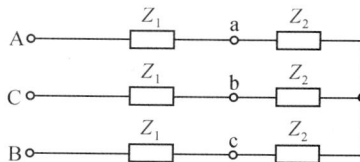

题 7.5 图

7.5　题 7.5 图所示电路中，已知三相电源对称，负载阻抗 $Z_2 = 60 + j80\Omega$，线路阻抗 $Z_1 = 2\Omega$，负载端的线电压 $\dot{U}_{ab} = 380\angle 30°V$，试求电源端的线电压和相电压。

7.6　三相电路如题 7.6 图所示，对称三相电路的线电压 $U_l = 380V$，接有两组负载，一组是星形连接的对称三相负载,每相阻抗 $Z_1 = 30 + j40\Omega$,另一组为三角形连接的不对称三相负载,$Z_A = 100\Omega$,$Z_B = -j200\Omega$,$Z_C = j380\Omega$,试求电流 $\dot{I}_A$ 和电流 $\dot{I}_{BC}$。

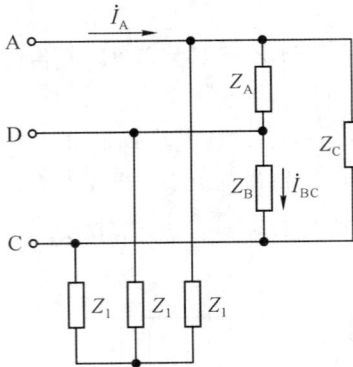

题 7.6 图

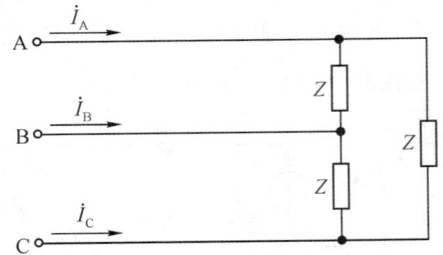

题 7.7 图

7.7　题 7.7 图所示对称三相负载,已知线电压 $U_1 = 380V$,负载阻抗 $Z = 26\angle53.1°\Omega$,求各线电流和负载消耗的总的有功功率。

7.8　对称三相电路如题 7.8 图所示,设对称三相电源线电压为 380V,对称三相负载阻抗 $Z = 20 + j20\Omega$,三相电动机功率为 1.7kW,功率因素 $\cos\varphi = 0.82$,试求:

(1) 线电流 $\dot{I}_A$、$\dot{I}_B$、$\dot{I}_C$;

(2) 三相电源发出的总功率。

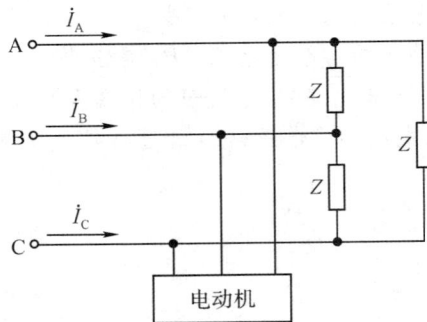

题 7.8 图

第8章　非正弦周期电流电路的分析与计算

本章主要介绍非正弦周期性函数的傅里叶级数分解,周期函数的有效值,非正弦周期性电源(信号)作用线性电路时各种各种参数的计算,滤波器的概念。

8.1　非正弦周期函数的傅里叶级数分解

电路中非正弦周期电流、电压的产生,来源于电源信号和电路参数的非线性两方面。电工技术中所遇到的周期函数大多能满足狄里赫利条件而展开成为傅里叶级数,因而能将非正弦周期函数分解成如下傅里叶级数形式:

$$f(t) = A_0 + \sum_{k=1}^{\infty} A_{km} \sin(k\omega t + \varphi_k) \tag{8-1}$$

式中: $\omega = 2\pi/T$; A_0 称为直流分量; $A_{1m}\sin(\omega t + \varphi_1)$ 称为一次谐波或基波; $k = 2,3,4,\cdots$ 的项分别称为二、三、四、…… 次谐波。除直流分量和一次谐波外,其余的统称为高次谐波。

傅里叶级数的另一种形式为

$$f(t) = a_0 + \sum_{k=1}^{\infty} (a_k \cos k\omega t + b_k \sin k\omega t) \tag{8-2}$$

$$a_0 = \frac{1}{T} \int_0^T f(t) \mathrm{d}t$$

式中
$$a_k = \frac{1}{\pi} \int_0^{2\pi} f(t) \cos k\omega t \, \mathrm{d}\omega t \tag{8-3}$$

$$b_k = \frac{1}{\pi} \int_0^{2\pi} f(t) \sin k\omega t \, \mathrm{d}\omega t$$

显然

$$a_0 = A_0, \quad A_{km} = \sqrt{a_k^2 + b_k^2}, \quad \varphi_k = \arctan \frac{a_k}{b_k} \tag{8-4}$$

把非正弦周期函数分解为傅里叶级数,就是确定各次谐波的傅里叶系数的问题。非正弦周期函数各次谐波的存在与否与波形的对称性有关。直流分量 A_0 是一个周期内的平均值,与计时起点选择无关。原点对称的非王弦周期波 $A_k = 0$, $A_0 = 0$(或 $A_k = b_k$, $\varphi_k = 0$),即只含各次正弦谐波,与计时起点选择有关。纵轴对称的非正弦周期波 $b_k = 0$(或 $b_k = A_k$, $\varphi_k = \pm \pi/2$),即只含各次余弦谐波与直流分量,与计时起点选择有关。奇次谐波函数(横轴对称)只含奇次谐波,偶次谐波函数只含偶次谐波和直流分量,仅与波形有关,与计时起点无关。

下面给出几种波形的傅里叶级数展开式。

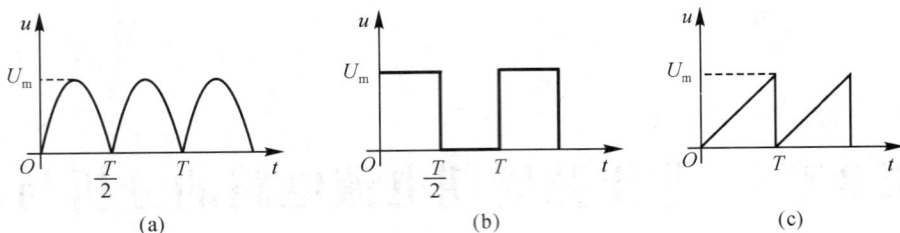

图 8.1　几种非正弦函数的波形

对全波整流电压,如图 8.1(a) 所示,有

$$u(t) = \frac{4U_m}{\pi}\left(\frac{1}{2} - \frac{1}{3}\cos2\omega t - \frac{1}{15}\cos4\omega t - \frac{1}{35}\cos6\omega t - \cdots\right) \tag{8-5}$$

对方波电压,如图 8.1(b) 所示,有

$$u(t) = \frac{U_m}{2} + \frac{2U_m}{\pi}\left(\sin\omega t + \frac{1}{3}\sin3\omega t + \frac{1}{5}\sin5\omega t + \cdots\right) \tag{8-6}$$

对锯齿波电压,如图 8.1(c) 所示,有

$$u(t) = \frac{U_m}{2} - \frac{U_m}{\pi}\left(\sin\omega t + \frac{1}{2}\sin2\omega t + \frac{1}{3}\sin3\omega t + \cdots\right) \tag{8-7}$$

其他常见的非正弦周期波形的傅里叶级数展开式,可查阅有关的书籍或手册。

下面来分析一下信号的频谱。

任意周期函数只要满足狄里赫利条件都可以展开成傅里叶级数。上面介绍的方波信号(如图 8.2(a) 所示)亦可展开为傅里叶级数表达式:

$$v(t) = \frac{V_S}{2} + \frac{2V_S}{\pi}\left(\sin\omega_0 t + \frac{1}{3}\sin3\omega_0 t + \frac{1}{5}\sin5\omega_0 t + \cdots\right)$$

式中 $\omega_0 = 2\pi/T$,$V_S/2$ 是方波信号的直流分量,$\frac{2V_S}{\pi}\sin\omega_0 t$ 称为该方波信号的基波,它的周期 $2\pi/\omega_0$ 与方波本身的周期相同。上式中其余各项都是高次谐波分量,它们的角频率是基波角频率的整数倍。由于正弦函数的单纯性,在作信号分析时,可以只考虑其幅值电压与角频率的函数关系,于是上式的正弦级数可以表达为图 8.2(b) 所示的图解形式,其中包括直流项($\omega = 0$)和每一正弦分量在相应角频率处的幅值。像这样把一个信号分解为正弦信号的集合,得到其正弦信号幅值随角频率变化的分布,称为该信号的频谱,图(b) 称为方波信号的频谱图,是其频域表达方式。

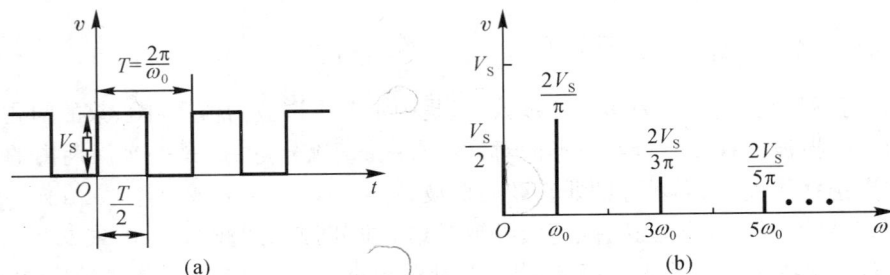

图 8.2　矩形波函数的频谱图

从傅里叶级数特性可知,许多周期信号的频谱都由直流分量、基波分量以及无穷多项高次谐波分量所组成,频谱表现为一系列离散频率上的幅值,且随着谐波次数的递增,幅值 $A_k(\omega)$ 的总趋势是逐渐减小的。如果只截取 $N\omega_0$(N 为有限正值)以下的信号组合,则可以得到原周期信号的近似波形,N 愈大,波形的误差愈小。

上述正弦信号和方波信号都是周期信号,在一个周期内已包含了信号的全部信息,任何重复周期都没有新的信息出现。

8.2 非正弦同期电流电路的有效值和平均功率

8.2.1 有效值

正弦周期波的有效值即它的方均根值,为

$$A = \sqrt{\frac{1}{T}\int_0^T \left[f(t)\right]^2 \mathrm{d}t} \tag{8-8}$$

非正弦周期信号有效值的定义和正弦量有效值的定义相同。以电流为例:

$$I = \sqrt{\frac{1}{T}\int_0^T i^2 \mathrm{d}t} = \sqrt{\frac{1}{T}\int_0^T \left[I_0 + \sum_{k=1}^{\infty} I_{km}\sin(k\omega t + \varphi_k)\right]^2 \mathrm{d}t}$$

根号中的计算式展开后共有以下 4 项:

$$\frac{1}{T}\int_0^T I_0^2 \mathrm{d}t = I_0^2$$

$$\frac{1}{T}\int_0^T 2I_0 \sum_{k=1}^{\infty} I_{km}\sin(k\omega t + \varphi_k)\mathrm{d}t = 0$$

$$\frac{1}{T}\int_0^T \sum_{k=1}^{\infty} \left[I_{km}\sin(k\omega t + \varphi_k)\right]^2 \mathrm{d}t = \sum_{k=1}^{\infty} \frac{I_{km}^2}{2} = \sum_{k=1}^{\infty} I_k^2$$

$$\frac{1}{T}\int_0^T \sum_{k=1}^{\infty} \sum_{l=1}^{\infty} I_{km}I_{lm}\sin(k\omega t + \varphi_k)\sin(l\omega t + \varphi_l)\mathrm{d}t = 0 \qquad k \neq l$$

上述 4 项中,其中第 2 项是每一项谐波的正弦函数在一个周期中的积分,因而为零。第 4 项为不同谐波次数的正弦函数的乘积,根据三角函数的正交性,它们在一个周期内的积分值为零。

因此有:

$$I = \sqrt{I_0^2 + \sum_{k=1}^{\infty} I_k^2}$$

$$= \sqrt{I_0^2 + I_1^2 + I_2^2 + \cdots} \tag{8-9}$$

即周期信号的有效值等于其直流分量及各次谐波有效值平方和的平方根,而与各次谐波的初相位 φ_k 无关。

同理,非正弦周期电压的有效值为

$$U = \sqrt{U_0^2 + U_1^2 + U_2^2 + \cdots} \tag{8-10}$$

8.2.2　平均功率

交流电路平均功率定义式 $P = \dfrac{1}{T}\displaystyle\int_0^T ui\,dt$，对非正弦电路仍然适用。在非正弦同期电源的电路中，设某负载的端电压和端电流分别可用下列级数表示：

$$u(t) = U_0 + \sum_{k=1}^{\infty} U_{km}\sin(k\omega t + \varphi_{uk}) \tag{8-11}$$

$$i(t) = I_0 + \sum_{k=1}^{\infty} I_{km}\sin(k\omega t + \varphi_{ik}) \tag{8-12}$$

负载的瞬时功率 $p = ui$，平均功率为

$$P = \frac{1}{T}\int_0^T p\,dt = \frac{1}{T}\int_0^T ui\,dt$$

$$= \frac{1}{T}\int_0^T \Big[U_0 + \sum_{k=1}^{\infty} U_{km}\sin(k\omega t + \varphi_{uk})\Big]\Big[I_0 + \sum_{k=1}^{\infty} I_{km}\sin(k\omega t + \varphi_{ik})\Big]dt$$

$$= \frac{1}{T}\int_0^T U_0 I_0\,dt + \frac{1}{T}\int_0^T \sum_{k=1}^{\infty} U_{km}\sin(k\omega t + \varphi_{uk})\sum_{k=1}^{\infty} I_{km}\sin(k\omega t + \varphi_{ik})\,dt$$

$$+ \frac{1}{T}\int_0^T U_0 \sum_{k=1}^{\infty} I_{km}\sin(k\omega t + \varphi_{ik})\,dt + \frac{1}{T}\int_0^T I_0 \sum_{k=1}^{\infty} U_{km}\sin(k\omega t + \varphi_{uk})\,dt$$

$$= \frac{1}{T}\int_0^T U_0 I_0\,dt + \frac{1}{T}\int_0^T \sum_{k=1}^{\infty} U_{km}\sin(k\omega t + \varphi_{uk})\sum_{k=1}^{\infty} I_{km}\sin(k\omega t + \varphi_{ik})\,dt + 0 + 0$$

$$= U_0 I_0 + \sum_{k=1}^{\infty} U_{km} I_{km}\cos(\varphi_{uk} - \varphi_{ik})$$

令　　　$U_k = U_{km}/\sqrt{2}, I_k = I_{km}/\sqrt{2}, \varphi_k = \varphi_{uk} - \varphi_{ik}$，则有

$$P = U_0 I_0 + U_1 I_1\cos\varphi_1 + U_2 I_2\cos\varphi_2 + \cdots \tag{8-13}$$

例 8.1　设二端网络的端电压和端电流分别为

$$u = 14.1\sin\Big(\omega t - \frac{\pi}{4}\Big) + 8.46\sin 2\omega t + 5.64\sin\Big(3\omega t + \frac{\pi}{4}\Big)\ \text{V}$$

$$i = 1 + 5.64\sin\Big(\omega t + \frac{\pi}{4}\Big) + 3.05\sin\Big(3\omega t + \frac{\pi}{4}\Big)\ \text{A}$$

试求：(1) 电压、电流的有效值；

(2) 二端网络消耗的平均功率。

解　(1) 根据电压有效值公式

$$U = \sqrt{U_0{}^2 + U_1{}^2 + U_2{}^2 + \cdots}$$

得到电压有效值为

$$U = \sqrt{U_0{}^2 + \frac{1}{2}U_{1m}{}^2 + \frac{1}{2}U_{2m}{}^2 + \frac{1}{2}U_{3m}{}^2}$$

$$= \sqrt{0 + \frac{1}{2}\times 14.1^2 + \frac{1}{2}\times 8.46^2 + \frac{1}{2}\times 5.64^2} = 12.3\ (\text{V})$$

同理，电流有效值为

$$I = \sqrt{I_0{}^2 + \frac{1}{2}I_{1m}{}^2 + \frac{1}{2}I_{2m}{}^2 + \frac{1}{2}I_{3m}{}^2}$$

$$= \sqrt{1^2 + \frac{1}{2} \times 5.64^2 + 0 + \frac{1}{2} \times 3.05^2} = 4.64 \text{（A）}$$

（2）根据平均功率公式

$$P = U_0 I_0 + U_1 I_1 \cos\varphi_1 + U_2 I_2 \cos\varphi_2 + \cdots$$

平均功率为

$$P = U_0 I_0 + \frac{1}{2} U_{1m} I_{1m} \cos(\varphi_{u1} - \varphi_{i1}) + \frac{1}{2} U_{2m} I_{2m} \cos(\varphi_{u2} - \varphi_{i2}) + \frac{1}{2} U_{3m} I_{3m} \cos(\varphi_{u3} - \varphi_{i3})$$

$$= 0 + \frac{1}{2} \times 14.1 \times 5.64 \cos(-\frac{\pi}{4} - \frac{\pi}{4}) + 0 + \frac{1}{2} \times 5.64 \times 3.05 \cos(\frac{\pi}{4} - \frac{\pi}{4})$$

$$= 8.6 \text{（W）}$$

8.3　非正弦周期电流电路的分析与计算

非正弦周期信号的分析利用的方法是谐波分析法，它是解决非正弦周期电流电路的有效方法。非正弦周期性电路的计算是多次不同频率正弦交流电路计算结果的线性叠加。

非正弦周期电流电路的计算步骤如下：

（1）将给定的非正弦周期性信号分解为傅里叶级数，并根据计算精度要求，取有限项高次谐波。

（2）分别计算直流分量以及各次谐波分量单独作用时电路中各个变量的响应，计算方法与直流电路及正弦交流电路的计算方法完全相同。对直流分量，电感元件等于短路，电容元件等于开路。线性 RLC 组成的电路，感抗、容抗与频率有关，对不同频率有不同的阻抗值，因而有其相应等效电路。对各次谐波分量可以用相量法进行，要根据不同的谐波频率，分别计算复阻抗。感抗对高次谐波电流有抑制作用，因而可以减小电流的非正弦程度；而容抗对高次谐波电流有畅通作用，是电流中含有比较显著的高次谐波分量。

（3）应用叠加原理，将各次谐波作用下的响应解析式进行线性叠加。需要注意的是，必须先将各次谐波分量响应写成瞬时值表达式后才可以叠加，而不能把表示不同频率的谐波的正弦量的相量进行加减。最后所求响应的解析式是用时间函数表示的。

例 8.2　如图 8.3 所示电路，已知 $R = 100\Omega$，$C = 10\mu\text{F}$，外加电压如图 8.1（b）所示方波，其周期 $T = 0.01\text{s}$，脉冲幅度 $U_m = 10\text{V}$。试求（a）和（b）两个电路的输出电压 u_{oa} 和 u_{ob}。（方波电压展开后，取前 4 项进行近似计算）

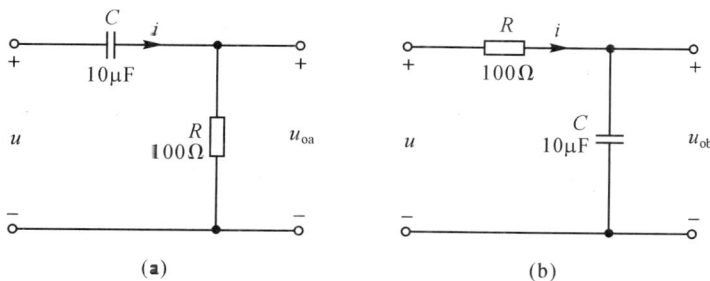

图 8.3　例 8.2 的电路

解 (1) 将函数 u 表示成傅里叶级数。把 $U_m = 10V$ 和 $\omega = \dfrac{2\pi}{T} = \dfrac{2 \times 3.14}{0.01} = 628\text{rad/s}$ 代入方波展开式

$$u(t) = \frac{U_m}{2} + \frac{2U_m}{\pi}\left(\sin\omega t + \frac{1}{3}\sin3\omega t + \frac{1}{5}\sin5\omega t + \cdots\right)$$

并取前 4 项,得

$$u = 5 + 4.5\sqrt{2}\sin628t + 1.5\sqrt{2}\sin(3 \times 628t) + 0.9\sqrt{2}\sin(5 \times 628t)\ (\text{V})$$

(2) 用相量法分别计算直流分量以及各次谐波分量单独作用时电路的响应对各次谐波的计算结果,如表 8.1 所示。

表 8.1　例 8.2 计算结果

计算量	计算公式	基波($k = 1$)	三次谐波($k = 3$)	五次谐波($k = 5$)
容抗(Ω)	$X_{Ck} = 1/k\omega C$	159	53	31.8
阻抗(Ω)	$Z_k = R - jX_{Ck}$	$187.8\angle-57.8°$	$113.2\angle-27.9°$	$104.9\angle-17.6°$
电流(A)	$\dot{I}_k = \dot{U}_k/Z_k$	$0.024\angle57.8°$	$0.013\angle27.9°$	$0.0086\angle17.6°$
输出电压(V)	$\dot{U}_{oak} = R\dot{I}_k$	$2.4\angle57.8°$	$1.3\angle27.9°$	$0.86\angle17.6°$
输出电压(V)	$\dot{U}_{obk} = -jX_{Ck}\dot{I}_k$	$3.8\angle-32.2°$	$0.69\angle-62.1°$	$0.27\angle-72.4°$

(3) 将直流分量与各谐波分量的瞬时值叠加。输出电压 u_{oa} 是各谐波电压分量的三角函数式和直流分量电压 u_{oa0} 相加。因直流分量 $I_0 = 0$,$U_{oa0} = 0$,所以

$$u_{oa} = u_{oa0} + u_{oa1} + u_{oa3} + u_{oa5}$$
$$= 2.4\sqrt{2}\sin(628t + 57.8°) + 1.3\sqrt{2}\sin(628t + 27.9°)$$
$$+ 0.86\sqrt{2}\sin(628t + 17.6°)\ (\text{V})$$

由图 8.3(b),$u_{bo0} = U_0 - RI_0 = 5 - 100 \times 0 = 5(\text{V})$,所以

$$u_{ba} = u_{ob0} + u_{ob1} + u_{ob3} + u_{ob5}$$
$$= 5 + 3.8\sqrt{2}\sin(628t - 32.2°) + 0.69\sqrt{2}\sin(628t - 62.1°)$$
$$+ 0.27\sqrt{2}\sin(628t - 72.4°)\ (\text{V})$$

在图 8.3(a) 中,如果把 u_{oa} 和输入电压 u 相互比较,输出电压中不含直流分量(直流分量被电容 C 隔开无法传送到输出端),随着谐波频率的升高,容抗 X_C 减小,该次谐波输出电压分量和输入电压分量的有效值之比增大。例如对于基波,$\dfrac{U_{oa1}}{U_1} = \dfrac{2.4}{4.5} = 0.53$,而五次谐波的 $\dfrac{U_{oa5}}{U_5} = \dfrac{0.86}{0.9} = 0.96$,即输入电压中的五次谐波在电容 C 上的压降很小,大部分传送到输出端,所以高次谐波很容易通过这个电路,该电路称为高通电路。

在图 8.3(b) 中,如果把 u_{ob} 和输入电压 u 相互比较,输入电压中的直流分量全部传送到输出端,各次谐波的输出电压分量和输入电压分量有效值之比随着谐波频率的升高而减小,例如基波的 $\dfrac{U_{ob1}}{U_1} = \dfrac{3.8}{4.5} = 0.84$,而五次谐波的 $\dfrac{U_{ob5}}{U_5} = \dfrac{0.27}{0.9} = 0.3$。所以这个电路的特性正好和图 8.3(a) 所示的电路相反,只有直流分量和频率低的信号才能顺利通过,是一个低通电路。

例 8.3 在图 8.4 所示电路中,已知 $R = 20\Omega$,$L = 1\text{mH}$,$C = 1000\text{pF}$,输入方波电流 i_s

如图 8.4(a) 所示,图中 $I_m = 157 \mu A, T = 6.28 \mu s$,求电路的端电压。

解　(1)将函数表示成傅里叶级数。方波电流 i_S 的傅里叶级数展开式为

$$i_S = \frac{I_m}{2} + \frac{2I_m}{\pi}(\sin\omega t + \frac{1}{3}\sin3\omega t + \frac{1}{5}\sin5\omega t + \cdots)$$

$$= 78.5 + 100(\sin\omega t + \frac{1}{3}\sin3\omega t + \frac{1}{5}\sin5\omega t + \cdots)$$

其中 $\omega = 2\pi/T = 10^6 (\text{rad/s})$。

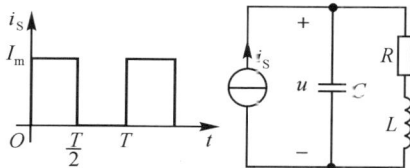

图 8.4　例 8.3 的波形图和电路图　　　　图 8.5　直流分量和正弦分量单独作用的电路

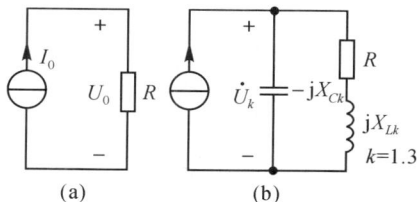

（2）用相量法分别计算直流分量以及各次谐波分量单独作用时电路的响应。直流分量
单独作用时的等效电路如图 8.5(a) 所示,则

$$U_0 = RI_0 = 20 \times 78.5 \times 10^{-6} = 0.00157 (\text{V})$$

各次谐波分量单独作用时电路的相量模型如图 8.5(b) 所示,则

复阻抗　$Z_k = \dfrac{(R + jk\omega L)\dfrac{1}{jk\omega C}}{R + jk\omega L + \dfrac{1}{jk\omega C}} = \dfrac{0.02 + jk}{(1-k^2) + j2k \times 10^{-2}} (\text{k}\Omega)$

电压相量 $\dot{U}_k = Z_k \dot{I}_k$,对于一次谐波,即 $k = 1$,得

$$\dot{U}_1 = Z_1 \dot{I}_1 = \frac{0.02 + j}{(1-1^2) + j2 \times 10^{-2}} \times \frac{100}{\sqrt{2}} \times 10^{-6} \approx \frac{5}{\sqrt{2}} (\text{V})$$

由于 Z_1 的阻抗角非常小,可以认为整个电路呈电阻性质,电压 $\dot{U}_1$ 和电流 $\dot{I}_1$ 同相,即电
路对基波产生并联谐振。

对于三次谐波,即 $k = 3$,得

$$\dot{U}_3 = Z_3 \dot{I}_3 = \frac{0.02 + 3j}{(1-3^2) + j2 \times 3 \times 10^{-2}} \times \frac{100}{\sqrt{2}} \times \frac{1}{3} \times 10^{-6}$$

$$= \frac{0.0125}{\sqrt{2}} \angle -89.95° (\text{V})$$

（3）将直流分量与各谐波分量的瞬时值叠加,得

$$u = 0.00157 + 5\sin\omega t + 0.0125\sin(3\omega t - 89.95°) + \cdots$$

比较输入与输出端电压的级数表达式可以看出,输出端电压中大大地突出了基波分量,
抑制了其他谐波分量,表现出谐振电路的选频特性。在选频放大器和 LC 正弦波振荡器中,
都要用到这种形式的选频电路。

我们知道,电感和电容在不同工作频率所呈现的阻抗也不相同,因此可以利用不同的电
感和电容的组合将非正弦周期电流电路中的某些高次谐波过滤掉而不出现在输出负载上,
起这种作用的电路称为滤波电路。下面我们举例说明这种作用。

图 8.6 所示电路中 $u_s(t)$ 为非正弦周期电压源,设其利用傅里叶级数展开后,含有有基波和各次高次谐波分量,如果不希望在输出电压 $u(t)$ 中含有 3ω 和 7ω 的谐波分量,问 L 和 C 应该为何值,ω 为基波的频率。

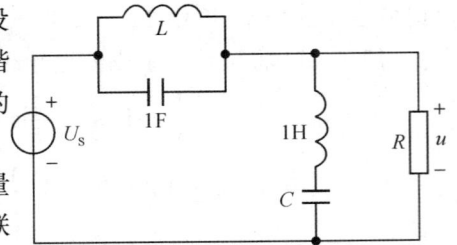

图 8.6 利用 L 和 C 的组合进行滤波

对 L 和 1F 电容的并联组合可以使 3ω 的谐波分量被滤掉而不能到达输出端,因此令 L 和 1F 电容的并联阻抗对 3ω 的谐波分量的电流趋于无穷大,有

$$Z_3 = \frac{j3\omega L \times \dfrac{1}{j3\omega C}}{j3\omega L + \dfrac{1}{j3\omega C}} \rightarrow \infty$$

要使此式成立,则应有

$$j3\omega L + \frac{1}{j3\omega C} = 0$$

即

$$L = \frac{1}{9\omega^2 C} = \frac{1}{9\omega^2}$$

同样,要使 7ω 的谐波分量不出现在输出电压中,应使该谐波的电压产生的电流不经过负载而被电容 C 和 1H 的电感的串联组合所短路,因此电容 C 和 1H 的电感的串联阻抗对 7ω 的谐波分量趋于零,有

$$Z_7 = j7\omega L + \frac{1}{j7\omega C} = 0$$

即

$$C = \frac{1}{49\omega^2 L} = \frac{1}{49\omega^2}$$

这样我们就可以采用多个不同的电感和电容的串联或并联组合来达到对一些高次谐波分量的滤波,使得不需要的谐波分量不能到达负载。

习 题

8.1 已知非正弦周期方波的形状如题 8.1 图,试求其傅里叶级数展开式。

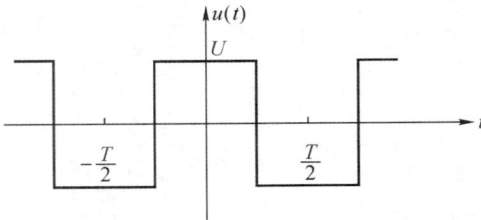

题 8.1 图

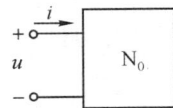

题 8.2 图

8.2 在题 8.2 图示一端口网络电路,已知

$$u = 10 + 10\sin 314t + 5\sin 942t \quad \text{V}$$

$$i = 4\sin\left(314t - \frac{\pi}{6}\right) + 2\sin\left(942t - \frac{\pi}{3}\right) \quad \text{A}$$

试求电压的有效值、电流的有效值以及一端口网络消耗的平均功率。

8.3　有效值为 100V 的正弦电压加在电感 L 两端时,测得电流有效值 $I = 100$A;当电压中含有三次谐波分量,而有效值仍为 100V,测得电流有效值 $I = 8$A,试求这一电压中基波和三次谐波电压的有效值。(设电感的电阻为零)

8.4　一个 RLC 串联电路,已知 $R = 11\Omega$,$L = 0.015$ H,$C = 70$ μF,当电路外加电压 $u(t) = 11 + 141.4\sin 1000t - 35.4\sin 2000t$ V,试求电路中的电流 $i(t)$ 及电压和电流的有效值。

8.5　题 8.5 图示电路为一滤波电路,要求负载中不含基波分量,但 4 次谐波分量 4ω 能全部传送至负载,设 $\omega = 1000$rad/s,$C = 1$ μF,求 L_1 和 L_2。

8.6　在题 8.6 图所示电路中,$u(t)$ 为 50Hz 的正弦交流单相全波整流电压,L_1 和 L_2 均为 50mH。如欲将最显著的二次谐波和四次谐波滤掉,使通过负载的电流中没有二次和四次谐波分量,求 C_1 和 C_2 的值。

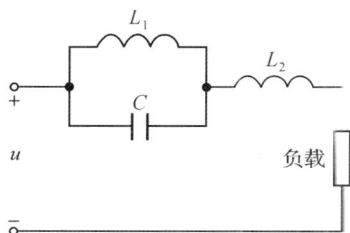 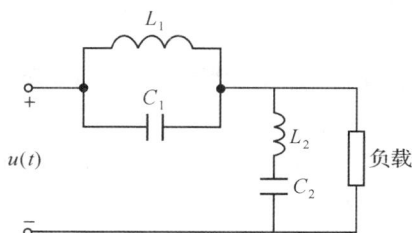

題 8.5 图　　　　　　　　　　題 8.6 图

8.7　题 8.7 图所示的电路是一个电感滤波电路,滤波电感 $L = 1$ H,负载电阻 $R = 50$ Ω。输入电压 u_i 是全波整流电压,按傅里叶级数分解,u_i 可表达为

$$u_i = 100 + 66.7\sin(2\omega t - 90°) + 13.3\sin(4\omega t - 90°) \quad \text{V}$$

上式中 $\omega = 314$ rad/s,六次及更高次谐波略去不计。试求负载电压 u_0,并把 u_0 中各次谐波的最大值和 u_i 中相应谐波的最大值作一比较,说明滤波效果。

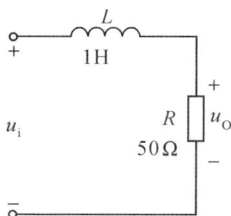 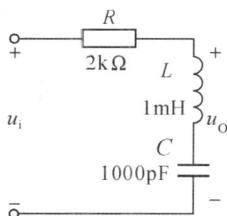 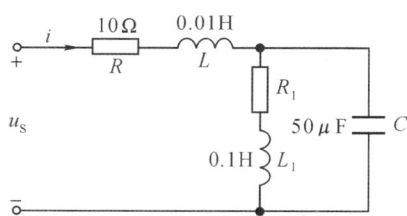

題8.7图　　　　　　　題8.8图　　　　　　　題8.9 图

8.8　题 8.8 图所示电路中,$R = 2$ kΩ,$L = 1$mH,$C = 1000$ pF,$\omega = 10^6$ rad/s,$u_s = 7.85 + 10\sin\omega t + 3.33\sin 3\omega t$ V,求 u_0。

8.9　题 8.9 图所示电路,电源电压

$$u_S = 50 + 100\sin 314t + 40\sin 628t + 10\sin(942t + 20°) \quad \text{V}$$

试求电流 i 和电源发出的功率及电源电压和电流的有效值。

第 9 章　　动态电路的时域分析

本章主要介绍一阶和二阶动态电路的时域分析,其特点是电路方程是用一阶和二阶微分方程描述的。一阶动态电路的时域分析主要介绍零输入响应、零状态响应、全响应和一阶电路的三要素法;二阶动态电路的时域分析主要介绍零输入响应。

9.1　基本概念及换路定则

在第 1 章中我们介绍了电容元件和电感元件,由于它们的伏安特性关系是用导数关系描述的,所以称之为动态元件,又称为储能元件。含有动态元件的电路称为动态电路。在一般情况下,如果动态电路中只有一个动态元件(可以合并简化的除外)则称为一阶动态电路,含有二个动态元件的动态电路则称为二阶动态电路。对于三阶及以上的动态电路,由于其时域分析比较困难,将在动态电路的频域中进行分析。

在对于动态电路进行分析时,需理解几个基本概念。

1. 过渡过程

当动态电路的结构或元件参数发生变化时(如电路的电源断开或接入、元件参数的变化、电路结构的变化等),电路就会从一种稳定状态转变到另一种稳定状态,但这种转变不是瞬间完成的,需要经历一个时间过程,这个时间过程称为过渡过程。

2. 换路

由于电路结构或参数的变化而引起动态电路从一种状态转变到另一种状态,称之为动态电路的换路。为了便于分析比较,我们将换路的那一瞬间定为 $t = 0$,而在换路前的最终时刻定为 $t = 0_-$,而将换路后的最初时刻定为 $t = 0_+$,这样换路经历的时间为从 0_- 到 0_+。

3. 初始条件

分析求解动态电路的过程,一般是根据基尔霍夫定律和元件的伏安特性关系建立方程,这时方程是以时间为自变量的线性常系数微分方程,解此方程,得到电路中所求电压或电流随时间的变化规律。这种在时域中求解微分方程的方法称为经典法。在用经典法求解微分方程时,需要根据电路在换路时的初始条件确定微分方程的积分常数,而电路的初始条件为所求变量(电压或电流)在 $t = 0_+$ 时的值及 $(n-1)$ 阶导数在 $t = 0_+$ 时的值。初始条件可分为独立初始条件和非独立初始条件。下面根据动态元件的伏安特性关系导出其独立初始条件。

在第 1 章我们知道电流的定义和线性电容的伏安特性关系式为

$$i_C = \frac{\mathrm{d}q}{\mathrm{d}t} \quad i_C = C\frac{\mathrm{d}u_C}{\mathrm{d}t}$$

因而在任意时刻 t 有

$$q(t) = \int_{-\infty}^{t} i_C(\xi)\mathrm{d}\xi = \int_{-\infty}^{t_0} i_C(\xi)\mathrm{d}\xi + \int_{t_0}^{t} i_C(\xi)\mathrm{d}\xi = q(t_0) + \int_{t_0}^{t} i_C(\xi)\mathrm{d}\xi \tag{9-1}$$

$$u_C = \frac{1}{C}\int_{-\infty}^{t} i_C(\xi)\mathrm{d}\xi = \frac{1}{C}\int_{-\infty}^{t_0} i_C(\xi)\mathrm{d}\xi + \frac{1}{C}\int_{t_0}^{t} i_C(\xi)\mathrm{d}\xi = u_C(t_0) + \frac{1}{C}\int_{t_0}^{t} i_C(\xi)\mathrm{d}\xi \tag{9-2}$$

如果令 $t_0 = 0_-$，$t = 0_+$，则有

$$q(0_+) = q(0_-) + \int_{0_-}^{0_+} i_C\mathrm{d}t \tag{9-3}$$

$$u_C(0_+) = u_C(0_-) + \frac{1}{C}\int_{0_-}^{0_-} i_C\mathrm{d}t \tag{9-4}$$

如果在换路前后的瞬间电流 $i_C(t)$ 为有限值，则以上两式中的积分项为零，电容上的电荷和电压不会发生跃变，即

$$q(0_+) = q(0_-) \tag{9-5}$$

$$u_C(0_+) = u_C(0_-) \tag{9-6}$$

对于磁通链的定义和电感的伏安特性式为

$$u_L = \frac{\mathrm{d}\Psi}{\mathrm{d}t} \qquad u_L = L\frac{\mathrm{d}i_L}{\mathrm{d}t}$$

因而在任意时刻 t 有

$$\Psi(t) = \int_{-\infty}^{t} u_L(\xi)\mathrm{d}\xi = \int_{-\infty}^{t_0} u_L(\xi)\mathrm{d}\xi + \int_{t_0}^{t} u_L(\xi)\mathrm{d}\xi = \Psi(t_0) + \int_{t_0}^{t} u_L(\xi)\mathrm{d}\xi \tag{9-7}$$

$$i_L(t) = \frac{1}{L}\int_{-\infty}^{t} u_L(\xi)\mathrm{d}\xi = \frac{1}{L}\int_{-\infty}^{t_0} u_L(\xi)\mathrm{d}\xi + \frac{1}{L}\int_{t_0}^{t} u_L(\xi)\mathrm{d}\xi$$

$$= i_L(t_0) + \frac{1}{L}\int_{t_0}^{t} u_L(\xi)\mathrm{d}\xi \tag{9-8}$$

如果令 $t_0 = 0_-$，$t = 0_+$，则有

$$\Psi(0_+) = \Psi(0_-) + \int_{0_-}^{0_+} u_L\mathrm{d}t \tag{9-9}$$

$$i_L(0_+) = i_L(0_-) + \frac{1}{L}\int_{0_-}^{0_+} u_L\mathrm{d}t \tag{9-10}$$

如果在换路瞬间电压 $u_L(t)$ 为有限值，则以上两式中的积分项为零，电感的磁通链和电流不会发生跃变，即

$$\Psi(0_+) = \Psi(0_-) \tag{9-11}$$

$$i_L(0_+) = i_L(0_-) \tag{9-12}$$

式(9-6)和式(9-12)就是动态电路的独立初始条件，又称为换路定则。而电路中其他参数的初始值需根据独立初始条件求出，如 $i_C(0_+)$、$u_L(0_+)$、$i_R(0_+)$、$u_R(0_+)$ 等。在求其他非独立初始值时，已具有初始电压的电容可等效成一个电压源，已具有初始电流的电感可等效成一个电流源。因而，初始电压为零的电容相当于短路，初始电流为零的电感相当于开路。

例 9.1　电路如图，在 $t = 0$ 时开关 S 打开，试求此时的 $u_C(0_+)$，$i_L(0_+)$，$i_C(0_+)$，$u_L(0_+)$。

解　在开关 S 没打开之前有

$$u_C(0_-) = \frac{U_s}{R + R_1} \times R_1 \qquad i_L(0_-) = \frac{U_s}{R + R_1}$$

开关 S 打开瞬间时，为求其他非独立初始条件 $i_C(0_+)$ 和 $u_L(0_+)$，将具有初始电压的电

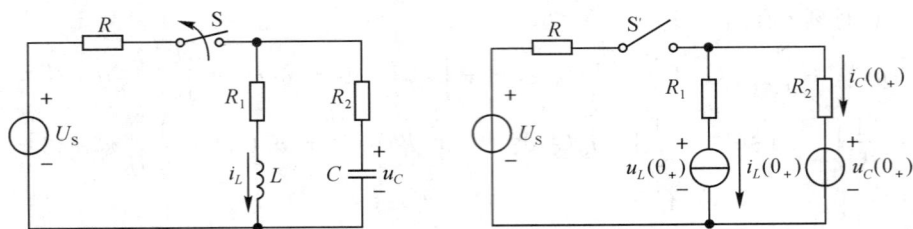

图 9.1　例 9.1 的图

容等效成一个电压源,而将具有初始电流的电感等效成一个电流源,于是有

$$u_C(0_+) = u_C(0_-) = \frac{U_s}{R+R_1} \times R_1$$

$$i_L(0_+) = i_L(0_-) = \frac{U_s}{R+R_1}$$

$$i_C(0_+) = -i_L(0_+) = -\frac{U_s}{R+R_1}$$

对闭合回路写 KVL 有

$$R_2 i_C(0_+) + u_C(0_+) - u_L(0_+) - R_1 i_L(0_+) = 0$$

$$u_L(0_+) = -R_1 i_L(0_+) + R_2 i_C(0_+) + u_C(0_+)$$

$$= -R_1 \times \frac{U_s}{R+R_1} + R_2 \times (-\frac{U_s}{R+R_1}) + \frac{U_s}{R+R_1} \times R_1$$

$$= -\frac{R_2}{R+R_1} \times U_s$$

9.2　一阶动态电路的零输入响应

如果一阶动态电路中的动态元件在换路前已经具有初始储能,那么在换路后电路中即使没有独立电源的作用,电路在动态元件初始储能的作用下也会产生响应。这种一阶动态电路没有独立电源而由动态元件的初始储能引起的响应称之为零输入响应。一阶动态电路的零输入响应分 RC 和 RL 电路的零输入响应,下面将分别介绍这两种电路。

1. RC 电路的零输入响应

在图示 RC 电路中,换路前开关 S 是合在位置 1 上的,电源对电容元件充电。在 $t=0$ 时将开关从位置 1 合到位置 2,使电路脱离电源,输入电能为零。此时电容元件已储存电场能量,其两端的电压初始值 $u_C(0_+) = U = u_C(0_-)$,电容元件通过电阻开始将储存的电场能量释放出来(简称放电)。根据基尔霍夫电压定律列出 $t \geqslant 0$ 时的电路方程为

$$u_R + u_C = 0$$

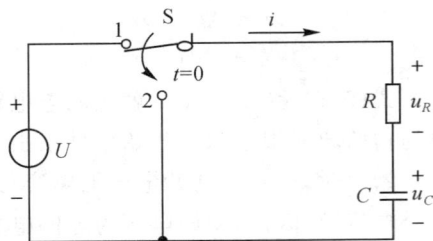

图 9.2　RC 电路的零输入响应

将电容元件的伏安特性关系式 $i = C\dfrac{\mathrm{d}u_C}{\mathrm{d}t}$ 和欧姆定律 $u_R = Ri$ 代入上式,有

$$RC \frac{\mathrm{d}u_C}{\mathrm{d}t} + u_C = 0$$

这是一阶线性常系数齐次微分方程,初始条件 $u_C(0_+) = u_C(0_-) = U$,令此方程的通解为 $u_C = Ae^{pt}$,代入上式后得特征方程为

$$RCp + 1 = 0$$

特征根为

$$p = -\frac{1}{RC}$$

将初始条件代入方程的通解,则可求得积分常数 $A = u_C(0_+) = U$。这样我们就得到满足初始条件的一阶微分方程的解

$$u_C = Ae^{pt} = Ue^{-\frac{1}{RC}t}$$

这就是储能元件电容在放电过程中其两端电压随时间变化的规律。从公式看出,电容两端的电压是按指数规律进行衰减的,衰减的快慢取决于指数中的 $\frac{1}{RC}$,我们定义参数

$$\tau = RC \tag{9-13}$$

称其为一阶动态 RC 电路的时间常数,当 R 用欧姆(Ω)做单位,C 用法拉(F)做单位,τ 的单位为秒(s)。这样,电路的各变量可表示为

$$u_C = Ue^{-\frac{t}{\tau}} \tag{9-14}$$

$$i = C \frac{\mathrm{d}u_C}{\mathrm{d}t} = C \frac{\mathrm{d}}{\mathrm{d}t}(Ue^{-\frac{t}{\tau}}) = -\frac{U}{R}e^{-\frac{t}{\tau}} \tag{9-15}$$

$$u_R = Ri = -Ue^{-\frac{t}{\tau}} = -u_C \tag{9-16}$$

式中的负号表示结果与图中的参考方向相反。时间常数 τ 的大小反映了一阶动态电路过渡过程的快慢,表 9.1 中给出了在不同的时间常数(τ 的整数倍)情况下,电容两端电压随时间的变化规律。

表 9.1

t	0	τ	2τ	3τ	4τ	5τ	$\cdots$	∞
$u_C(t)$	U	$0.368U$	$0.135U$	$0.05U$	$0.018U$	$0.007U$	$\cdots$	0

从上表看出,从理论上讲电容两端的电压 u_C 经过无限长时间才能衰减至零。但在工程

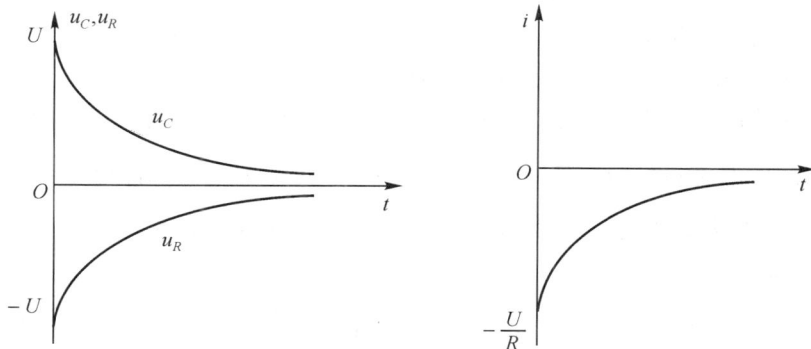

图 9.3 RC 电路零输入各变量响应曲线

上一般认为换路后,经过 $4 \sim 5\tau$ 时间过渡过程即结束。图 9.3 所示曲线分别为 u_C、i、u_R 随时间变化的曲线。

在一阶 RC 电路零输入响应中,电容储存的电场能量经电路释放出来,最终都被电阻转变成热量消耗掉,这可以从电阻消耗能量的公式反映出来:

$$W_R = \int_0^\infty Ri^2\,dt = \int_0^\infty R(\frac{U}{R}e^{-\frac{t}{\tau}})^2\,dt = \frac{U^2}{R}\int_0^\infty e^{-\frac{2t}{RC}}\,dt = \frac{1}{2}CU^2$$

例 9. 2　在图 9.4 中,开关长期合在位置 1 上,当 $t = 0$ 时把它合到位置 2 上,试求电容元件上电压 u_C 和放电电流 i。已知 $R_1 = 1k\Omega, R_2 = 2k\Omega, R_3 = 3k\Omega, C = 1\mu F$,电流源 $I = 3mA$。

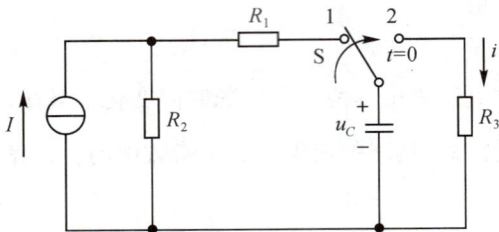

图 9.4　例 9.2 的图

解　在 $t = 0_-$ 时,$u_C(0_-) = R_2 I = 2\times10^3 \times 3\times10^{-3} = 6(V)$。按图中 i 和 u_C 标注的参考方向,则 $t \geqslant 0$ 时有

$$u_R - u_C = 0$$

$$u_R = R_3 i \qquad i = -C\frac{du_C}{dt}$$

由此得

$$R_3 C\frac{du_C}{dt} + u_C = 0$$

由前面的 RC 电路的零输入分析有

$$\tau = R_3 C = 3\times10^3 \times 1\times10^{-6} = 3\times10^{-3}(s)$$

$$u_C = u_C(0_+)e^{-\frac{t}{\tau}} = u_C(0_-)e^{-\frac{t}{\tau}} = 6e^{-3.3\times10^2 t}(V)$$

$$i = -C\frac{du_C}{dt} = 2e^{-3.3\times10^2 t}(mA)$$

2. RL 电路的零输入响应

在图 9.5 所示 RL 电路中,开关在位置 1 时,电感中已有电流流过,具备了初始储能。在 $t = 0$ 时,将开关从位置 1 合到位置 2,使电路脱离电源,输入电能为零。此时电感元件已储存磁场能量,电感中电流的初始值 $i_L(0_+) = \frac{U_s}{R_0} = I_0 = i_L(0_-)$,电感元件通过电阻开始将储存的磁场能量释放出来,根据基尔霍夫电压定律,列出 $t \geqslant 0$ 时的电路方程:

$$u_L + u_R = 0$$

将电感元件的伏安特性关系式 $u_L = L\frac{di_L}{dt}$ 和欧姆定律 $u_R = Ri_L$ 代入上式有

$$L\frac{di_L}{dt} + Ri_L = 0$$

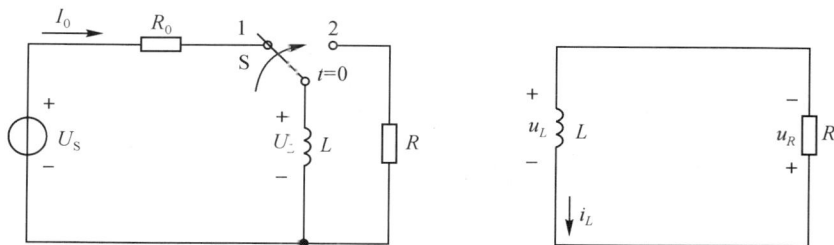

图 9.5　RL 电路的零输入响应

这是一阶线性常系数齐次微分方程,初始条件 $i_L(0_+) = i_L(0_-) = \dfrac{U_s}{R} = I_0$,令此方程的通解为 $i = A\mathrm{e}^{pt}$,代入上式后得特征方程为

$$Lp + R = 0$$

特征根为

$$p = -\frac{R}{L}$$

将初始条件代入方程的通解,则可求得积分常数 $A = i_L(0_+) = I_0$。这样我们就得到满足初始条件的一阶微分方程的解

$$i_L = A\mathrm{e}^{pt} = I_0 \mathrm{e}^{-\frac{R}{L}t}$$

这就是储能元件电感在放电过程中其放电电流随时间变化的规律。从公式看出,电感当中的电流是按指数规律进行衰减的,衰减的快慢取决于指数中的 $\dfrac{R}{L}$,我们定义参数

$$\tau = \frac{L}{R} \tag{9-17}$$

称其为一阶动态 RL 电路的时间常数,当 R 用欧姆(Ω)做单位,L 用亨利(H)做单位,τ 的单位为秒(s)。这样,电路的各变量可表示为

$$i_L = I_0 \mathrm{e}^{-\frac{t}{\tau}} \tag{9-18}$$

$$u_L = L\frac{\mathrm{d}i_L}{\mathrm{d}t} = L\frac{\mathrm{d}}{\mathrm{d}t}(I_0 \mathrm{e}^{-\frac{t}{\tau}}) = -RI_0 \mathrm{e}^{-\frac{t}{\tau}} \tag{9-19}$$

$$u_R = Ri_L = RI_0 \mathrm{e}^{-\frac{t}{\tau}} = -u_L \tag{9-20}$$

同样,在工程上认为换路后,经过 $4 \sim 5\tau$ 时间过渡过程即结束。

图 9.6 所示曲线分别为 i_L、u_L、u_R 随时间变化的曲线。

在一阶 RL 电路零输入响应中,电感储存的磁场能量经电路释放出来,最终都被电阻转变成热量消耗掉,这可以从电阻消耗能量的公式反映出来

$$W_R = \int_0^\infty Ri_L^2 \mathrm{d}t = \int_0^\infty R(I_0 \mathrm{e}^{-\frac{t}{\tau}})^2 \mathrm{d}t = RI_0^2 \int_0^\infty \mathrm{e}^{-\frac{2t}{RC}} \mathrm{d}t = \frac{1}{2}LI_0^2$$

例 9.3　图 9.7 所示 RL 电路是发电机的励磁线圈电路。已知线圈的电阻 $R = 0.2\Omega$,$L = 0.5\mathrm{H}$,直流电压源的电压 $U = 40\mathrm{V}$,在线圈两端加一直流电压表,测量线圈电压,电压表的量程为 50V,其内阻 $R_V = 5\mathrm{k}\Omega$。电路此时处于稳定状态。在 $t = 0$ 时打开开关,求开关打开后电路中的电流和电压表两端的电压 u_V。

解　$i(0_-) = \dfrac{U}{R} = \dfrac{40}{0.2} = 200$ (A)

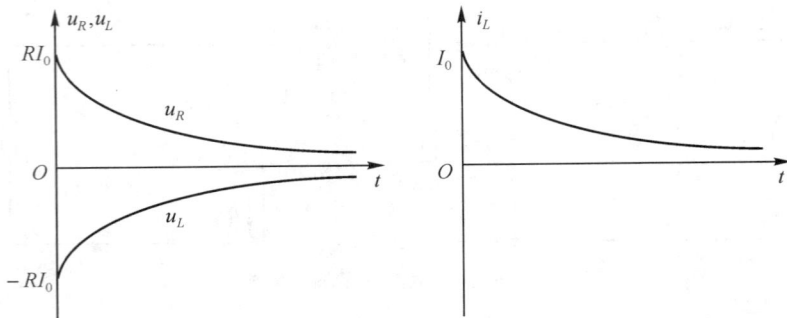

图 9.6　RL 电路零输入响应各变量响应曲线

开关断开瞬间,电路的时间常数为

$$\tau = \frac{L}{R + R_V} = \frac{0.5}{0.2 + 5000} = 100 \ (\mu S)$$

按照 RL 电路零输入响应分析得到的结果有

$$i = i(0_+)e^{-\frac{t}{\tau}} = i(0_-)e^{-\frac{t}{\tau}} = 200e^{-10000t} (A)$$

根据电压表的电压参考方向和电流的实际流向,得电压表两端的电压为

$$u_V = - R_V i = - 5000 \times 200 e^{-10000t} = - 1 \times 10^6 e^{-10000t} (V)$$

从这个例题我们看到,RL 电路与 RC 电路不同,在 RC 电路中,电容的电荷在连接电容的电路断开后仍能长时间保存在电容上,而电感储存的磁场能量在连接电感的电路断开后无法保存在电感中,因此将具有初始储能的电感从电源断开时,必须给电感留有放电回路,以便电感储存的磁场能量释放出来。本例中,直流电压表与电感构成了零输入回路,电压表的反向电压高达一百万伏,直

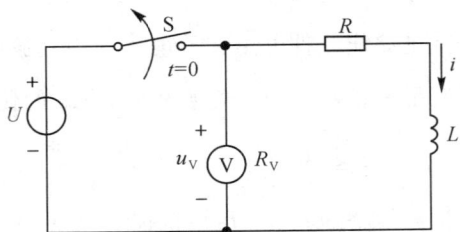

图 9.7　例 9.3 的图

流电压表瞬间被击穿。在此电路中,如果没有直流电压表,当电感从电源断开的瞬间,电感产生的高感应电压加在开关两端,使其间空气被击穿,在开关处产生电弧,电感储存的磁场能量通过开关释放出来,巨大的能量很容易使开关烧毁,因此,将大电感或通有大电流的电感从电路中断开时,应设有放电回路,便于电感的能量释放出来,以延长开关的寿命。

9.3　一阶动态电路的零状态响应

一阶动态电路的零状态响应是指电路中的动态元件在换路前没有初始储能、换路后由外接激励引起的电路响应。同样,下面将分别介绍 RC 和 RL 电路的零状态响应。

1. RC 电路的零状态响应

在图 9.8 示 RC 电路中,在开关 S 合向电路之前,电容元件的两端电压为零,没有初始储能,即 $u_C(0_-) = 0$,在 $t = 0$ 时刻,开关 S 合向电路,根据基尔霍夫定律,列出 $t \geqslant 0$ 时的电路方程

$$u_R + u_C = U_s$$

将电容元件的伏安特性关系式 $i = C\dfrac{du_c}{dt}$ 和欧姆定

律 $u_R = Ri$ 代入上式有

$$RC\,\frac{du_c}{dt} + u_c = U_s$$

方程为一阶常系数非齐次微分方程。通常方程的
通解由两部分组成,即对应齐次方程的解 $u_c{'}$ 和非齐次
方程的特解 $u_c{''}$ 组成:

$$u_c = u_c{'} + u_c{''}$$

图 9.8 RC 零状态电路

将电容元件的伏安特性关系式 $i = C\dfrac{du_c}{dt}$ 和欧姆定律 $u_R = Ri$ 代入上式有

$$RC\,\frac{du_c}{dt} + u_c = U_s$$

方程为一阶常系数非齐次微分方程。通常方程的通解由两部分组成,即对应齐次方程的
解 $u_c{'}$ 和非齐次方程的特解 $u_c{''}$ 组成:

$$u_c = u_c{'} + u_c{''}$$

对应齐次方程 $RC\,\dfrac{du_c{'}}{dt} + u_c{'} = 0$ 的解 $u_c{'}$,我们前面已得出

$$u_c{'} = Ae^{-\frac{t}{\tau}}$$

式中 $\tau = RC$。在电路理论中认为,一般情况下,非齐次方程的特解 $u_c{''}$ 与电路的电源或动态
元件在过渡过程结束后的状态有关。因此,我们容易得到

$$u_c{''} = U_s$$

因此 $u_c = u_c{'} + u_c{''} + Ae^{\frac{t}{\tau}} + U_s$

将初始条件 $u_c(0_+) = u_c(0_-) = 0$ 代入得

$$A = -U_s$$

因而 $u_c = U_s - U_s e^{-\frac{t}{\tau}} = U_s(1 - e^{-\frac{t}{\tau}})$ (9-21)

$$i = C\,\frac{du_c}{dt} = \frac{U_s}{R}e^{-\frac{t}{\tau}} \tag{9-22}$$

$$u_R = Ri = U_s e^{-\frac{t}{\tau}} \tag{9-23}$$

它们的波形分别如图 9.9 所示。

电容元件的电压 u_c 在过渡过程结束后最终趋于稳定值 U_s,电路中的电流和电阻两端
的电压都等于零,电路达到新的稳定状态,简称电路处于稳态,此时我们称特解 $u_c{''}$ 为稳态
分量,又因 $u_c{''}$ 与电路的电源有关,故又称为强制分量。而齐次方程的解 $u_c{'}$ 是随指数规律衰
减的,过渡过程结束后它就不再存在。因此称之为暂态分量,又因此分量的变化规律与电路
的电源无关,故又称为自由分量。

从电路的响应过程分析可知,零状态 RC 电路接通直流电压源的过程实际上是电容元
件储存电场能量(充电)的过程,直流电压源通过电阻向电容充电,除电容将一部分电源能
量转化为电场能量储存起来外,电阻也要消耗一部分电源能量:

$$W_R = \int_0^\infty Ri^2\,dt = \int_0^\infty R\Big(\frac{U_s}{R}e^{-\frac{t}{\tau}}\Big)^2 dt = \frac{U_s^2}{R}\int_0^\infty e^{-\frac{2t}{RC}}\,dt = \frac{1}{2}CU_s^2$$

从计算结果可知,不论电容和电阻为何值,电源提供给电路的能量,一半被电阻消耗掉,

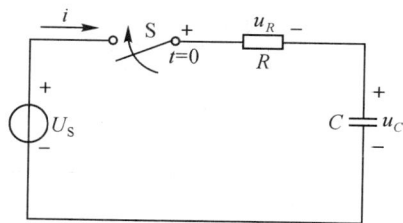

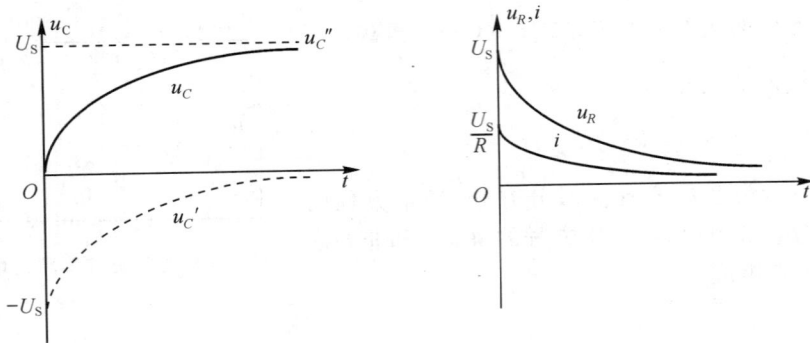

图 9.9 RC 电路零状态各变量响应曲线

另一半被电容储存起来,对电容的充电效率最大也只有 50%。

RC 电路的零状态响应在实际应用中还可利用其反复的充放电过程使得输出电压波形和输入电压波形之间构成特定数学关系,从而满足实际应用中所需要的某些特定波形。与前面介绍的 RC 零状态电路中的直流电源不同,此时电路的电源是周期性的矩形激励信号输入。

(1) 微分电路

图 9.10 所示为 RC 微分电路(设电路处于零状态)与输入电压和输出电压的波形。

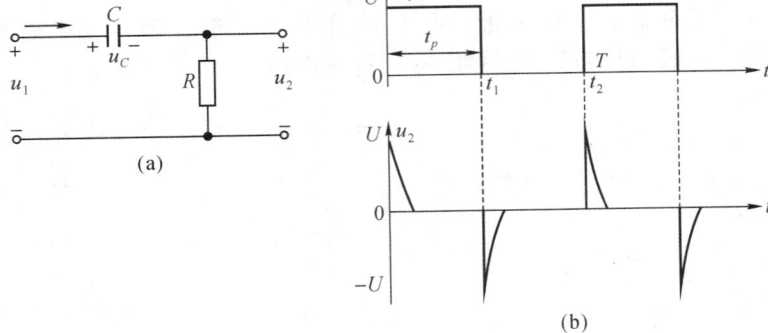

图 9.10 微分电路与输入电压和输出电压的波形

输入电压是周期性矩形电压 u_1,在电阻 R 两端输出的电压为 u_2,设 $R = 20\text{k}\Omega, C = 100\text{pF}, u_1$ 的幅值为 $U = 6\text{V}$,脉冲宽度 $t_p = 50\mu\text{s}$,则电路的时间常数为

$$\tau = RC = 20 \times 10^3 \times 100 \times 10^{-12}\text{s} = 2 \times 10^{-6}\text{s} = 2\mu\text{s}$$

可知 $\tau \ll t_p$。

在 $t = 0, u_1$ 从零突然跃变到 6V,即 $u_1 = U = 6\text{V}$,开始对状态的电容充电,由于电容两端的电压不能跃变,因而在这瞬间电容相当于短路($u_C = 0$),所以 $u_2 = U = 6\text{V}$。因为 $\tau \ll t_p$,相对于 t_p 而言,充电很快,u_C 很快增长到 U 值,与此同时 u_2 很快衰减到零值。这样在电阻两端就输出一个正的尖脉冲。

在 $t = t_1$ 时,u_1 突然下降到零(电压为零相当于输入端短路),同样由于 u_C 不能跃变,所以在这瞬间电容经电阻反方向快速放电,u_2 很快衰减到零,这样又输出一个负脉冲。当输入电压 u_1 为周期性的矩形脉冲,则输出电压 u_2 是周期性的正负尖脉冲。

比较 u_1 和 u_2 的波形,可以看到在 u_1 的上升跃变部分,$u_2 = U = 6\text{V}$,为正值最大;在 u_1

的平直部分，$u_2 \approx 0$；在 u_1 的下降跃变部分，$u_2 = -U = -6\text{V}$，此时负值最大。这种输入波形和输出波形的对应关系，反映的是电路对矩形脉冲微分的结果，因此将这种电路称为微分电路。

上面是对微分电路的定性分析，我们也可通过定量分析来描述 u_1 和 u_2 之间的微分关系。对电路写 KVL 方程有

$$u_1 = u_C + u_2 \tag{9-24}$$

除了在输入电压 u_1 在发生跃变的瞬间之外，在脉冲持续期间都会有

$$u_C \gg u_2 \tag{9-25}$$

故有　　　　$u_C \approx u_1$

这样输出电压 u_2 为

$$u_2 = Ri = RC\frac{\mathrm{d}u_C}{\mathrm{d}t} \approx RC\frac{\mathrm{d}u_1}{\mathrm{d}t} \tag{9-26}$$

即输出电压和输入电压满足微分关系，从而得到证明。

RC 微分电路的形成应具备两个条件：(a) $\tau \ll t_p$（最好 $\tau < 0.1t_p$）；(b) 输出电压从电阻两端输出。

在脉冲电路中，常利用微分电路把矩形脉冲变换为尖脉冲，作为某些开关电路的触发信号。

（2）积分电路

微分电路和积分电路如同数学中微分和积分一样是性质相反的两个方面，积分电路同样采用零状态的 RC 电路，但输出电压是在电容两端。

图 9.11 为 RC 积分电路（设电路处于零状态）与输入电压和输出电压的波形。

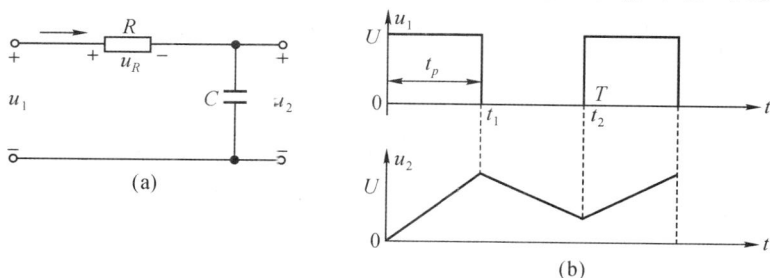

图 9.11　积分电路与输入电压和输出电压的波形

在积分电路中，要求电路应具备的条件刚好与微分电路相反，即：(a) $\tau \gg t_p$（最好 $\tau > 10t_p$）；(b) 输出电压从电容两端输出。

刚开始，由于 $\tau \gg t_p$，因此电容器只能缓慢充电，其上的电压在输入电压 u_1 的整个脉冲持续期间内缓慢增长，当还没增长到趋于稳定值时，u_1 已为零（$t = t_1$）。然后电容器经电阻缓慢放电，电容上的电压也缓慢衰减，而还没有衰减到零时，u_1 的下一个脉冲又来到对电容开始充电，周而复始，这样就在输出端产生了一个锯齿波电压。时间常数 τ 越大，充放电就越缓慢，输出的锯齿波电压的线性也就越好。

从 u_1 和 u_2 的波形关系来看，u_2 是对 u_1 积分的结果，因此将这种电路称为积分电路。

对积分电路也可通过定量分析来描述 u_1 和 u_2 之间的积分关系。对电路写 KVL 方程有

$$u_1 = u_C + u_2 \tag{9-27}$$

由于 $\tau \gg t_p$，因此零状态的电容两端的电压上升很慢，在脉冲持续期间有

$$u_R = Ri \gg u_C \tag{9-28}$$

故有　　　　$u_1 \approx u_R$

这样输出电压 u_2 为

$$u_2 = u_C = \frac{1}{C}\int_0^t i\mathrm{d}\tau = \frac{1}{C}\int_0^t \frac{u_R}{R}\mathrm{d}\tau \approx \frac{1}{RC}\int_0^t u_1\mathrm{d}\tau \tag{9-29}$$

即输出电压和输入电压满足积分关系，从而得到证明。

在脉冲电路中，常利用积分电路将矩形脉冲变换为锯齿波，作为扫描信号使用。

2. RL 电路的零状态响应

在图 9.12 示 RL 电路中，在开关 S 合向电路之前，电感元件中通过的电流为零，没有初始储能，即 $i_L(0_-) = 0$，在 $t = 0$ 时刻，开关 S 合向电路，根据基尔霍夫定律，列出 $t \geqslant 0$ 时的电路方程

$$u_R + u_L = U_s$$

将电感元件的伏安特性关系式 $u_L = L\dfrac{\mathrm{d}i_L}{\mathrm{d}t}$ 和欧姆定律 $u_R = Ri_L$ 代入上式有

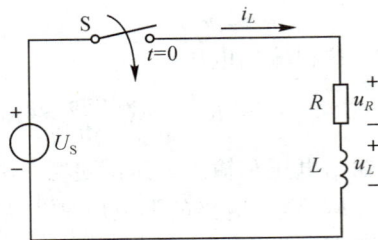

图 9.12　RL 零状态电路

$$L\frac{\mathrm{d}i_L}{\mathrm{d}t} + Ri_L = U_s$$

方程为一阶常系数非齐次微分方程。同样方程的通解由两部分组成，即对应齐次方程的解 $i_L{}'$ 和非齐次方程的特解 $i_L{}''$ 组成：

$$i_L = i_L{}' + i_L{}''$$

对应齐次方程 $L\dfrac{\mathrm{d}i_L{}'}{\mathrm{d}t} + Ri_L{}' = 0$ 的 $i_L{}'$ 解即暂态分量（或自由分量），我们前面已得到

$$i_L{}' = Ae^{-\frac{t}{\tau}}$$

式中，$\tau = \dfrac{L}{R}$。而非齐次方程的特解 $i_L{}''$ 即稳态分量（或强制分量），也就是过渡过程结束后，电感中电流的稳态值，从电路图中容易得到

$$i_L{}'' = \frac{U_s}{R}$$

因而有

$$i_L = i_L{}' + i_L{}'' = Ae^{-\frac{t}{\tau}} + \frac{U_s}{R}$$

将初始条件 $i_L(0_+) = i_L(0_-) = 0$ 代入上式有

$$A = -\frac{U_s}{R}$$

因此　　　$$i_L = -\frac{U_s}{R}e^{-\frac{t}{\tau}} + \frac{U_s}{R} = \frac{U_s}{R}(1 - e^{-\frac{t}{\tau}}) \tag{9-30}$$

$$u_L = L\frac{\mathrm{d}i_L}{\mathrm{d}t} = U_s e^{-\frac{t}{\tau}} \tag{9-31}$$

$$u_R = Ri_L = U_s(1 - e^{-\frac{t}{\tau}}) \tag{9-32}$$

它们的波形分别如图 9.13 所示。

例 9.4　在图 9.14 所示电路中，$U = 9\mathrm{V}, R_1 = 6\mathrm{k}\Omega, R_2 = 3\mathrm{k}\Omega, C = 1000\mathrm{pF}, u_C(0_-) =$

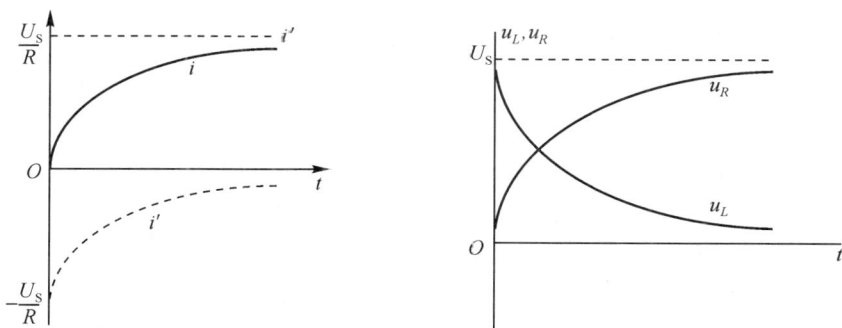

图 9.13 　RL 电路零状态各变量响应曲线

0,试求 $t \geq 0$ 时的电压 u_C。

解 　首先,根据戴维南定理,将除电容以外的电路用戴维南等效电路代替。

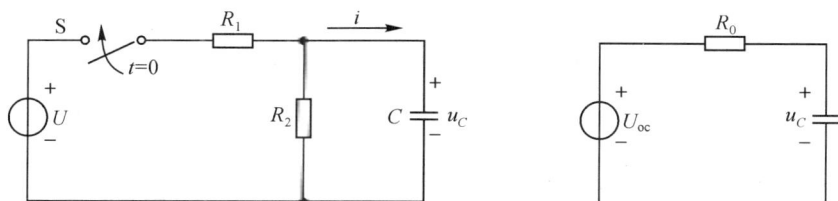

图 9.14 　例 9.4 的图

戴维南等效电压源为

$$U_{oc} = \frac{R_2 U}{R_1 + R_2} = \frac{3 \times 10^3 \times 9}{(6+3) \times 10^3} = 3 \text{（V）}$$

$$R_0 = \frac{R_1 R_2}{R_1 + R_2} = \frac{(6 \times 3) \times 10^6}{(6+3) \times 10^3} = 2 \times 10^3 = 2 \text{（k\Omega）}$$

电路的时间常数为

$$\tau = R_0 C = 2 \times 10^3 \times 1000 \times 10^{-12} = 2 \times 10^{-6} \text{（s）}$$

由 RC 电路零状态响应的公式有

$$u_C = U_{oc}(1 - e^{-\frac{t}{\tau}}) = 3(1 - e^{-\frac{t}{2 \times 10^{-6}}}) = 3(1 - e^{-5 \times 10^5 t}) \text{（V）}$$

9.4　一阶动态电路的全响应

一阶动态电路的全响应是指具有初始储能的动态元件和外加独立电源或激励共同作用于电路而产生的响应。

下面我们就 RC 和 RL 电路分别举例加以说明。

1. RC 电路的全响应

在图 9.15 所示电路中,电容元件已具有初始储能 $u_C(0_-) = U_0 < U_s$,当开关 S 在 $t = 0$ 时刻合向电路,根据基尔霍夫定律,列出 $t \geq 0$ 时的电路方程为

$$u_R + u_C = U_s$$

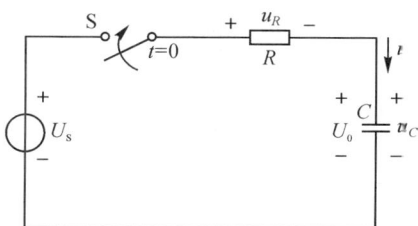

图 9.15 　RC 全响应电路

将电容元件的伏安特性关系式 $i = C\dfrac{\mathrm{d}u_C}{\mathrm{d}t}$ 和欧姆定律 $u_R = Ri$ 代入上式有

$$RC\frac{\mathrm{d}u_C}{\mathrm{d}t} + u_C = U_s$$

方程为一阶常系数非齐次微分方程。通常方程的通解由两部分组成,即对应齐次方程的解 $u_C{}'$ 和非齐次方程的特解 $u_C{}''$ 组成

$$u_C = u_C{}' + u_C{}''$$

对应齐次方程 $RC\dfrac{\mathrm{d}u_C{}'}{\mathrm{d}t} + u_C{}' = 0$ 的解 $u_C{}'$,我们前面已得出

$$u_C{}' = A\mathrm{e}^{-\frac{t}{\tau}}$$

式中 $\tau = RC$。在电路理论中认为,一般情况下,非齐次方程的特解 $u_C{}''$ 与电路的电源或动态元件在过渡过程结束后的状态有关。因此,我们容易得到

$$u_C{}'' = U_s$$

因此　　$u_C = u_C{}' + u_C{}'' = A\mathrm{e}^{-\frac{t}{\tau}} + U_s$

将初始条件 $u_C(0_+) = u_C(0_-) = U_0$ 代入上式有

$$A = U_0 - U_s$$

因此　　$u_C = (U_0 - U_s)\mathrm{e}^{-\frac{t}{\tau}} + U_s$ $\qquad\qquad(9\text{-}33)$

上式还可写成

$$u_C = U_0\mathrm{e}^{-\frac{t}{\tau}} + U_s(1 - \mathrm{e}^{-\frac{t}{\tau}}) \qquad\qquad(9\text{-}34)$$

上两式都是电容电压在换路后的全响应,但在理解上有不同的含义。对于式(9-33),第一项是暂态分量,它随着过渡过程的结束而趋于零,第二项是稳态分量,它等于电路中施加的独立电源。因而从普遍意义上讲,我们有

　　全响应 = 暂态分量 + 稳态分量 $\qquad\qquad(9\text{-}35)$

但从式(9-34)中我们又看到,第一项是当外接独立电源为零时,电容具有初始储能时的零输入响应。而第二项是当电容没有初始储能而外接独立电源时的零状态响应,二者根据线性叠加定理就构成了 RC 电路的全响应,即

　　全响应 = 零输入响应 + 零状态响应 $\qquad\qquad(9\text{-}36)$

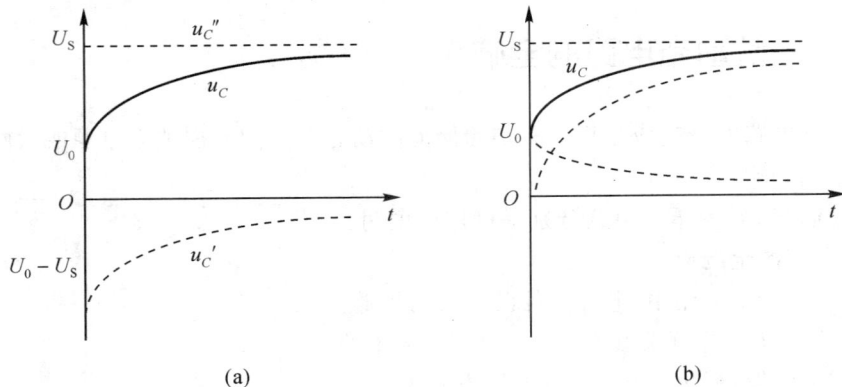

(a)　　　　　　　　　　　　(b)

图 9.16　RC 电路全响应的波形

　　这两种结果从不同侧面反映了 RC 电路全响应的含义,它们都是线性叠加定理在一阶线性动态电路中的具体体现,这也可以用波形图的叠加来说明,见图 9.16,其中图(a) 波形的叠加表示式(9-35),图(b) 波形的叠加表示式(9-36)。

　　例 9.5　在图 9.17 所示电路中,开关合在位置 1 时电路处于稳定状态,如在 $t=0$ 时将开关合向位置 2 后,试求电容元件上的电压 u_C。已知 $R_1=1\text{k}\Omega,R_2=2\text{k}\Omega,C=3\mu\text{F},U_1=3\text{V},U_2=5\text{V}$。

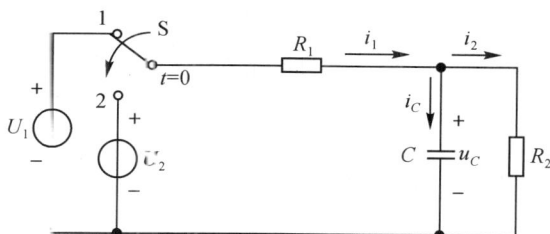

图 9.17　例 9.5 的图

　　解　根据开关在位置 1 时的电路图有

$$u_C(0_-)=\frac{R_2}{R_1+R_2}U_1=\frac{2\times10^3}{(1+2)\times10^3}\times3=2\ (\text{V})$$

　　在 $t\geqslant0$ 时,根据基尔霍夫电流定律列出电流方程:

$$i_1-i_2-i_C=0$$

由元件的伏安特性关系有

$$\frac{U_2-u_C}{R_1}-\frac{u_C}{R_2}-C\frac{\mathrm{d}u_C}{\mathrm{d}t}=0$$

整理后得　　$R_1C\dfrac{\mathrm{d}u_C}{\mathrm{d}t}+(1+\dfrac{R_1}{R_2})u_C=U_2$

这是一阶常系数非齐次微分方程,将各元件的参数代入,根据前面介绍的解法有

$$\tau=R_0C=\frac{R_1R_2}{R_1+R_2}C=\frac{1\times10^3\times2\times10^3}{(1+2)\times10^3}\times3\times10^{-6}=2\times10^{-3}(\text{s})$$

$$u_C=u_C{}'+u_C{}''=\frac{10}{3}+A\mathrm{e}^{-500t}\ (\text{V})$$

将 $u_C(0_+)=u_C(0_-)=2\text{V}$,代入上式有 $A=-\dfrac{4}{3}$,所以

$$u_C=\frac{10}{3}-\frac{4}{3}\mathrm{e}^{-500t}\ (\text{V})$$

2. RL 电路的全响应

　　在图 9.18 所示电路中,同 RC 电路的全响应一样,在换路前电感当中已有电流流过,因而电感具有初始储能,$i_L(0_-)=\dfrac{U_s}{R_0+R}=I_0$,$t=0$ 时刻,开关 S 合向电路,根据基尔霍夫定律,列出 $t\geqslant0$ 时的电路方程:

$$u_R+u_L=U_s$$

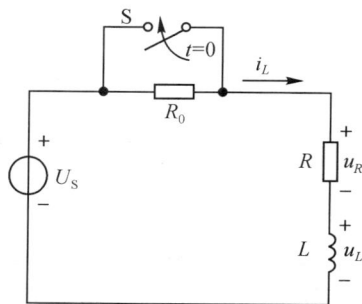

图 9.18　RL 电路全响应

将电感元件的伏安特性关系式 $u_L = L\dfrac{\mathrm{d}i_L}{\mathrm{d}t}$ 和欧姆定律 $u_R = Ri_L$ 代入上式有

$$L\frac{\mathrm{d}i_L}{\mathrm{d}t} + Ri_L = U_s$$

方程为一阶常系数非齐次微分方程。同样方程的通解由两部分组成，即对应齐次方程的解 $i_L{}'$ 和非齐次方程的特解 $i_L{}''$

$$i_L = i_L{}' + i_L{}''$$

对应齐次方程 $L\dfrac{\mathrm{d}i_L{}'}{\mathrm{d}t} + Ri_L{}' = 0$ 的 $i_L{}'$ 解即暂态分量（或自由分量），我们前面已得到

$$i_L{}' = Ae^{-\frac{t}{\tau}}$$

式中，$\tau = \dfrac{L}{R}$。而非齐次方程的特解 $i_L{}''$ 即稳态分量（或强制分量），也就是过渡过程结束后，电感中电流的稳态值，从电路图中容易得到

$$i_L{}'' = \frac{U_s}{R}$$

因而有　　$i_L = i_L{}' + i_L{}'' = Ae^{-\frac{t}{\tau}} + \dfrac{U_s}{R}$

将初始条件 $i_L(0_+) = i_L(0_-) = \dfrac{U_s}{R_0 + R} = I_0$ 代入上式有

$$A = I_0 - \frac{U_s}{R}$$

因此　　$i_L = (I_0 - \dfrac{U_s}{R})e^{-\frac{t}{\tau}} + \dfrac{U_s}{R}$　　　　　　　　　　　　　　(9-37)

上式还可写成

$$i_L = I_0 e^{-\frac{t}{\tau}} + \frac{U_s}{R}(1 - e^{-\frac{t}{\tau}})\tag{9-38}$$

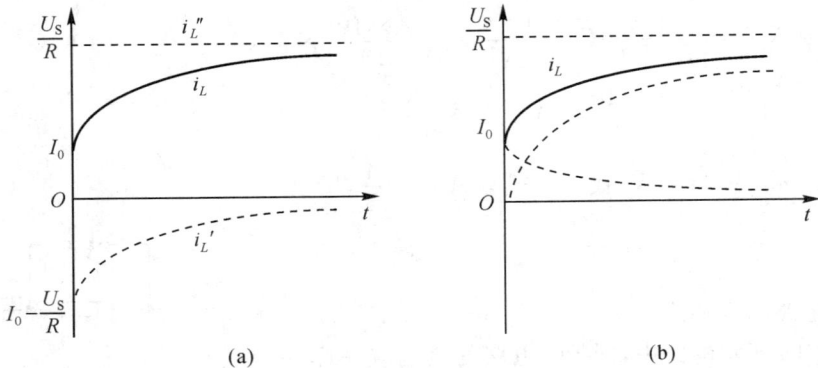

图 9.19　RL 电路全响应的波形叠加

上两式的解释与 RC 电路的全响应完全相同。式(9-37)表示 RL 电路的全响应是暂态分量和稳态分量的线性叠加，式(9-38)表示 RL 电路的全响应是零输入响应和零状态响应的线性叠加。同样也可用图 9.19 所示的波形图来表示它们的叠加。其中图(a)波形的叠加表示式(9-37)，图(b)波形的叠加表示式(9-38)。

例9.6　在图9.20所示电路,开关 S 在位置1时,电路已处于稳态。在 $t=0$ 时开关由位置1合向位置2,试求 $t \geqslant 0$ 时电感中的电流 i_L 和电感两端的电压 u_L。已知 $U_1 = 20\text{V}, U_2 = 35\text{V}, R_1 = 5\Omega, R_2 = 10\Omega, R_3 = 10\Omega, L = 40\text{mH}$。

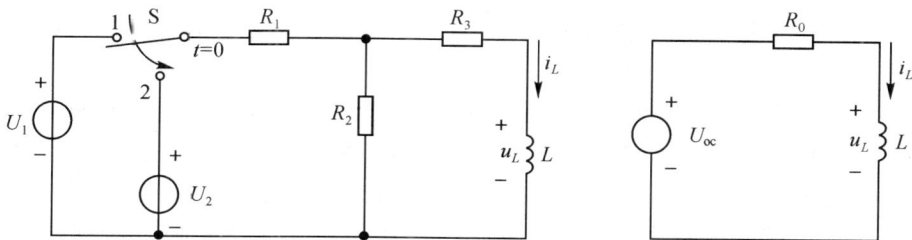

图 9.20　例 9.6 的图

解　$i_L(0_-) = \dfrac{U_1}{R_1 + \dfrac{R_2 R_3}{R_2 + R_3}} \times \dfrac{R_2}{R_2 + R_3} = \dfrac{20}{5 + \dfrac{10 \times 10}{10 + 10}} \times \dfrac{10}{10 + 10} = 1\ (\text{A})$

从前面的分析知道,可将换路后的电路得利用戴维南定理化成最简电路,图中

$$U_{\text{oc}} = \frac{U_2}{R_1 + R_2} \times R_2 = \frac{35}{5 + 10} \times 10 = \frac{70}{3}\ (\text{V})$$

$$R_0 = R_3 + \frac{R_1 R_2}{R_1 + R_2} = 10 + \frac{5 \times 10}{5 + 10} = \frac{40}{3}\ (\Omega)$$

时间常数　$\tau = \dfrac{L}{R_0} = \dfrac{40 \times 10^{-3}}{\dfrac{40}{3}} = 3 \times 10^{-3}\ (\text{s})$

所以有　$i_L = i'_L + i''_L = A\text{e}^{-\frac{t}{\tau}} + \dfrac{U_{\text{oc}}}{R_0} = A\text{e}^{-\frac{10^3}{3}t} + \dfrac{7}{4}$

将 $i_L(0_+) = i_L(0_-) = 1\text{A}$ 代入上式确定积分常数

$$A = 1 - \frac{7}{4} = -\frac{3}{4}$$

于是有　$i_L = \dfrac{7}{4} - \dfrac{3}{4}\text{e}^{-\frac{10^3}{3}t}\ (\text{A})$

$$u_L = L\frac{\text{d}i_L}{\text{d}t} = 10\text{e}^{-\frac{10^3}{3}t}\ (\text{V})$$

9.5　求解一阶动态电路的三要素法

从上面对一阶动态 RC 和 RL 电路的零输入响应、零状态响应和全响应的分析我们知道,一阶动态电路的全响应概括了动态电路响应的全过程,零输入响应和零状态响应只是全响应的特例情况。通过对一阶动态 RC 和 RL 电路的全响应分析知道,全响应可看成是暂态分量和稳态分量的线性叠加,从结果公式可知,只要我们确定了所求变量的初始值、过渡过程结束后的稳态值、时间常数这三个量值,就可以直接写出在直流电源作用下一阶动态电路全响应的表达式。这种方法称为求解一阶动态电路的三要素法。

设一阶动态电路中所求变量为 $y(t)$,变量的初始值为 $y(0_+)$,变量在过渡过程结束后的

稳态值为 $y(\infty)$,时间常数为 τ,则我们直接可写出全响应的表达式为

$$y(t) = y'(t) + y''(t) = y''(t) + Ae^{-\frac{t}{\tau}}$$

$$= y(\infty) + [y(0_+) - y(\infty)]e^{-\frac{t}{\tau}} \tag{9-39}$$

式中,$y'(t)$ 和 $y''(t)$ 分别表示全响应中对应齐次方程的解和对应非齐次方程的特解,A 为积分常数。

在使用一阶电路的三要素法求解动态电路的过渡过程时应当注意两个问题。首先,在一阶动态电路中,只求动态元件的电压或电流参数时,当电路不是最简电路时,须将除动态元件以外的电路部分用戴维南定理或诺顿定理进行等效变换,化简成最简电路,以求得动态元件的电压或电流随时间的变化规律。如果还要求电路的其他参数,则电路还需还原成原电路,只能按原电路进行分析计算其他参数随时间的变化规律。其次,在一阶动态电路中,只有电容元件两端的电压电路 u_C 和电感元件中流过的电流 i_L 满足换路定则,而电容元件中流过的电流 i_C 和电感两端的电压 u_L 及电路中其他元件的参数都不满足换路定则,它们的 $y(0_+)$ 值需在电路换路后的瞬间根据电路的具体情况求得。此时,具有初始储能的电容元件可等效成一个电压源,而具有初始储能的电感元件可等效成一个电流源,然后结合这两点及电路情况,求出其他没有满足换路定则的元件或支路在换路瞬间后的 $y(0_+)$ 值。

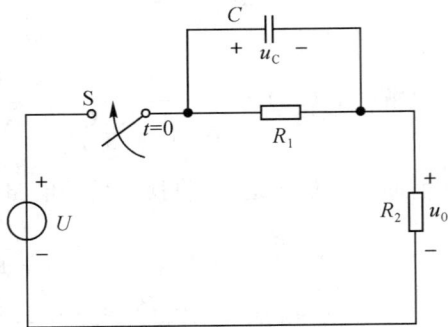

图 9.21   例 9.7 的图

例 9.7   试用一阶电路三要素法求图 9.21 所示电路在 $t \geqslant 0$ 时的 u_C 和 u_0。设 $u = 6\text{V}$,$R_1 = 10\text{k}\Omega$,$R_2 = 20\text{k}\Omega$,$C = 1000\text{pF}$,$u_C(0_-) = 0$。

解   根据一阶电路三要素法

(1) 确定各变量的初始值 $y(0_+)$

$$u_C(0_+) = u_C(0_-) = 0$$

由于 $u_C(0_+) = 0$,故此时电容相当于短路,$u_0(0_+) = 6\text{V}$。

(2) 确定各变量的稳态值 $y(\infty)$

当电路达到稳态后,电容相当于开路,故有

$$u_C(\infty) = \frac{R_1}{R_1 + R_2}U = \frac{10 \times 10^3}{(10 + 20) \times 10^3} \times 6 = 2(\text{V})$$

$$u_0(\infty) = U - u_C = 6 - 2 = 4(\text{V})$$

(3) 确定时间常数 τ

利用戴维南定理求等效电阻的方法,从电容两端看进去的等效电阻 R_0(电压源短路)

$$\tau = R_0C = \frac{R_1 R_2}{R_1 + R_2}C = \frac{10 \times 10^3 \times 20 \times 10^3}{(10 + 20) \times 10^3} \times 1000 \times 10^{-12} = \frac{2}{3} \times 10^{-5}(\text{s})$$

最后得

$$u_C = u_C(\infty) + [u_C(0_+) - u_C(\infty)]e^{-\frac{t}{\tau}} = 2 + [0 - 2]e^{-1.5 \times 10^5 t} = 2 - 2e^{-1.5 \times 10^5 t}(\text{V})$$

$$u_0 = u_0(\infty) + [u_0(0_+) - u_0(\infty)]e^{-\frac{t}{\tau}} = 4 + [6 - 4]e^{-1.5 \times 10^5 t} = 4 + 2e^{-1.5 \times 10^5 t}(\text{V})$$

例 9.8   电路如图 9.22 所示,在换路前电路处于稳定状态。当 $t = 0$ 时将开关从位置 1

合向位置 2 后，试求 i_L 和 i，并作出它们的变化曲线。已知 $R_1 = 1\Omega, R_2 = 2\Omega, R_3 = 1\Omega, L = 3\mathrm{H}$。

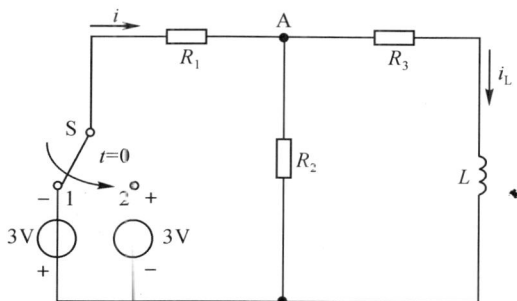

图 9.22　例 9.8 的图

解　（1）求各变量的初始值 $y(0_+)$

由于电流实际流向与参考方向相反，故有

$$i_L(0_+) = i_L(0_-) = -\frac{3}{R_1 + \dfrac{R_2 R_3}{R_2 + R_3}} \times \frac{R_2}{R_2 + R_3} = -\frac{3}{1 + \dfrac{2 \times 1}{2 + 1}} \times \frac{2}{2 + 1} = -\frac{6}{5}\ (\mathrm{A})$$

对 A 点求结点电压，此时电感可等效为一个电流源，于是有

$$u_A(0_+) = \frac{\dfrac{3}{R_1} - i_L(0_+)}{\dfrac{1}{R_1} + \dfrac{1}{R_2}} = \frac{\dfrac{3}{1} - \left(-\dfrac{6}{5}\right)}{1 + \dfrac{1}{2}} = \frac{14}{5}\ (\mathrm{V})$$

$$i(0_+) = \frac{3 - u_A(0_+)}{R_1} = \frac{3 - \dfrac{14}{5}}{1} = \frac{1}{5}\ (\mathrm{A})$$

（2）求各变量的稳态值 $y(\infty)$

$$i_L(\infty) = \frac{3}{R_1 + \dfrac{R_2 R_3}{R_2 + R_3}} \times \frac{R_2}{R_2 + R_3} = \frac{3}{1 + \dfrac{2 \times 1}{2 + 1}} \times \frac{2}{2 + 1} = \frac{6}{5}\ (\mathrm{A})$$

$$i(\infty) = \frac{3}{R_1 + \dfrac{R_2 R_3}{R_2 + R_3}} = \frac{3}{1 + \dfrac{2 \times 1}{2 + 1}} = \frac{9}{5}\ (\mathrm{A})$$

（3）求电路的时间常数 τ

利用戴维南定理求等效电阻的方法，从电感两端看进去的等效电阻（电压源短路）为

$$R_0 = \frac{R_1 R_2}{R_1 + R_2} + R_3 = \frac{2 \times 1}{2 + 1} + 1 = \frac{5}{3}(\Omega)$$

$$\tau = \frac{L}{R_0} = \frac{3}{\dfrac{5}{3}} = \frac{9}{5}(\mathrm{s})$$

最后根据一阶电路的三要素法得

$$i_L = i_L(\infty) + [i_L(0_+) - i_L(\infty)]e^{-\frac{t}{\tau}} = \frac{6}{5} + \left[-\frac{6}{5} - \frac{6}{5}\right]e^{-\frac{5}{9}t}$$

$$= \frac{6}{5} - \frac{12}{5}e^{-\frac{5}{9}t} = 1.2 - 2.4e^{-\frac{5}{9}t}\ (\mathrm{A})$$

$$i = i(\infty) + [i(0_+) - i(\infty)]\mathrm{e}^{-\frac{t}{\tau}} = \frac{9}{5} + \left[\frac{1}{5} - \frac{9}{5}\right]\mathrm{e}^{-\frac{5}{9}t}$$

$$= \frac{9}{5} - \frac{8}{5}\mathrm{e}^{-\frac{5}{9}t} = 1.8 - 1.6\mathrm{e}^{-\frac{5}{9}t}(\mathrm{A})$$

它们的图形如图 9.23 所示。

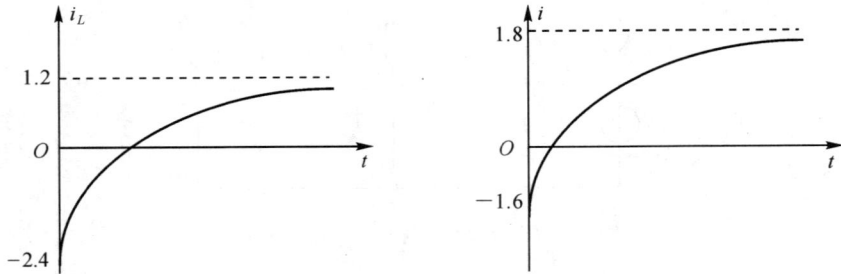

图 9.23　例 9.8 的图

9.6　一阶动态电路的阶跃响应和冲激响应

9.6.1　一阶动态电路的阶跃响应

1. 单位阶跃函数和阶跃函数

单位阶跃函数一般用 $\varepsilon(t)$ 表示,其定义为

$$\varepsilon(t) = \begin{cases} 0 & t \leqslant 0_- \\ 1 & t \geqslant 0_+ \end{cases} \tag{9-40}$$

其波形如图 9.24(a) 所示,它在 $t < 0$ 时恒为零,$t > 0$ 时恒为 1。$t = 0$ 时由 0 阶跃到 1,这是一个跃变过程,其函数值不定。单位阶跃函数是一个奇异函数。

如果单位阶跃函数 $\varepsilon(t)$ 乘以任意常量,则所得结果称为阶跃函数,其表达式为

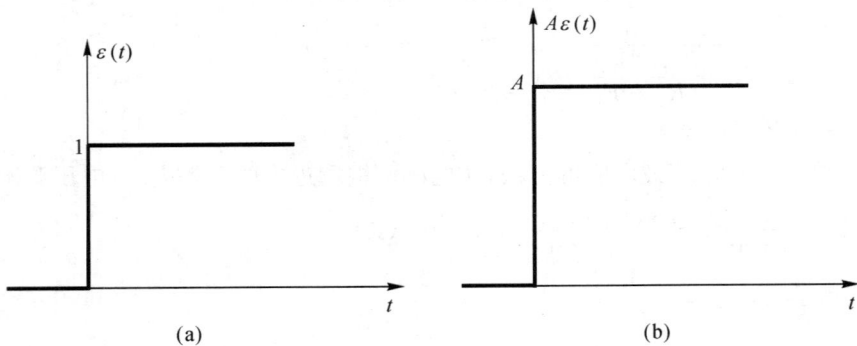

图 9.24　单位阶跃函数和阶跃函数的波形

$$A\varepsilon(t) = \begin{cases} 0 & t \leqslant 0_- \\ A & t \geqslant 0_+ \end{cases} \tag{9-41}$$

其波形如图(b)所示。

　　阶跃函数在电路理论中的应用之一是描述电路中的某些开关动作,例如图 9.25 中所示,它表示在 $t=0$ 时将单位直流电压源或电流源接入到电路中。因此,阶跃函数在电路中作为开关的数学模型,所以有时也将其称为开关函数。

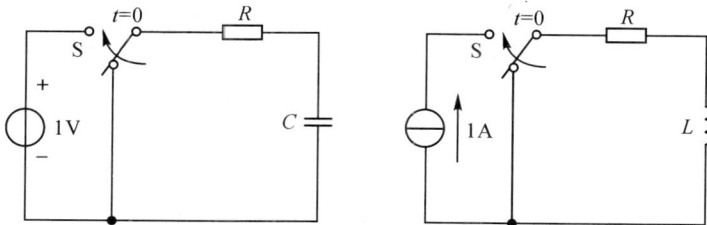

图 9.25　单位阶跃函数作为开关模型

　　如图 9.26 所示,定义在任何时刻 t_0 开始的单位阶跃延迟函数的表达式为

$$\varepsilon(t - t_0) = \begin{cases} 0 & t \leqslant t_{0_-} \\ 1 & t \geqslant t_{0_-} \end{cases} \tag{9-42}$$

　　如果单位阶跃函数 $\varepsilon(t - t_0)$ 乘以任意常量,则所得结果称为阶跃延迟函数,其表达式为

$$A\varepsilon(t - t_0) = \begin{cases} 0 & t \leqslant t_{0_-} \\ A & t \geqslant t_{0_+} \end{cases}$$

其波形如图 9.26(b)所示。

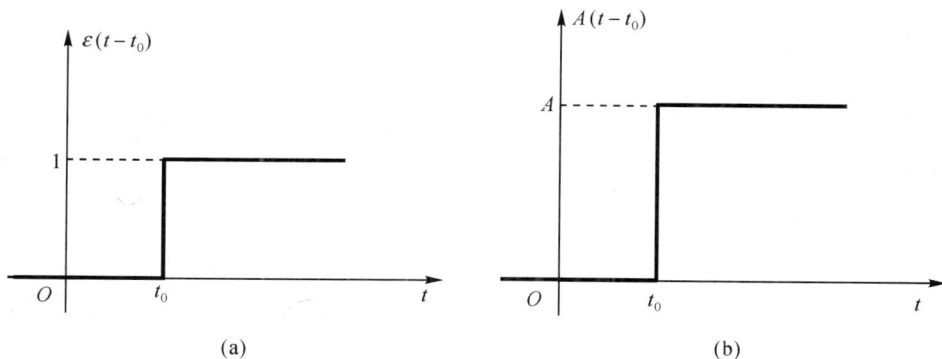

(a)　　　　　　　　　　　　　　　(b)

图 9.26　单位阶跃延迟函数和阶跃延迟函数

　　单位阶跃函数还可用来起始和终止任意一个时间函数 $f(t)$。设 $f(t)$ 是对所有时间都有定义的函数(如图 9.27(a)所示),则

$$f(t)\left[\varepsilon(t - t_1) - \varepsilon(t - t_2)\right] = \begin{cases} f(t) & t_{1+} \leqslant t \leqslant t_{2-} \\ 0 & t \leqslant t_{1-} \quad t \geqslant t_{2+} \end{cases} \tag{9-43}$$

波形如图 9.27(b)所示。

　　阶跃函数在电路理论中的应用之二是可以很方便地表示某些信号,例如,利用两个阶跃延迟函数的线性叠加可以表示一个矩形脉冲,例如,图 9.28(a)所示的矩形脉冲信号可看成图(b)和图(c)两个阶跃函数的合成。数学表达式为

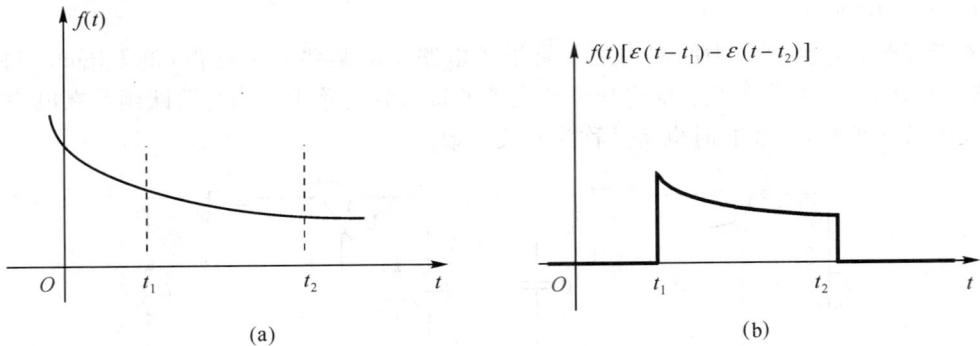

图 9.27　单位阶跃函数的起始作用

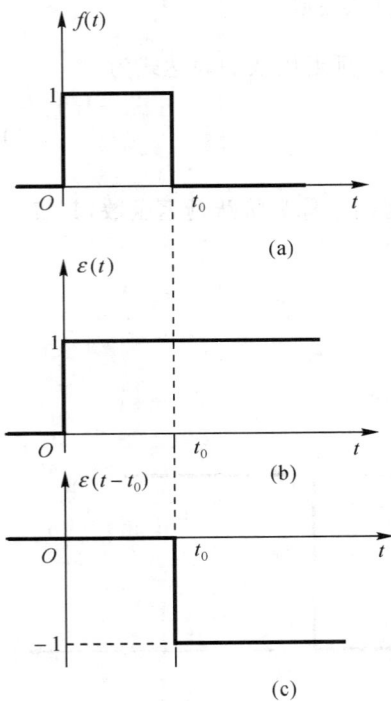

图 9.28　单位矩形脉冲的合成

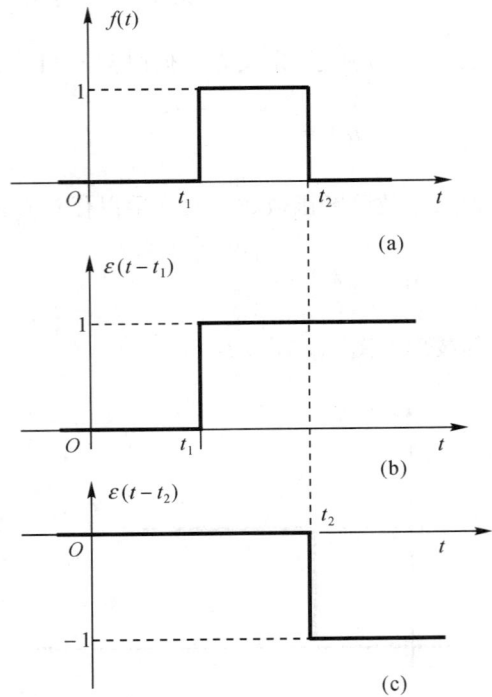

图 9.29　单位延迟矩形脉冲的合成

$$f(t) = f_1(t) + f_2(t) = \varepsilon(t) - \varepsilon(t - t_0)$$

对于图 9.29 所示的单位延迟矩形脉冲,我们同样可写出它的数学表达式为

$$f(t) = f_1(t) + f_2(t) = \varepsilon(t - t_1) - \varepsilon(t - t_2)$$

2. 单位阶跃响应和阶跃响应

一阶动态电路在单位阶跃函数信号的激励下产生的零状态响应称为单位阶跃响应,而电路在一般阶跃函数的激励下产生的零状态响应称为阶跃响应。

单位阶跃函数 $\varepsilon(t)$ 作用于电路相当于单位直流电源(1V 电压源或 1A 电流源)在 $t = 0$ 时接入电路,因此对于一阶动态电路,电路的单位阶跃响应可用一阶动态电路的三要素法求解。

若电路在单位阶跃函数 $\varepsilon(t)$ 激励下的零状态响应(即单位阶跃响应)是 $y(t)$,则在阶跃函数 $A\varepsilon(t)$ 激励下的零状态响应是 $Ay(t)$,而在延迟阶跃函数 $A\varepsilon(t-\tau)$ 激励下的零状态响应是 $Ay(t-\tau)$。如果有若干个阶跃激励共同作用于电路,则其零状态响应等于各个激励分别单独作用电路时产生的零状态响应的线性叠加。需要注意的是,这些不同的激励可以施加在电路的同一输入端口,也可分别施加于不同的输入端口,但响应只能位于同一输出端口。

例 9.9 在图 9.30 所示电路中,电流源对电路的激励波形如图(b)所示,试求电路的零状态响应 $u_C(t)$,设 $R_1 = 6\Omega, R_2 = 4\Omega, C = 0.2F, u_C(0_-) = 0$。

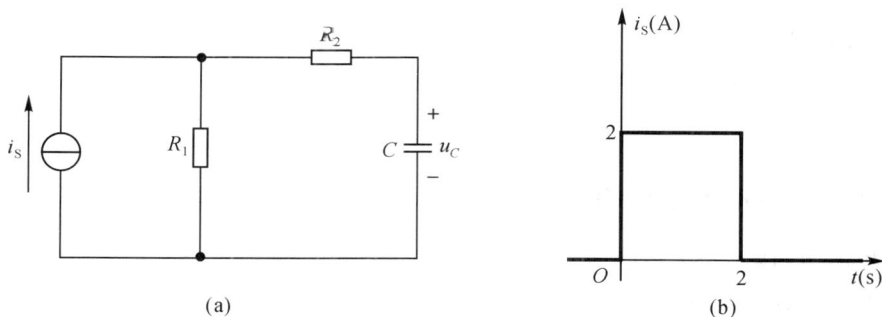

图 9.30 例 9.9 的图

解 根据电流源的激励波形,我们可以写出它的数学表达式为

$$i_S(t) = 2\varepsilon(t) - 2\varepsilon(t-2) \ (A)$$

根据电路的线性叠加定理,设电容元件在此电流源的激励下的零状态响应为

$$u_C(t) = 2f(t) - 2f(t-2) \ (V)$$

式中 $f(t)$ 是电容元件的单位阶跃响应。利用一阶电路的三要素法,求电容在电流源 $i_S = \varepsilon(t)$ 作用下的响应:

$$u_C(0_+) = u_C(0_-) = 0 \qquad u_C(\infty) = R_1 \times i_S = 6 \times 1 = 6 \ (V)$$

$$\tau = R_0 C = (R_1 + R_2)C = 10 \times 0.2 = 2(s)$$

故电容元件的单位阶跃响应为

$$f(t) = u_C(\infty) + [u_C(0_+) - u_C(\infty)]e^{-\frac{t}{\tau}} = 6(1 - e^{-\frac{t}{2}})\varepsilon(t) \ (V)$$

将此式代入 $u_C(t)$ 有

$$u_C(t) = 12(1 - e^{-\frac{t}{2}})\varepsilon(t) - 12(1 - e^{-\frac{t-2}{2}})\varepsilon(t-2) \ (V)$$

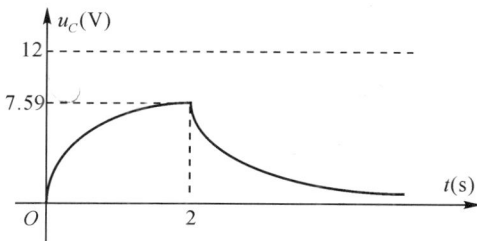

图 9.31 例 9.9 的结果图

其波形如图 9.31 所示。从图中可以看到,电容在电流源矩形脉冲的激励下,首先电容被充电,在电流源停止作用后,再向电路放电。

当然我们也可以采用分段函数的方法来求解。

首先求电容元件的零状态响应

$$u_C(t) = U_s(1 - e^{-\frac{t}{\tau}}) = 12(1 - e^{-\frac{t}{2}}) \text{ (V)} \qquad (0 \leqslant t \leqslant 2)$$

然后求电路在 $t > 2$ 的零输入响应,当 $t = 2$ 时,电容两端的电压为

$$u_C(2) = 12(1 - e^{-\frac{2}{2}}) = 7.59 \text{ (V)}$$

得到零输入响应为

$$u_C(t) = 7.59e^{-\frac{t-2}{2}} \text{ V}$$

故在电流源的矩形脉冲激励下有

$$u_C(t) = \begin{cases} 12(1 - e^{-\frac{t}{2}}) \text{ V} & 0 \leqslant t \leqslant 2\text{s} \\ 7.59e^{-\frac{t-2}{2}} \text{ V} & t \geqslant 2\text{s} \end{cases}$$

9.6.2　一阶动态电路的冲激响应

1. 单位冲激函数

单位冲激函数一般用 $\delta(t)$ 表示,其定义为

$$\begin{aligned} \delta(t) &= 0 & t \neq 0 \\ \int_{-\infty}^{\infty} \delta(t)\mathrm{d}t &= 1 & t = 0 \end{aligned} \qquad (9\text{-}44)$$

其波形如图 9.32 所示。单位冲激函数又称为 δ 函数,它也是一个奇异函数。

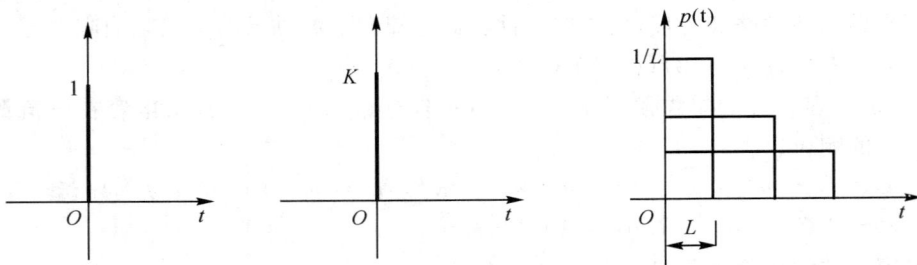

图 9.32　单位冲激函数和冲激函数

如果将单位冲激函数乘以任意常数 K,则称之为冲激函数,表达式为

$$\begin{aligned} K\delta(t) &= 0 & t \neq 0 \\ \int_{-\infty}^{\infty} K\delta(t)\mathrm{d}t &= K & t = 0 \end{aligned} \qquad (9\text{-}45)$$

同样可以定义单位延迟冲激函数:

$$\begin{aligned} \delta(t - t_0) &= 0 & t \neq t_0 \\ \int_{-\infty}^{\infty} \delta(t - t_0)\mathrm{d}t &= 1 & t = t_0 \end{aligned} \qquad (9\text{-}46)$$

单位冲激函数具有两个重要性质:

(1) 单位冲激函数与单位阶跃函数之间具有关联性

$$\int_{-\infty}^{t} \delta(\xi)\mathrm{d}\xi = \varepsilon(t) \qquad (9\text{-}47)$$

$$\frac{\mathrm{d}\varepsilon(t)}{\mathrm{d}t} = \delta(t) \tag{9-48}$$

（2）单位冲激函数具有"筛分"性质

对于任意在 $t = 0$ 的连续函数 $f(t)$ 有

$$\delta(t) = 0 \qquad\qquad t \neq 0$$

$$f(t)\delta(t) = f(0)\delta(t) \qquad t = 0$$

因此　　$\displaystyle\int_{-\infty}^{\infty} f(t)\delta(t)\mathrm{d}t = f(0)\int_{-\infty}^{\infty}\delta(t)\mathrm{d}t = f(0)$ $\tag{9-49}$

同样,对于任意在 $t = t_0$ 的连续函数 $f(t)$ 有

$$\int_{-\infty}^{\infty} f(t)\delta(t - t_0)\mathrm{d}t = f(t_0) \tag{9-50}$$

这表明,冲激函数具有把一个函数在任何时刻的值"取"出来的性质,我们将其称为"筛分"性质,又称为"取样"性质。

2. 单位冲激响应

在对一阶动态电路的过渡过程分析中我们知道,电容两端的电压和电感中的电流在换路前后的瞬间其值保持不变,也就是它们的值在换路瞬间不能发生跃变,即 $u_C(0_+) = u_C(0_-),i_L(0_+) = i_L(0_-)$。但由于冲激函数的奇异性质,使得上述关系式不再成立,下面我们就单位冲激函数作用于零状态的一阶 RC 和 RL 电路的情况加以说明。

（1）单位冲激电流源 $\delta_i(t)$ 作用于零状态、且 $C = 1\mathrm{F}$ 的电容上,此时电容的电压

$$u_C = \frac{1}{C}\int_{0_-}^{0_+}\delta_i(t)\mathrm{d}t = \frac{1}{C} = 1\mathrm{V} \tag{9-51}$$

单位冲激电流源瞬间将电容充电,使电容电压从零跃变到 1V。

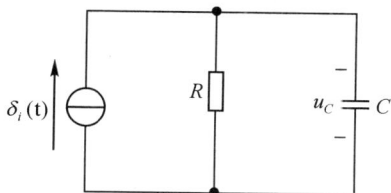

图 9.33　单位冲激电流源作用于电容　　　　图 9.34　单位冲激电压源作用于电感

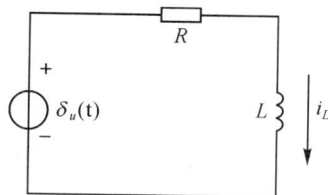

（2）单位冲激电压源 $\delta_u(t)$ 作用于零状态、且 $L = 1\mathrm{H}$ 的电感上,此时电感中的电流

$$i_L = \frac{1}{L}\int_{0_-}^{0_+}\delta_u(t)\mathrm{d}t = \frac{1}{L} = 1(\mathrm{A}) \tag{9-52}$$

单位冲激电压源瞬间在电感中产生电流,使电感电流从零跃变到 1A。

从上面的分析看到,单位冲激电源在 $[0_-,0_+]$ 时间内使零状态的电容电压和电感电流发生跃变,当 $t \geqslant 0_+$ 后,冲激电源的作用为零,但此时电容的电压和电感的电流不为零,已经具备初始储能,电路产生零输入响应,它们分别为

$$u_C = u_C(0_+)\mathrm{e}^{-\frac{t}{\tau}} = \frac{1}{C}\mathrm{e}^{-\frac{t}{\tau}} \qquad t \geqslant 0_+$$

$$i_L = i_L(0_+)\mathrm{e}^{-\frac{t}{\tau}} = \frac{1}{L}\mathrm{e}^{-\frac{t}{\tau}} \qquad t \geqslant 0_+$$

一阶动态电路在单位冲激函数信号的激励下产生的零状态响应称为单位冲激响应。

在分析冲激电源作用于零状态的一阶动态电路时,在$[0_-,0_+]$时间内,动态元件的换路定则不再成立,只能利用上述两个性质求出动态元件的0_+值,当$t \geqslant 0_+$后,冲激电源不再作用电路(冲激电压源短路、冲激电流源开路),此时电路产生的响应是在冲激电源的作用下动态元件已具备初始储能而产生的零输入响应。

9.7 二阶动态电路的零输入响应

一般来说,具有两个动态元件的电路称之为二阶电路(若干个电容或电感可以等效成一个电容或电感的电路除外)。在确定二阶电路的解时,需要两个独立的初始条件。RLC 电路是最简单的二阶电路。

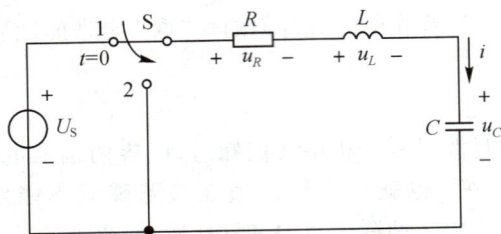

图 9.35 RCL 串联电路的零输入响应

RLC 串联电路如图 9.35 所示。我们以电容电压为电路变量(响应),根据基尔霍夫电压定律列出电路方程

$$u_R + u_L + u_C = U_S$$

将 $\qquad i = C \dfrac{\mathrm{d}u_C}{\mathrm{d}t} \quad u_R = Ri = RC \dfrac{\mathrm{d}u_C}{\mathrm{d}t} \quad u_L = L \dfrac{\mathrm{d}i}{\mathrm{d}t} = LC \dfrac{\mathrm{d}^2 u_C}{\mathrm{d}t^2} \qquad$ 代入上式有

$$\frac{\mathrm{d}^2 u_C}{\mathrm{d}t^2} + \frac{R}{L} \frac{\mathrm{d}u_C}{\mathrm{d}t} + \frac{1}{LC} u_C = \frac{1}{LC} U_S$$

求解该方程需两个初始条件,它们由电容电压的初始状态和电感电流的初始状态给出:

$$u_C(0_+) \qquad \frac{\mathrm{d}u_C}{\mathrm{d}t} = \frac{i_C(0_+)}{C} = \frac{i(0_+)}{C}$$

如果电容和电感的初始状态是零状态,则该方程是二阶电路的零状态响应,它是一个二阶线性常系数非齐次微分方程。为简便起见,我们首先讨论二阶电路的零输入响应,即方程为二阶线性常系数齐次微分方程。

在图中,设电路此时已处于稳定状态,当 $t = 0$ 时,开关 S 由位置 1 合向位置 2,电路此时是具有初始储能的电容进行放电而产生的零输入响应,因此初始条件为

$$u_C(0_+) = U_S \qquad \frac{\mathrm{d}u_C}{\mathrm{d}t} = \frac{i(0_+)}{C} = 0$$

这样原方程变为 $\qquad LC \dfrac{\mathrm{d}^2 u_C}{\mathrm{d}t^2} + RC \dfrac{\mathrm{d}u_C}{\mathrm{d}t} + u_C = 0$

方程为二阶线性常系数齐次微分方程,解此方程时,我们仍可设方程的解为 $u_C = Ae^{pt}$,将其代入上式得特征方程为

$$LCp^2 + RCp + 1 = 0$$

这是一个一元二次方程,其特征根为

$$p = -\frac{R}{2L} \pm \sqrt{\left(\frac{R}{2L}\right)^2 - \frac{1}{LC}} \tag{9-53}$$

由于二阶电路中的 R、L、C 的参数可以为任意数值,因此特征根有可能是:(1) 两个不相等的实根;(2) 一对共轭复根;(3) 两个相等的实根。下面就这三种情况分别讨论。

(1) $R > 2\sqrt{\dfrac{L}{C}}$,过阻尼状态,方程有两个不相等的实根。

此时 $\left(\dfrac{R}{2L}\right)^2 - \dfrac{1}{LC} > 0$,电压 u_C 可写成

$$u_C = A_1 e^{p_1 t} + A_2 e^{p_2 t}$$

式中　　　$p_1 = -\dfrac{R}{2L} + \sqrt{\left(\dfrac{R}{2L}\right)^2 - \dfrac{1}{LC}}$ $\tag{9-54}$

$$p_2 = -\frac{R}{2L} - \sqrt{\left(\frac{R}{2L}\right)^2 - \frac{1}{LC}} \tag{9-55}$$

将初始条件 $u_C(0_+) = u_C(0_-) = U_S$,$\dfrac{du_C}{dt} = \dfrac{i(0_+)}{C} = 0$ 代入上式得

$$A_1 + A_2 = U_S$$
$$p_1 A_1 + p_2 A_2 = 0$$

解此联立方程得

$$A_1 = \frac{p_2 U_S}{p_2 - p_1} \qquad A_2 = -\frac{p_1 U_S}{p_2 - p_1}$$

于是有　　　$u_C = \dfrac{U_S}{p_2 - p_1}(p_2 e^{p_1 t} - p_1 e^{p_2 t})$ $\tag{9-56}$

$$i = C\frac{du_C}{dt} = \frac{p_1 p_2 C U_S}{p_2 - p_1}(e^{p_1 t} - e^{p_2 t}) = \frac{U_S}{L(p_2 - p_1)}(e^{p_1 t} - e^{p_2 t}) \tag{9-57}$$

$$u_L = L\frac{di}{dt} = \frac{U_S}{p_2 - p_1}(p_1 e^{p_1 t} - p_2 e^{p_2 t}) \tag{9-58}$$

$$u_R = Ri = \frac{R U_S}{L(p_2 - p_1)}(e^{p_1 t} - e^{p_2 t}) \tag{9-59}$$

图 9.36 给出了它们随时间变化的曲线。从图中可以看出,u_C、i 始终不改变方向,而且有 $u_C \geqslant 0$,$i \leqslant 0$(电容放电电流的实际方向与参考方向相反),说明电容在整个过渡过程中一直释放储存的能量,不会出现振荡,因此称为非振荡放电或过阻尼放电。且有 $i(0_+) = 0$,$i(\infty) = 0$,因而在放电过程中放电电流会出现一极大值,出现极大值的时间 t_m 由 $\dfrac{di}{dt} = 0$ 得到

$$t_m = \frac{\ln(p_2/p_1)}{p_1 - p_2} \tag{9-60}$$

当 $t < t_m$ 时,电感吸收电容释放的能量并转化为磁场能量储存起来,当 $t > t_m$ 时,电感将储存的磁场能量向电路释放出来,与电容释放的能量共同作用于电路,直至能量释放完毕。当 $t = t_m$,则是电感电压过零点。

(2) $R < 2\sqrt{\dfrac{L}{C}}$,欠阻尼状态,方程有一对共轭复根。

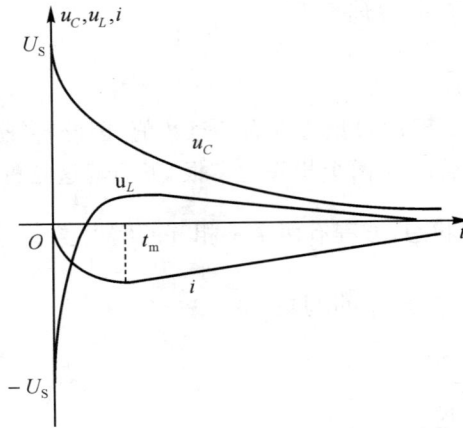

图 9.36　RLC 二阶电路各参数响应曲线

此时 $(\dfrac{R}{2L})^2 - \dfrac{L}{LC} < 0$，特征方程的两个特征根 p_1 和 p_2 为一对共轭复数。设

$$\delta = \frac{R}{2L} \qquad \omega^2 = \frac{1}{LC} - (\frac{R}{2L})^2 \tag{9-61}$$

则

$$\sqrt{(\frac{R}{2L})^2 - \frac{1}{LC}} = \sqrt{-\omega^2} = \mathrm{j}\omega \tag{9-62}$$

将其代入式有

$$p_1 = -\delta + \mathrm{j}\omega \qquad p_2 = -\delta - \mathrm{j}\omega \tag{9-63}$$

利用复数的性质，我们可令

$$\omega_0 = \sqrt{\delta^2 + \omega^2} \qquad \beta = \arctan\frac{\omega}{\delta} \tag{9-64}$$

则有　　$\delta = \omega_0\cos\beta \qquad \omega = \omega_0\sin\beta$

ω_0, ω, δ 三者的关系如图 9.37 所示。

根据高等数学中的欧拉公式

$$\mathrm{e}^{\mathrm{j}\beta} = \cos\beta + \mathrm{j}\sin\beta \qquad \mathrm{e}^{-\mathrm{j}\beta} = \cos\beta - \mathrm{j}\sin\beta \tag{9-65}$$

$$\cos\beta = \frac{\mathrm{e}^{\mathrm{j}\beta} + \mathrm{e}^{-\mathrm{j}\beta}}{2} \qquad \sin\beta = \frac{\mathrm{e}^{\mathrm{j}\beta} - \mathrm{e}^{-\mathrm{j}\beta}}{\mathrm{j}2} \tag{9-66}$$

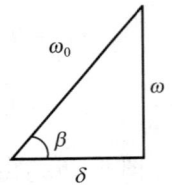

图 9.37　ω_0, ω, δ
三者的关系

得到　　$p_1 = -\omega_0\mathrm{e}^{-\mathrm{j}\beta} \qquad p_2 = -\omega_0\mathrm{e}^{\mathrm{j}\beta}$

最终有　　$\begin{aligned}u_C &= \frac{U_\mathrm{S}}{p_2 - p_1}(p_2\mathrm{e}^{p_1 t} - p_1\mathrm{e}^{p_2 t}) \\[2mm]
&= -\frac{U_\mathrm{S}}{\mathrm{j}2\omega}[-\omega_0\mathrm{e}^{\mathrm{j}\beta}\mathrm{e}^{(-\delta+\mathrm{j}\omega)t} + \omega_0\mathrm{e}^{-\mathrm{j}\beta}\mathrm{e}^{(-\delta-\mathrm{j}\omega)t}] \\[2mm]
&= \frac{\omega_0 U_\mathrm{S}}{\omega}\mathrm{e}^{-\delta t}\left[\frac{\mathrm{e}^{\mathrm{j}(\omega t+\beta)} - \mathrm{e}^{-\mathrm{j}(\omega t+\beta)}}{\mathrm{j}2}\right] \\[2mm]
&= \frac{\omega_0 U_\mathrm{S}}{\omega}\mathrm{e}^{-\delta t}\sin(\omega t + \beta)\end{aligned} \tag{9-67}$

$$i = C\frac{\mathrm{d}u_C}{\mathrm{d}t} = -\frac{U_\mathrm{S}}{\omega L}\mathrm{e}^{-\delta t}\sin(\omega t) \tag{9-68}$$

$$u_L = L\frac{\mathrm{d}i}{\mathrm{d}t} = \frac{\omega_0 U_\mathrm{s}}{\omega}\mathrm{e}^{-\delta t}\sin(\omega t - \beta) \tag{9-69}$$

从上述表达式看到，u_C、i、u_L 的波形随时间呈现衰减式振荡，这是因为当电路中的电阻比较小时，电容在放电过程中被电阻消耗的能量很少，大部分能量转变成磁场能量储存在电感中，当 $u_C = 0$ 时，电容储存的能量释放完毕，在整个过渡过程中，它们将周期性地改变方向，储能元件也将周期性地相互交换能量，使 u_C、i、u_L 呈现正弦型振荡变化，每振荡一次，电阻都要消耗一部分能量，致使 u_C、i、u_L 的振幅越来越小，形成了衰减振荡，波形衰减的快慢取决于衰减系数 β，振荡的角频率为 ω。其波形如图 9.38 所示。

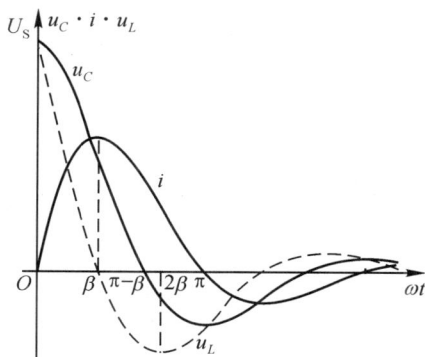

图 9.38　RLC 二阶电路振荡放电时各参数波形

（3）$R = 2\sqrt{\dfrac{L}{C}}$，临界阻尼状态，方程有两个相等的实根。

此时特征方程具有重根

$$p_1 = p_2 = -\frac{R}{2L} = -\delta \tag{9-70}$$

则二阶微分方程式的通解为

$$u_C = (A_1 + A_2 t)\mathrm{e}^{-\delta t}$$

根据初始条件得

$$A_1 = U_\mathrm{s}\qquad A_2 = \delta U_\mathrm{s}$$

最终有　　$u_C = U_\mathrm{s}(1 + \delta t)\mathrm{e}^{-\delta t} \tag{9-71}$

$$i = C\frac{\mathrm{d}u_C}{\mathrm{d}t} = -CU_\mathrm{s}\delta^2 t\mathrm{e}^{-\delta t} \tag{9-72}$$

$$u_L = L\frac{\mathrm{d}i}{\mathrm{d}t} = -U_\mathrm{s}(1 - \delta t)\mathrm{e}^{-\delta t} \tag{9-73}$$

在这种情况下，u_C、i、u_L 的波形和过渡过程的物理现象与过阻尼状态相似，仍然是非振荡状态的放电过程，但由于此时电路处于临界状态，电路中各元件的参数只要稍微发生一点变化，就有可能使电路出现振荡。

例 9.10　在图 9.39 所示电路中，已知 $U_\mathrm{s} = 10\mathrm{V}$，$C = 1\mu\mathrm{F}$，$R = 4\mathrm{k}\Omega$，$L = 1\mathrm{H}$，电路已处于稳定状态，开关 S 在 $t = 0$ 时由位置 1 合向位置 2，试求：（1）u_C、i、u_R、u_L 随时间的变化规律；（2）电路中的电流何时运到最大？此时最大电流 $i_{\max}$ 为多少？

解　（1）$2\sqrt{\dfrac{L}{C}} = 2\sqrt{\dfrac{1}{10^{-6}}} = 2\mathrm{k}\Omega < R = 4\mathrm{k}\Omega$，电路处于过阻尼状态，且 $u_C(0_+) = u_C(0_-) = U_\mathrm{s}$，电路的特征根

$$p_1 = -\frac{R}{2L} + \sqrt{\left(\frac{R}{2L}\right)^2 - \frac{1}{LC}} = -\frac{4\times10^3}{2\times1} + \sqrt{\left(\frac{4\times10^3}{2\times1}\right)^2 - \frac{1}{1\times10^{-6}}} = -268$$

$$p_2 = -\frac{R}{2L} - \sqrt{\left(\frac{R}{2L}\right)^2 - \frac{1}{LC}} = -\frac{4\times10^3}{2\times1} - \sqrt{\left(\frac{4\times10^3}{2\times1}\right)^2 - \frac{1}{1\times10^{-6}}} = -3732$$

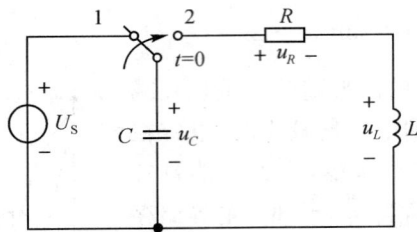

图 9.39　例 9.10 的图

$$u_C = \frac{U_s}{p_2 - p_1}(p_2 e^{p_1 t} - p_1 e^{p_2 t}) = 10.77 e^{-268t} - 0.77 e^{-3732t}(\text{V})$$

$$i = -C\frac{\mathrm{d}u_C}{\mathrm{d}t} = -\frac{U_s}{L(p_2 - p_1)}(e^{p_1 t} - e^{p_2 t}) = 2.89(e^{-268t} - e^{-3732t})(\text{mA})$$

$$u_R = Ri = 11.56(e^{-268t} - e^{-3732t})(\text{V})$$

$$u_L = L\frac{\mathrm{d}i}{\mathrm{d}t} = -\frac{U_s}{p_2 - p_1}(p_1 e^{p_1 t} - p_2 e^{p_2 t}) = 10.77 e^{-3732t} - 0.77 e^{-268t}(\text{V})$$

（2）在 $t = t_m$ 时，电流达到最大

$$t_m = \frac{\ln(p_2/p_1)}{p_1 - p_2} = 7.6 \times 10^{-4}(\text{s})$$

$$i_{max} = 2.89(e^{-268 \times 7.6 \times 10^{-4}} - e^{-3732 \times 7.6 \times 10^{-4}}) = 21.9 \times 10^{-4}(\text{A})$$

习　题

9.1　题 9.1 图所示电路已处于稳定状态，在 $t = 0$ 时开关 S 闭合，试求初始值 $u_C(0_+)$、$i_L(0_+)$、$u_R(0_+)$、$i_C(0_+)$、$u_L(0_+)$。

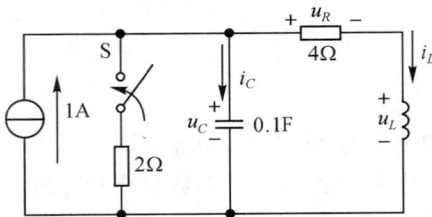

题 9.1 图

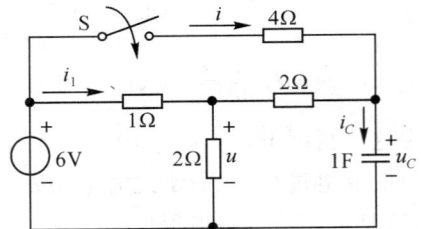

题 9.2 图

9.2　题 9.2 图所示电路已处于稳定状态，在 $t = 0$ 时开关 S 闭合，试求初始值 $i(0_+)$、$i_1(0_+)$、$u(0_+)$、$i_C(0_+)$。

9.3　在题 9.3 图所示电路中，已知 $I = 10\text{mA}, R_1 = 3\text{k}\Omega, R_2 = 3\text{k}\Omega, R_3 = 6\text{k}\Omega, C = 2\mu\text{F}$，电路处于稳定状态，在 $t = 0$ 时开关 S 合上，试求初始值 $u_C(0_+), i_C(0_+)$。

9.4　题 9.4 图所示电路，在 $t = 0$ 时开关 S 合上，试求各元件中的电流及其两端电压的初始值；当电路达到新的稳定状态后，各元件的电流和电压又各等于多少?设 $t = 0_-$ 时，电路中的储能元件没有初始储能。

9.5　题 9.5 图所示电路，在 $t = 0$ 时开关 S 打开，试求各元件中的电流及其两端电压的

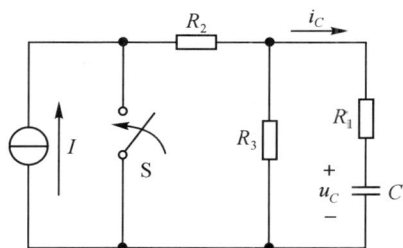

题 9.3 图

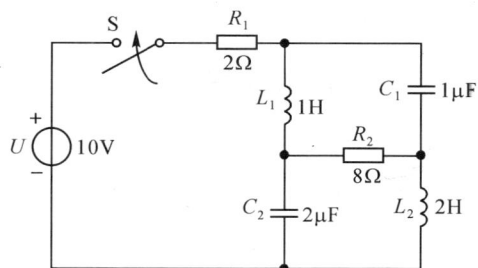

题 9.4 图

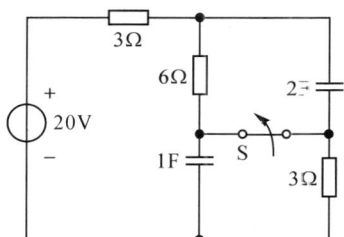

(a)

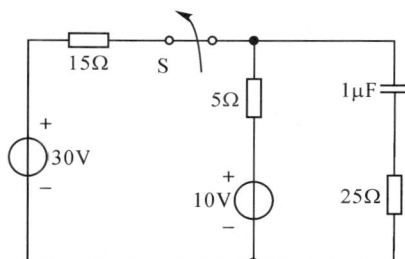

(b)

题 9.5 图

初始值。

9.6　题 9.6 图所示电路,在 $t=0$ 时开关 S 由位置 1 合向位置 2,试求零输入响应 $u_C(t)$。

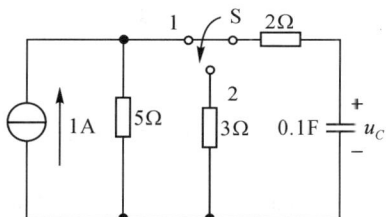

题 9.6 图

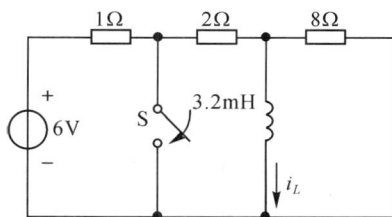

题 9.7 图

9.7　题 9.7 图所示电路,在 $t=0$ 时开关 S 合上,试求零输入响应电流 $i_L(t)$。

9.8　题 9.8 图所示电路,设电感的初始储能为零,在 $t=0$ 时开关 S 闭合,试求 $i_L(t)$。

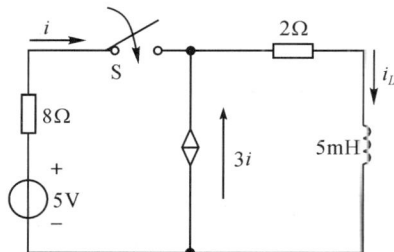

题 9.8 图

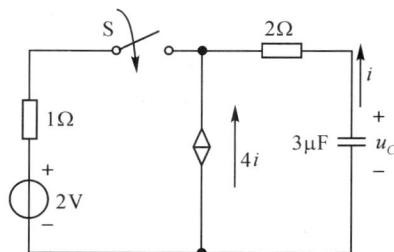

题 9.9 图

9.9　题 9.9 图所示电路,设电容的初始储能为零,在 $t=0$ 时开关 S 闭合,试求 $u_C(t)$。

9.10　题 9.10 图所示电路,设电容的初始电压为零,在 $t=0$ 时开关 S 闭合,试求此后

的 $u_C(t)$、$i_C(t)$。

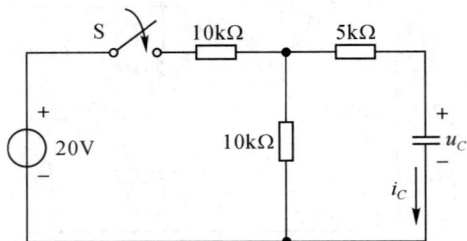

题 9.10 图

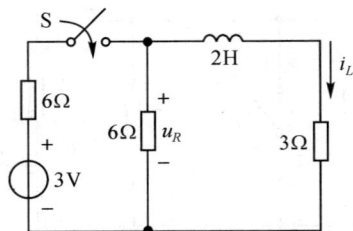

题 9.11 图

9.11   题 9.11 图所示电路,设电感的初始储能为零,在 $t=0$ 时开关 S 闭合,试求此后的 $i_L(t)$、$u_R(t)$。

9.12   题 9.12 图所示电路,开关 S 在位置 a 时电路处于稳定状态,在 $t=0$ 时开关 S 合向位置 b,试求此后的 $u_C(t)$、$i(t)$。

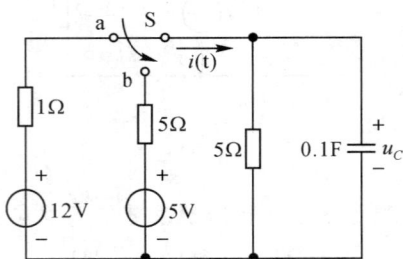

题 9.12 图

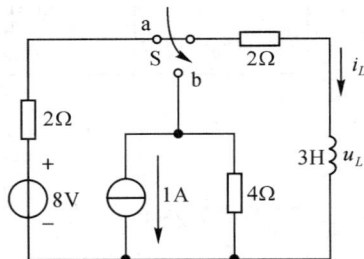

题 9.13 图

9.13   题 9.13 图所示电路,开关 S 在位置 a 时电路处于稳定状态,在时开关 S 合向位置 b,试求此后的 $i_L(t)$、$u_L(t)$。

9.14   题 9.14 图所示电路已处于稳定状态,在 $t=0$ 时合上开关 S,试求电感电流 i_L 和电源发出的功率 P。

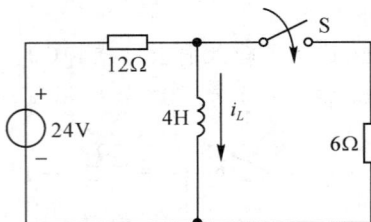

题 9.14 图

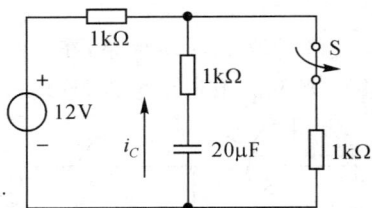

题 9.15 图

9.15   题 9.15 图所示电路在开关 S 打开前处于稳定状态,在 $t=0$ 时打开开关 S,求 $i_C(t)$ 和 $t=2\text{ms}$ 时电容储存的能量。

9.16   题 9.16 图所示电路,开关 S 合上前电路处于稳定状态,在 $t=0$ 时开关 S 合上,试用一阶电路的三要素法求 i_1、i_2、i_L。

9.17   题 9.17 图所示电路,已知 $U=30\text{V}$、$R_1=60\Omega$、$R_2=R_3=40\Omega$、$L=6\text{H}$,开关 S 合上前电路处于稳定状态,在时开关 S 合上,试用一阶电路的三要素法求 i_L、i_2、i_3。

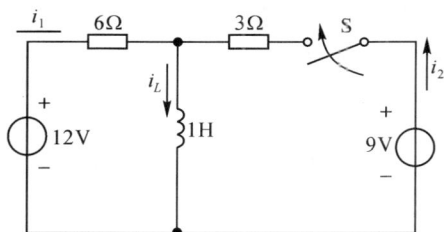

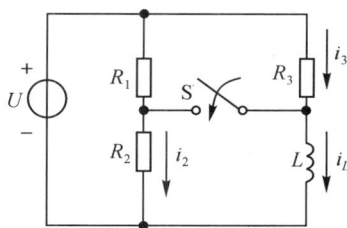

题 9.16 图　　　　　　　　　　　　题 9.17 图

9.18　题 9.18 图所示电路,已知 $I_S = 1\text{mA}, R_1 = R_2 = 10\text{k}\Omega, R_3 = 30\text{k}\Omega, C = 10\mu\text{F}$, 开关 S 断开前电路处于稳定状态,在 $t = 0$ 时打开开关 S,试用一阶电路的三要素法求开关打开后的 u_C、i_C、u。

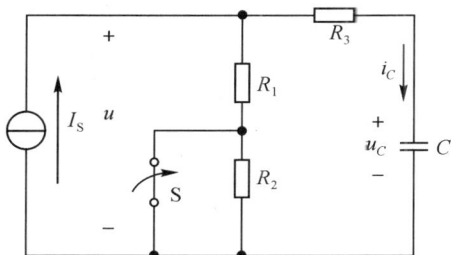

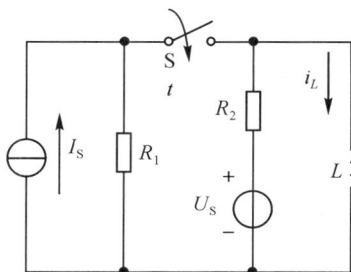

题 9.18 图　　　　　　　　　　　　题 9.19 图

9.19　题 9.19 图所示电路已处于稳定状态,已知 $L = 1\text{H}, I_S = 2\text{mA}, R_1 = R_2 = 20\text{k}\Omega$, $U_S = 10\text{V}$,在 $t = 0$ 时开关 S 闭合,试用一阶电路的三要素法求 i_L。

9.20　试画出下列函数的波形:

(a)t;(b)$t\varepsilon(t)$;(c)$t\varepsilon(t-1)$;(d)$t\varepsilon(t+1)$;(e)$(t-1)\varepsilon(t)$;(f)$(t-1)\varepsilon(t-2)$;(g)$t[\varepsilon(t)-\varepsilon(t-1)]$;(h)$t[\varepsilon(t+1)-\varepsilon(t-1)]$。

9.21　根据题 9.21 图所示(a)和(b)的电压波形 $u(t)$,分别写出 $u(t)$ 的阶跃函数表达式。

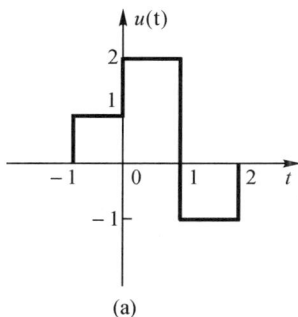

(a)

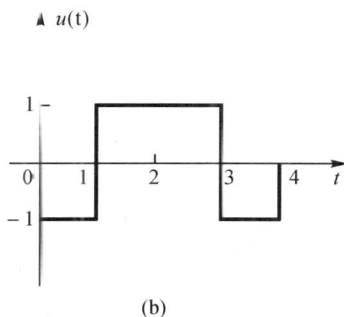

(b)

题 9.21 图

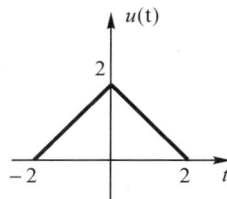

题 9.22 图

9.22　由题 9.22 图所示电路的电压波形 $u(t)$,试画出下列电压的波形:

(a)$u(t)\varepsilon(t)$;(b)$u(t)\varepsilon(t-1)$;(c)$u(t)\varepsilon(t+1)$;(d)$u(t-1)\varepsilon(t)$;(e)$u(t-1)\varepsilon(t-1)$;(f)$u(t-1)\varepsilon(t-2)$。

9.23 题 9.23 图所示电路,试求以 $i_L(t)$ 和 $i(t)$ 为响应时的单位阶跃响应。

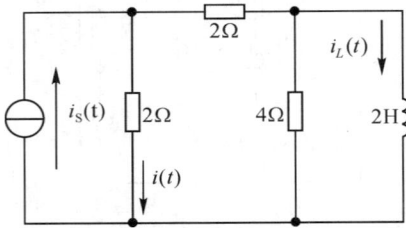

题 9.23 图

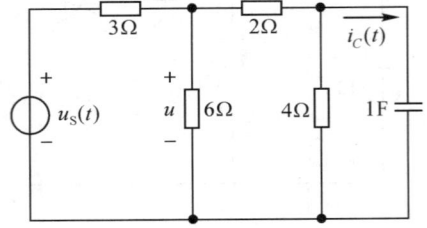

题 9.24 图

9.24 题 9.24 图所示电路,试求以 $i_C(t)$ 和 $u(t)$ 为响应时的阶跃响应。

9.25 题 9.25 图所示电路中的电压波形如图所示,试求电流 i_L。

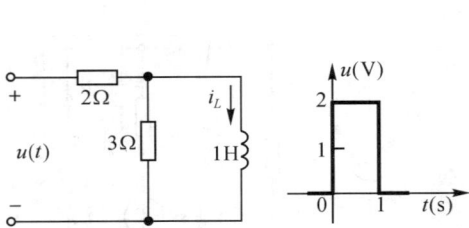

题 9.25 图

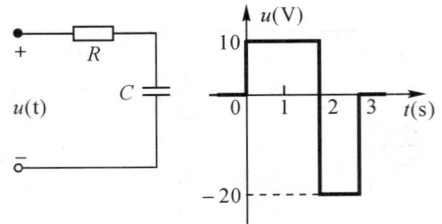

题 9.26 图

9.26 题 9.26 图所示电路中的电压波形如图所示,已知 $R = 1000\Omega, C = 10\mu F$,试求电容电压 u_C,(1)用分段函数写出;(2)用一个表达式写出。

9.27 题 9.27 图所示电路,已知 $R_1 = 3k\Omega, R_2 = 6k\Omega, C = 2.5\mu F$,设电容的初始电压为零,求电路的单位冲激响应 i_C、i_1、u_C。

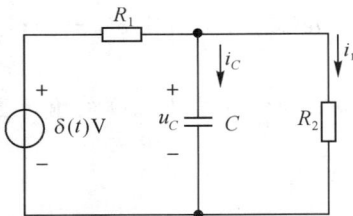

题 9.27 图

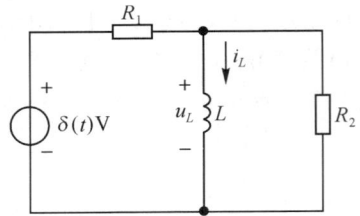

题 9.28 图

9.28 题 9.28 图所示电路,已知 $R_1 = 60\Omega, R_2 = 40\Omega, L = 100mH$,电感的初始储能为零,试求电路的单位冲激响应 i_L、u_L。

9.29 题 9.29 图所示电路,已知 $i_L(0_-) = 0, u_C(0_-) = 2V$,在 $t = 0$ 时开关 S 闭合,求电路的 u_C 和 i_L 的零输入响应。

9.30 题 9.30 图所示电路已处于稳定状态,在 时开关 S 由位置 1 合向位置 2,已知 $L = 50mH, C = 100F, U_s = 1kV$,试求

(1)换路后,电容电压为过阻尼放电时,R 应为多大?

(2)电路处于临界阻尼时的最大电流值。

(3)$R = 10\Omega$ 时,电路的振荡频率和衰减常数。

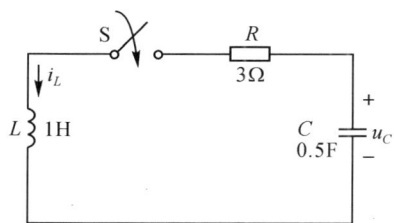

题 9.29 图

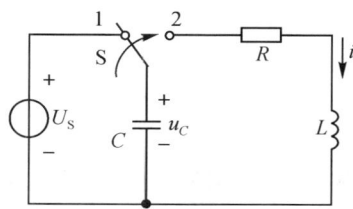

题 9.30 图

第 10 章　动态电路的频域分析

本章介绍了利用拉普拉斯变换求解线性动态电路的应用,对照利用相量法求解正弦交流电路,提出了运算参数和运算电路的概念,为求解线性高阶动态电路提供了一种有效的数学工具。

10.1　拉普拉斯变换的定义及基本性质

在时域中求解具有多个动态元件的线性电路是比较困难的,这除了要根据电路定理和动态元件的伏安特性建立高阶微分方程,还需根据电路的初始状态确定电路的初始条件,而这工作量非常大,且容易出错。

拉普拉斯变换是一种积分变换,它将已知的时域函数变换成频域函数,从而将时域的微分方程转化为频域中的代数方程,求解代数后,再做积分反变换,返回时域,便求得满足电路初始条件的原高阶微分方程的解,而不需要求积分常数。

对于一个定义在$[0, \infty]$区间的函数$f(t)$,它的拉普拉斯变换$F(s)$定义为

$$F(s) = \int_{0_-}^{\infty} f(t) e^{-st} \, dt \tag{10-1}$$

式中$s = \sigma + j\omega$为复函数,$F(s)$称为$f(t)$的象函数(拉普拉斯变换),$f(t)$称为$F(s)$的原函数。通常将拉普拉斯变换简称为拉氏变换。如果$F(s)$已知,需求它的原函数$f(t)$,则这种变换称之为拉氏反变换,定义为

$$f(t) = \frac{1}{j2\pi} \int_{c-j\infty}^{c+j\infty} F(s) e^{st} \, ds \tag{10-2}$$

式中c为正的常数。

从式 10-1 的定义可知,变量s是一个复变量,因此函数$f(t)$的拉氏变换$F(s)$不再是时间t的函数,而是复变量s的函数,拉氏变换实质上是将时间函数变换成复变函数。变量s称为复频率,应用拉氏变换分析线性动态电路称为动态电路的频域分析,又称为运算法。通常用$\mathcal{L}$表示对时域中的函数作拉氏变换,用$\mathcal{L}^{-1}$表示对复频域函数作拉氏反变换。即

$$F(s) = \mathcal{L}[f(t)] \qquad f(t) = \mathcal{L}^{-1}[F(s)]$$

例 10.1　求指数函数$f(t) = e^{at}$(a为实数)的象函数。

解　$F(s) = \mathcal{L}[f(t)] = \int_{0_-}^{\infty} e^{at} e^{-st} \, dt$

$$= -\frac{1}{s-a} e^{-(s-a)t} \Big|_{0_-}^{\infty} = \frac{1}{s-a}$$

例 10.2　求 $f(t) = \varepsilon(t)$ 的象函数。

解　$F(s) = \mathcal{L}[f(t)] = \displaystyle\int_{0_-}^{\infty} \varepsilon(t) \mathrm{e}^{-st} \mathrm{d}t = \int_{0_-}^{\infty} \mathrm{e}^{-st} \mathrm{d}t$

$$= -\frac{1}{s} \mathrm{e}^{-st} \Big|_{0_-}^{\infty} = \frac{1}{s}$$

例 10.3　求 $f(t) = \delta(t)$ 的象函数。

解　$F(s) = \mathcal{L}[f(t)] = \displaystyle\int_{0_-}^{\infty} \delta(t) \mathrm{e}^{-st} \mathrm{d}t = \int_{0_-}^{0_+} \mathrm{e}^{-st} \mathrm{d}t$

$$= \mathrm{e}^{-s(0)} = 1$$

函数 $f(t)$ 拉氏变换的存在应满足一定的数学定义条件，我们假设电路涉及的拉氏变换都满足条件并存在。拉氏变换具有以下一些重要性质：

1. 线性性质

若 $f_1(t)$ 和 $f_2(t)$ 是两个任意的时间函数，$F_1(s)$ 和 $F_2(s)$ 分别是它们的象函数，a_1 和 a_2 是两个任意实常数，则有

$$\mathcal{L}[a_1 f_1(t) + a_2 f_2(t)] = a_1 \mathcal{L}[f_1(t)] + a_2 \mathcal{L}[f_2(t)]$$
$$= a_1 F_1(s) + a_2 F_2(s) \tag{10-3}$$

例 10.4　求函数 $f(t) = \cos(\omega t)$ 的象函数。

解　$\mathcal{L}[\cos(\omega t)] = \mathcal{L}\left[\dfrac{1}{2}(\mathrm{e}^{\mathrm{j}\omega t} + \mathrm{e}^{-\mathrm{j}\omega t})\right]$

$$= \frac{1}{2}\left(\frac{1}{s - \mathrm{j}\omega} + \frac{1}{s + \mathrm{j}\omega}\right) = \frac{s}{s^2 + \omega^2}$$

2. 微分性质

函数 $f(t)$ 的象函数与其导数 $f'(t) = \dfrac{\mathrm{d}f(t)}{\mathrm{d}t}$ 的象函数之间有如下关系：

若　$\mathcal{L}[f(t)] = F(s)$

则　$\mathcal{L}[f'(t)] = sF(s) - f(0_-)$ $\tag{10-4}$

例 10.5　利用微分性质求函数 $f(t) = \cos(\omega t)$ 的象函数。

解　因　$\cos(\omega t) = \dfrac{1}{\omega} \dfrac{\mathrm{d}}{\mathrm{d}t} \sin(\omega t)$

而　$\mathcal{L}[\sin(\omega t)] = \dfrac{\omega}{s^2 + \omega^2}$

所以　$\mathcal{L}[\cos(\omega t)] = \mathcal{L}\left[\dfrac{1}{\omega} \dfrac{\mathrm{d}}{\mathrm{d}t} \sin(\omega t)\right] = \dfrac{1}{\omega}\left(s \dfrac{\omega}{s^2 + \omega^2} - 0\right) = \dfrac{s}{s^2 + \omega^2}$

3. 积分性质

函数 $f(t)$ 的象函数与其积分 $\displaystyle\int_{0_-}^{\infty} f(\xi) \mathrm{d}\xi$ 的象函数之间有如下关系：

若　$\mathcal{L}[f(t)] = F(s)$

则　$\mathcal{L}\left[\displaystyle\int_{0_-}^{t} f(\xi) \mathrm{d}\xi\right] = \dfrac{F(s)}{s}$ $\tag{10-5}$

例 10.6　利用积分性质求函数 $f(t) = t$ 的象函数。

解　因　$f(t) = t = \displaystyle\int_0^t \varepsilon(\xi) \mathrm{d}\xi$

所以　　　$\mathcal{L}[f(t)] = \dfrac{1/s}{s} = \dfrac{1}{s^2}$

4. 延迟性质

函数 $f(t)$ 的象函数与其延迟函数 $f(t-t_0)$ 的象函数之间有如下关系：

若　　$\mathcal{L}[f(t)] = F(s)$

则　　　$\mathcal{L}[f(t-t_0)] = \mathrm{e}^{-st_0} F(s)$　　　　　　　　　　　　　　　　(10-6)

表 10.1 所列的是一些常用的时间函数的象函数，在后面的计算中经常用到。

表 10.1　常用拉普拉斯变换对

原函数	象函数	原函数	象函数
$\varepsilon(t)$	$1/s$	te^{-at}	$\dfrac{1}{(s+a)^2}$
$\delta(t)$	1	t	$\dfrac{1}{s^2}$
e^{-at}	$\dfrac{1}{s+a}$	$\dfrac{1}{n!}t^n$	$\dfrac{1}{s^{n+1}}$
$\sin(\omega t)$	$\dfrac{\omega}{s^2+\omega^2}$	$\sinh(\omega t)$	$\dfrac{\omega}{s^2-\omega^2}$
$\cos(\omega t)$	$\dfrac{s}{s^2+\omega^2}$	$\cosh(\omega t)$	$\dfrac{s}{s^2-\omega^2}$

10.2　拉普拉斯反变换有理分式的展开定理

当我们已知复频域函数 $F(s)$，需要通过拉普拉斯反变换求其在时间域中的函数 $f(t)$ 时，可利用式(10-2)求，但这是一个复变函数的积分，计算比较繁琐。如果 $F(s)$ 比较简单，则可通过查表 10.1 中的拉普拉斯变换对得到原函数 $f(t)$。而当 $F(s)$ 比较复杂时，可沿用有理分式的展开定理将有理分式展开成简单分式之和，再通过查表的方法得到各分式对应原函数，它们之和即为所求的原函数。

一般电路理论中的象函数为一有理分式，即

$$F(s) = \frac{N(s)}{D(s)} = \frac{a_0 s^m + a_1 s^{m-1} + \cdots + a_m}{b_0 s^n + b_1 s^{n-1} + \cdots + b_n} \tag{10-7}$$

式中 m 和 n 为正整数。

如果 $m \geqslant n$，则 $F(s)$ 可展开成

$$F(s) = c_{m-n}s^{m-n} + \cdots + c_2 s^2 + c_1 s + c_0 + \frac{N_1(s)}{D(s)} \tag{10-8}$$

式中 $\dfrac{N_1(s)}{D(s)}$ 为真分式。

如果 $m < n$，则 $F(s)$ 为真分式。利用有理分式的展开定理展开真分式时，需对分母多项式进行因式分解，求出 $D(s) = 0$ 的根。下面分析几种情况。

1. $D(s) = 0$ 有 n 个单根

设 n 个单根分别为 $p_1, p_2, \cdots, p_n$，则 $F(s)$ 可展开为

$$F(s) = \frac{K_1}{s - p_1} + \frac{K_2}{s - p_2} + \cdots + \frac{K_n}{s - p_n} \tag{10-9}$$

式中 $K_1, K_2, \cdots, K_n$ 为待定系数,它们分别可由下式决定

$$K_i = [(s - p_i)F(s)]_{s = p_i} \qquad i = 1, 2, \cdots, n \tag{10-10}$$

例如求 K_1,则将式(10-9)两边同乘以 $(s - p_1)$ 得

$$(s - p_1)F(s) = K_1 + (s - p_1)\left(\frac{K_2}{s - p_2} + \cdots + \frac{K_n}{s - p_n}\right)$$

令 $s = p_1$,则等式右边除第一项外都等于零,这样就得到

$$K_1 = [(s - p_1)F(s)]_{s = p_1}$$

在确定了各个待定系数后,通过查表的方法得到各分式对应原函数为

$$f(t) = \mathcal{L}^{-1}[F(s)] = \sum_{i=1}^{n} K_i e^{p_i t} \tag{10-11}$$

例 10.7 求 $F(s) = \dfrac{2s + 1}{s^3 + 7s^2 + 10s}$ 的原函数 $f(t)$。

解 因 $F(s) = \dfrac{2s + 1}{s(s + 2)(s + 5)} = \dfrac{K_1}{s} + \dfrac{K_2}{s + 2} + \dfrac{K_3}{s + 5}$

分母多项式 $D(s) = 0$ 有 3 个根:

$$p_1 = 0, \quad p_2 = -2, \quad p_3 = -5$$

式中 $K_1 = \dfrac{2s + 1}{(s + 2)(s + 5)}\bigg|_{s=0} = 0.1$

同理可得 $K_2 = 0.5, \quad K_3 = -0.6$

所以 $f(t) = 0.1 + 0.5 e^{-2t} - 0.6 e^{-5t}$

2. $D(s) = 0$ 有共轭复根

设共轭复根为 $p_1 = \alpha + j\omega, p_2 = \alpha - j\omega$ 则

$$F(s) = \frac{K_1}{s - p_1} + \frac{K_2}{s - p_2} = \frac{K_1}{s - \alpha - j\omega} + \frac{K_2}{s - \alpha + j\omega} \tag{10-12}$$

待定系数为

$$K_1 = [(s - \alpha - j\omega)F(s)]_{s = \alpha + j\omega}$$
$$K_2 = [(s - \alpha + j\omega)F(s)]_{s = \alpha - j\omega}$$

由于 $F(s)$ 是实系数多项式之比,故 K_1、K_2 为共轭复数,并有

$$K_1 = |K_1| e^{j\theta} \qquad K_2 = |K_1| e^{-j\theta} \tag{10-13}$$

则 $F(s)$ 的原函数 $f(t)$ 为

$$\begin{aligned}
f(t) &= K_1 e^{(\alpha + j\omega)t} + K_2 e^{(\alpha - j\omega)t} \\
&= |K_1| e^{j\theta} e^{(\alpha + j\omega)t} + |K_1| e^{-j\theta} e^{(\alpha - j\omega)t} \\
&= |K_1| e^{\alpha t} [e^{j(\omega t + \theta)} + e^{-j(\omega t + \theta)}] \\
&= 2 |K_1| e^{\alpha t} \cos(\omega t + \theta)
\end{aligned} \tag{10-14}$$

例 10.8 求 $F(s) = \dfrac{s + 3}{s^2 + 2s + 5}$ 的原函数 $f(t)$。

解 $D(s)$ 的根 $p_1 = -1 + j2, p_2 = -1 - j2$ 为共轭复根,

$$K_1 = \frac{s + 3}{s + 1 + j2}\bigg|_{s = -1 + j2} = 0.5 - j0.5 = 0.5\sqrt{2}\, e^{-j\frac{\pi}{4}}$$

由式(10-14)有

$$f(t) = 2 \mid K_1 \mid e^{\alpha t} \cos(\omega t + \theta) = \sqrt{2}\, e^{-t} \cos(2t - \frac{\pi}{4})$$

3. $D(s) = 0$ 有重根

有重根表示 $D(s) = 0$ 的式子中含有 $(s - p_i)^n$ 的因式。现设 $D(s)$ 中含有 $(s - p_1)^3$ 的因式,即 p_1 为 $D(s) = 0$ 的三重根,其余为单根,则 $F(s)$ 可分解为

$$F(s) = \frac{K_{13}}{s - p_1} + \frac{K_{12}}{(s - p_1)^2} + \frac{K_{11}}{(s - p_1)^3} + \frac{K_2}{s - p_2} + \cdots + \frac{K_n}{s - p_n}$$

对于单根其待定系数 K_i 可以采用前面的方法计算,而对于重根的待定系数 K_{13}、K_{12}、K_{11} 可采用下面的方法计算,首先将上式两边分别乘以 $(s - p_1)^3$,再令 $s = p_1$ 即可求得 K_{11}。

$$(s - p_1)^3 F(s) = (s - p_1)^2 K_{13} + (s - p_1) K_{12} + K_{11}$$
$$+ (s - p_1)^3 \left(\frac{K_2}{s - p_2} + \cdots + \frac{K_n}{s - p_n} \right)$$

得 $\qquad K_{11} = (s - p_1)^3 F(s) \mid_{s = p_1}$

然后对上式两边对 s 分别求导一次,再令 $s = p_1$ 即可求得 K_{12}

$$\frac{\mathrm{d}}{\mathrm{d}s} [(s - p_1)^3 F(s)] = 2(s - p_1) K_{13} + K_{12} + \frac{\mathrm{d}}{\mathrm{d}s} \left[(s - p_1)^3 \left(\frac{K_2}{s - p_2} + \cdots + \frac{K_n}{s - p_n} \right) \right]$$

得 $\qquad K_{12} = \frac{\mathrm{d}}{\mathrm{d}s} [(s - p_1)^3 F(s)]_{s = p_1}$

同理 $\qquad K_{13} = \frac{1}{2} \frac{\mathrm{d}^2}{\mathrm{d}s^2} [(s - p_1)^3 F(s)]_{s = p_1}$

如果 $D(s) = 0$ 有多个重根,可采用上面的方法分别对每个重根进行待定系数的计算。

例 10.9 求 $F(s) = \dfrac{5(s + 3)}{(s + 1)^3 (s + 2)}$ 的原函数 $f(t)$。

解 $\qquad F(s) = \dfrac{K_{13}}{s + 1} + \dfrac{K_{12}}{(s + 1)^2} + \dfrac{K_{11}}{(s + 1)^3} + \dfrac{K_2}{s + 2}$

$$K_{11} = (s + 1)^3 F(s) \Big|_{s = -1} = \frac{5(s + 3)}{s + 2} \Big|_{s = -1} = 10$$

$$K_{12} = \frac{\mathrm{d}}{\mathrm{d}s} \left[\frac{5(s + 3)}{s + 2} \right] \Big|_{s = -1} = -5$$

$$K_{13} = \frac{\mathrm{d}^2}{\mathrm{d}s^2} \left[\frac{1}{2} \frac{5(s + 3)}{s + 2} \right] \Big|_{s = -1} = 5$$

$$K_2 = (s + 2) F(s) \mid_{s = -2} = \frac{5(s + 3)}{(s + 1)^3} \Big|_{s = -2} = -5$$

查表得 $\qquad f(t) = 5e^{-t} - 5te^{-t} + 10t^2 e^{-t} - 5e^{-2t}$

10.3 电路元件和电路定律的运算形式表示

在用相量法求解正弦稳态响应中,引入了复阻抗的概念,直接给出频域中的元件模型,从而可省去列写微分方程这一步,直接写出相量形式的代数方程。同时由于相量形式表示的基本定律与直流激励下的电阻电路中所用同一定律具有完全相同的形式。因此,正弦稳态电路的分析与电阻电路的分析统一为一种方法。

同样,用拉氏变换求解过渡过程时,将时域中的 R、L、C 电源等元件变换为 s 域中的相应的等效元件,组成频域的等效电路,引进运算阻抗、运算导纳的概念,从而可以直接列写电路方程,使频域中过渡过程的计算和直流、正弦稳态计算的方法类同。

1. 电阻元件

当电阻(见图 10.1(a))的电压电流参考方向一致时,由欧姆定理得

$$u_R(t) = Ri_R(t)$$

经拉氏变换后得

$$U_R(s) = RI_R(s) \tag{10-15}$$

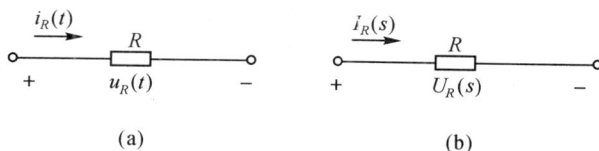

图 10.1　电阻元件的运算电路

其 s 域等效电路的形式不变(见图 10.1(b))。这也就说明,在频域中,电阻电压与其电流 $I_R(s)$ 的关系依旧服从欧姆定律。

2. 电感元件

对于电感(见图 10.2(a)),当电压与电流的参考方向一致时,时域中电流、电压的关系为

$$u_L(t) = L\frac{\mathrm{d}i_L(t)}{\mathrm{d}t}$$

对上式进行拉氏变换并应用微分定理,得其频域关系为

$$U_L(s) = sLI_L(s) - Li_L(0_-) \tag{10-16}$$

若 $i_L(0_-) = 0$,则频域中电压 $U_L(s)$ 和电流 $I_L(s)$ 之比为 sL,相当于将相量分析中感抗 $j\omega L$ 的 $j\omega$ 换为 s,称为电感的运算电抗。$Li_L(0_-)$ 由初始值和电感值决定,相当于一个电压源。故可得电感的等效电路(见图 10.2(b)),其中电压源 $Li_L(0_-)$ 称为附加运算电压源,它完全体现了初始储能的作用。在计算中,附加电源完全可以像实际电源一样看待。

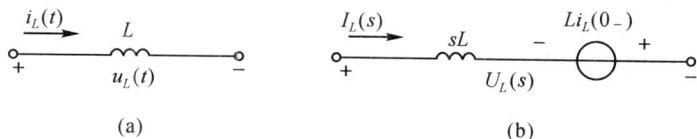

图 10.2　电感元件的运算电路

3. 电容元件

当电容(见图 10.3(a))的电压和电流参考方向一致时,时域中电流、电压的关系为

$$i_C(t) = C\frac{\mathrm{d}u_C(t)}{\mathrm{d}t}$$

对上式进行拉氏变换并应用微分定理,得其频域关系为

$$I_C(s) = sCU_C(s) - Cu_C(0_-) \tag{10-17}$$

或
$$U_C(s) = \frac{1}{sC}I_C(s) + \frac{u_C(0_-)}{s}$$

若 $u_C(0_-) = 0$，则频域中电压 $U_C(s)$ 和电流 $I_C(s)$ 之比为 $1/sC$，相当于将相量容抗 $1/\text{j}\omega C$ 中的 $\text{j}\omega$ 换为 s，称为电容的运算电抗。$Cu_C(0_-)$ 由初始值和电容量决定，图中 $u_C(0_-)/s$ 称为附加运算电压源，它完全体现了初始储能的作用。在计算中，附加电源完全可以象实际电源一样看待。

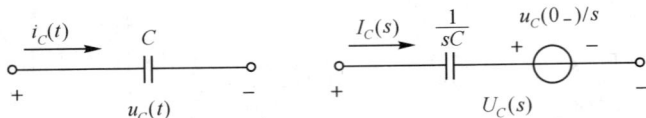

图 10.3　电容元件的运算电路

4. 独立电源

直流电压源 $u_s(t) = U_s \cdot 1(t)$，其拉氏变换为 $U_s(s) = U_s/s$；正弦电流源 $i_s(t) = I_m\sin(\omega t + \varphi_i) \cdot 1(t)$，其拉氏变换为 $I_s(s) = I_m\dfrac{s \cdot \sin\varphi_i + \omega \cdot \cos\varphi_i}{s^2 + \omega^2}$；指数电压源 $u_s(t) = U_s\text{e}^{-\alpha t} \cdot 1(t)$ 变换成 $U_s(s) = \dfrac{U_s}{s + \alpha}$。

所有元件都采用频域模型，电源采用象函数，所获的电路称为运算电路。

时域中的基尔霍夫定律如下：

对任一节点　　$\sum i(t) = 0$

对任一回路　　$\sum u(t) = 0$

根据拉氏变换的线性性质，可直接推得运算形式的基尔霍夫定律如下：

对任一节点　　$\sum I(s) = 0$

对任一回路　　$\sum U(s) = 0$

同样，采用运算形式的电路表示后，在直流电路中的各种求解电路的方法和电路定律也都适用于运算电路的计算。

10.4　动态电路的拉普拉斯变换求解

对于 RLC（见图 10.4(a)）串联电路，初始条件为 $i_L(0_-)$ 和 $u_C(0_-)$，按前述原则可获其运算电路[图 10.4(b)]。据 $\sum U(s) = 0$ 得

$$RI(s) + sLI(s) - Li(0_-) + \frac{u_C(0_-)}{s} + \frac{1}{sC}I(s) = U(s)$$

整理得

$$I(s) = \frac{U(s) + Li(0_-) - \dfrac{u_C(0_-)}{s}}{R + sL + 1/(sC)} \tag{10-18}$$

这是运算形式的欧姆定律。令 $Z(s) = R + sL + \dfrac{1}{sC}$，称为运算阻抗。基尔霍夫定律和欧姆

定律在电阻电路中导出了一系列网络定理、变换和网络方程,所有这些在正弦稳态向量电路中曾用过,现在依然可以引申到运算电路中。

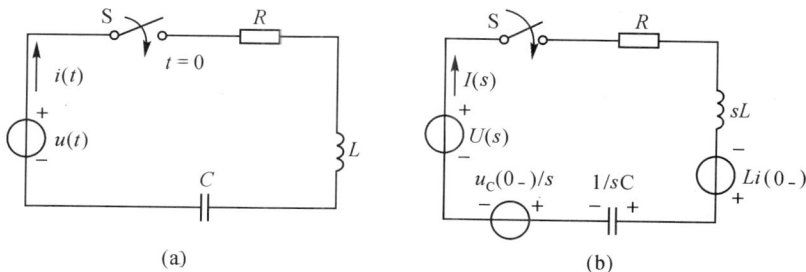

图 10.4 RLC 串联电路的运算电路

例 10.10 图 10.4(a) 所示电路中,$U = 25\text{V}, R = 65\Omega, L = 1\text{H}, C = 1000\mu\text{F}, u_C(0_-) = 5\text{V}, i(0_-) = 0$,求电流 $i(t)$ 和电感电压 $u_L(t)$。

解 该电路的运算等效电路如图 10.4(b) 所示,则有

$$I(s) = \frac{U(s) + Li(0_-) - \dfrac{u_C(0_-)}{s}}{R + sL + \dfrac{1}{sC}}$$

$$= \frac{\dfrac{25}{s} + \dfrac{5}{s}}{65 + s + \dfrac{1}{s \times 1000 \times 10^{-6}}}$$

$$= \frac{30}{(s+25)(s+40)} = \frac{2}{s+25} - \frac{2}{s+40}$$

拉氏逆变换后得

$$i(t) = 2e^{-25t} - 2e^{-40t}(\text{A}) \quad (t \geqslant 0)$$

又

$$U_L = sLI(s) - Li(0_-) = \frac{30s}{(s+25)(s+40)} = \frac{-50}{s+25} + \frac{50}{s+40}$$

于是

$$u_L(t) = -50e^{-25t} + 50e^{-40t}(\text{V}) \quad (t \geqslant 0)$$

利用拉氏变换,可采用变换电路法分析线性动态电路,把解微分方程问题转换为网络中代数运算。其步骤如下:

(1) 由时域电路推导出频域的运算电路;

(2) 利用电路基本定律和定理,列写相关代数方程;

(3) 求解代数方程,得到方程解;

(4) 利用有理分式展开定理,求出方程解的拉氏逆变换,得到最后答案。

例 10.11 RL 串联电路(见图 10.5(a)),换路前处于零状态。现将该电路接通于单位阶跃电压源,试求 $u_L(t)$ 和 $i_L(t)$。

解 该电路的等效运算电路如图 10.5(b) 所示。其运算阻抗为

$$Z(s) = R + sL$$

电压源的象函数为 $U(s) = 1/s$,故

$$I_L(s) = \frac{U(s)}{Z(s)} = \frac{1/s}{R + sL} = \frac{1}{s(R + sL)} = \frac{1}{Rs} - \frac{1}{R(s + R/L)}$$

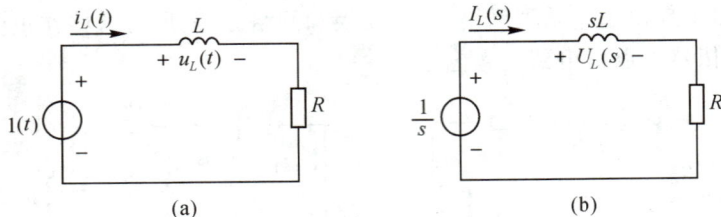

图 10.5　例 10.11 的图

$$i_L(t) = \frac{1}{R}(1 - e^{-\frac{R}{L}t}) \cdot 1(t)$$

故　　　　$$U_L(s) = I_L(s) \cdot sL = \frac{L}{R + sL}$$

$$u_L(t) = e^{-\frac{R}{L}t} \cdot 1(t)$$

例 10.12　RL 串联电路(见图 10.6(a)),换路前处于零状态。激励为单位冲击函数 $\delta(t)$ 的电压源,试求 $u_L(t)$ 和 $i_L(t)$。

解　该电路的等效运算电路如图 10.6(b) 所示。

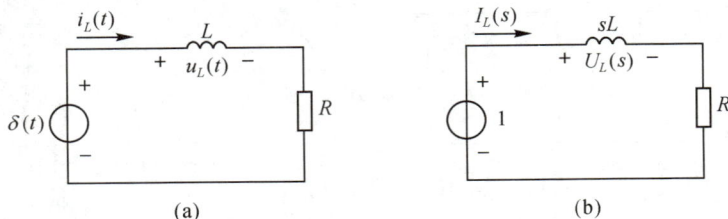

图 10.6　例 10.12 的图

$$I_L(s) = \frac{U(s)}{Z(s)} = \frac{1}{R + sL} = \frac{1}{L(s + \frac{R}{L})}$$

故　　　　$$i_L(t) = \frac{1}{L}e^{-\frac{R}{L}t} \cdot 1(t)$$

$$U_L(s) = I_L(s) \cdot sL = \frac{s}{s + R/L} = 1 - \frac{R/L}{s + R/L}$$

得　　　　$$u_L(t) = \delta(t) - \frac{R}{L}e^{-\frac{R}{L}t} \cdot 1(t)$$

例 10.13　图 10.7(a) 所示电路中,$R_1 = 30\Omega, R_2 = 10\Omega, L = 0.1\text{H}, C = 1000\mu\text{F}, U_s = 200\text{V}$,开关闭合前电路处于稳定状态,$u_C(0_-) = 100\text{V}$。$t = 0$ 时开关闭合,求 $i_L(t), u_C(t)$。

解　开关闭合前,

$$i_L(0_-) = \frac{U_s}{R_1 + R_2} = \frac{200}{30 + 10} = 5 \text{ (A)} \qquad u_C(0_-) = 100\text{V}$$

则开关闭合后,其等效运算电路如图 10.7(b),根据回路电流法列方程

$$\begin{cases} (R_1 + R_2 + sL)I_1(s) - R_2 I_2(s) = \dfrac{U_s}{s} + Li_L(0_-) \\[3mm] -R_2 I_1(s) + (R_2 + \dfrac{1}{sC})I_2(s) = \dfrac{-u_C(0_-)}{s} \end{cases}$$

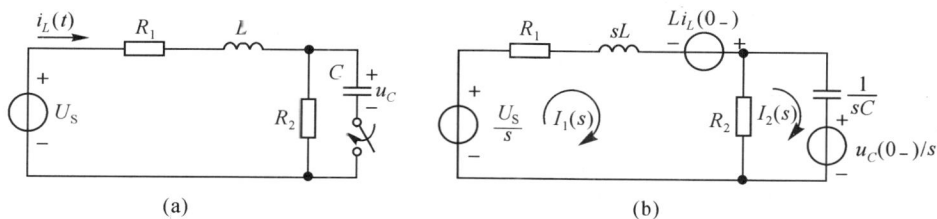

图 10.7　例 10.13 的图

代入已知数据，整理后得

$$I_1(s) = \frac{5(s^2 + 700s + 40000)}{s(s+200)^2} = \frac{5}{s} + \frac{0}{s+200} + \frac{1500}{(s+200)^2}$$

$$i_L(t) = 5 + 1500te^{-200t} \text{(A)} \quad (t \geqslant 0)$$

故　　　$$U_L(s) = sL \cdot I_L(s) - L \cdot i_L(0_-) = \frac{150}{s+200} - \frac{30000}{(s+200)^2}$$

$$u_L(t) = 150e^{-200t} - 30000te^{-200t} \text{(V)} \quad (t \geqslant 0)$$

例 10.14　图 10.8(a) 所示电路，开关闭合前处于零状态，试求开关闭合后的 $i_C(t)$。

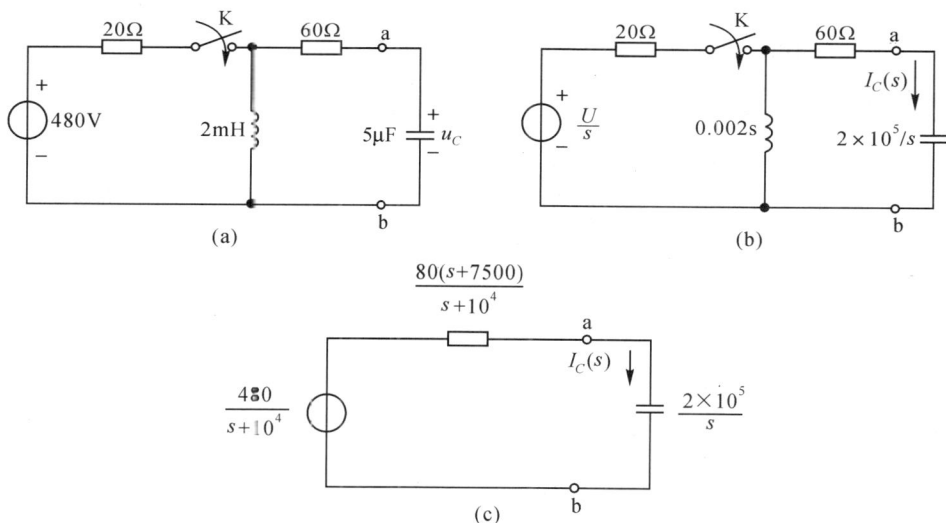

图 10.8　例 10.14 的图

解　该电路的等效运算电路如图 10.8(b)，采用戴维南定理，其开路电压

$$U_{oc}(s) = \frac{\frac{480}{s} \cdot 0.002s}{20 + 0.002s} = \frac{480}{s + 10^4} \text{ (V)}$$

内阻抗

$$Z_o(s) = 60 + \frac{0.002s \cdot 20}{20 - 0.002s} = \frac{80(s + 7500)}{s + 10^4}$$

得其戴维南等效电路如图 10.8(c)。故电容电流为

$$I_C(s) = \frac{\dfrac{480}{s+10^4}}{\dfrac{80(s+7500)}{s+10^4} + \dfrac{2\times10^5}{s}} = \frac{6s}{(s+5000)^2} = \frac{6}{s+5000} - \frac{30000}{(s+5000)^2}$$

最后得

$$i_C(t) = 6e^{-5000t} - 30000te^{-5000t}(A) \quad (t \geqslant 0)$$

习　题

10.1　求下列各函数的象函数：

(1) $f(t) = e^{-\alpha t}(1 - \alpha t)$ 　　　　(2) $f(t) = t^2$

(3) $f(t) = t\cos(\alpha t)$ 　　　　(4) $f(t) = e^{-\alpha t} + \alpha t - 1$

10.2　求下列函数的原函数：

(1) $\dfrac{6(s+1)(s+3)}{s(s+2)(s+4)(s+5)}$ 　　(2) $\dfrac{5(s+1)}{s(s^2+2s+2)}$

(3) $\dfrac{5(s+3)}{(s+1)^3(s+2)}$ 　　(4) $\dfrac{s-2}{s^2+4}$

10.3　求题 10.3 图所示函数 $f(t)$ 的拉普拉斯变换式。

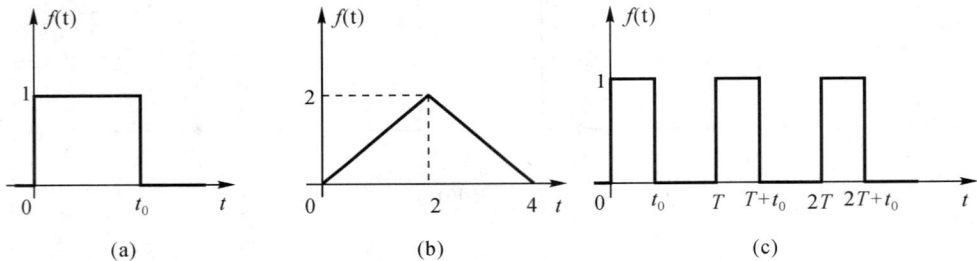

题 10.3 图

10.4　求下列函数的原函数：

(1) $\dfrac{s}{(s^2+1)^2}$ 　　(2) $\dfrac{s^2+6s+5}{s(s^2+4s+5)}$

(3) $\dfrac{1}{(s+1)(s+2)^2}$ 　　(4) $\dfrac{2s^2+16}{(s^2+5s+6)(s+12)}$

10.5　题 10.5 图所示电路已达到稳态，$t = 0$ 时开关合上，试画出运算电路。

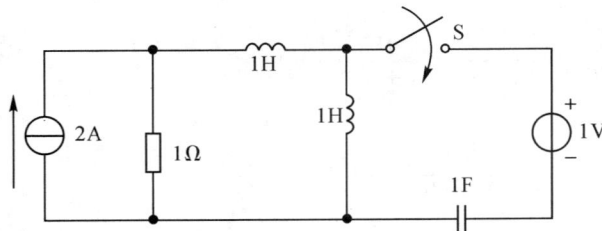

题 10.5 图

10.6　电路如题 10.6 图所示,此时已处于稳定状态,当 $t=0$ 时,开关由 1 合向 2,试用拉普拉斯变换法求换路后的电容电压 $u_C(t)$。

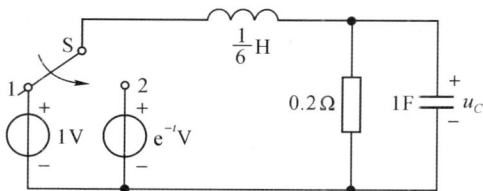

题 10.6 图

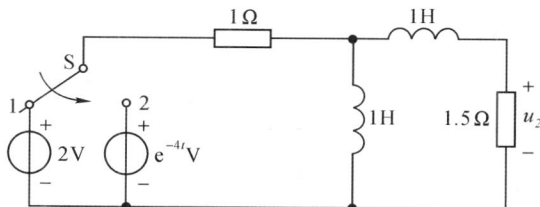

题 10.7 图

10.7　电路如题 10.7 图所示,此时已处于稳定状态,当 $t=0$ 时,开关由 1 合向 2,试用拉普拉斯变换法求换路后的电阻电压 $u_2(t)$。

10.8　电路如题 10.8 图所示,已处于稳定状态,当 $t=0$ 时,开关打开,已知 $u_S=2V$,$L_1=L_2=1H,R_1=R_2=1\Omega$,试求 $t\geqslant 0$ 时的 $i_1(t)$ 和 $u_{L_2}(t)$。

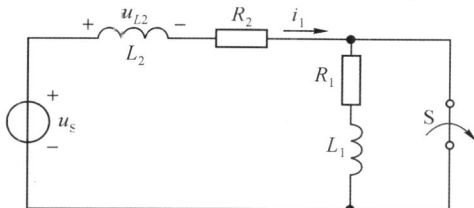

题 10.8 图

10.9　题 10.9 图示电路中,已知 $L=2H,C=0.5F,R_1=1\Omega,R_2=2\Omega,u_C(0_-)=1V$,求开关闭合后的 $i(t)$。

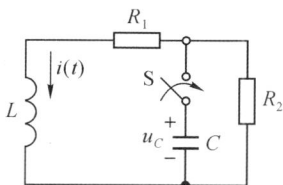

题 10.9 图

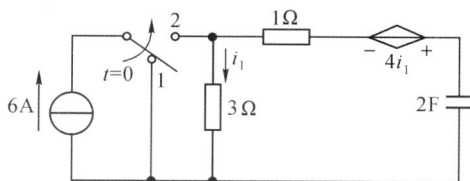

题 10.10 图

10.10　题 10.10 图示电路,开关在位置 1 时电路处于稳定状态,求开关由 1 合向 2 后的 $i_1(t)$。

10.11　电路如题 10.11 图所示,设电容上原有电压 $u_C(0_-)=100V$,电源电压 $U_S=200V,R_1=30\Omega,R_2=10\Omega,L=0.1H,C=1000\mu F$,求开关合上后电感中的电流 $i_L(t)$。

10.12　在题 10.12 图中,已知 $i_L(0_-)=0,t=0$ 时开关闭合,求 $u_L(t)$。

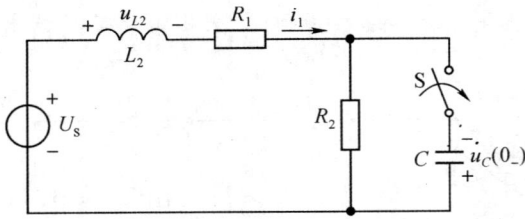

题 10.11 图

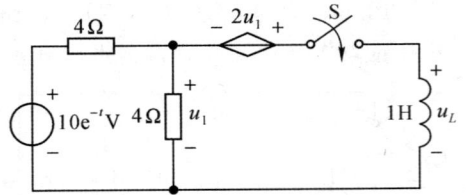

题 10.12 图

10.13　题 10.13 图所示电路为 RC 并联电路,电路中的电源是电流源,若

(1)$i_S(t) = \varepsilon(t)$ A

(2)$i_S(t) = \delta(t)$ A

试用拉普拉斯变换法求电路在 $t \geqslant 0$ 时的响应 $u(t)$。

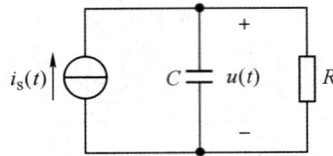

题 10.13 图

第 11 章　网络函数与二端口网络

本章介绍二端口网络定义及其方程,二端口网络的各种参数方程及相互关系,二端口网络的连接。

11.1　网络函数的定义

为了便于研究正弦稳态电路中响应与激励的关系,需引入正弦稳态网络函数。在现实生活中,并不是所有的电路都是正弦稳态电路,因而引入网络函数来研究这类电路中响应与激励的关系。

设有一个线性非时变电路,所有储能元件都处于零值初始状态,即处于零状态条件下,且此电路的输入激励是单一的独立电压源或电流源,并用 $e(t)$ 表示,则电路的零状态响应 $r(t)$ 的象函数 $R(s)$ 与输入激励 $e(t)$ 的象函数 $E(s)$ 之比定义为该电路的网络函数 $H(s)$,即

$$H(s) \stackrel{\text{def}}{=} \frac{R(s)}{E(s)} \tag{11-1}$$

根据响应 $R(s)$ 与激励 $E(s)$ 是否属于同一端口,又把网络函数分为策动点函数(driving-point)(有的教材称为驱动点函数)和转移(transfer)函数。响应相量和激励相量属于同一端口为策动点函数,响应相量和激励相量不属于同一端口为转移函数,策动点函数又可分为策动点阻抗函数和策动点导纳函数,转移函数又可分为电压转移函数、电流转移函数、转移阻抗函数和转移导纳函数。

例 11.1　如图所示为一低通滤波电路,激励是电压源 $u_1(t)$。求响应分别为 $i_1(t)$、$i_2(t)$ 和 $u_2(t)$ 时的网络函数。

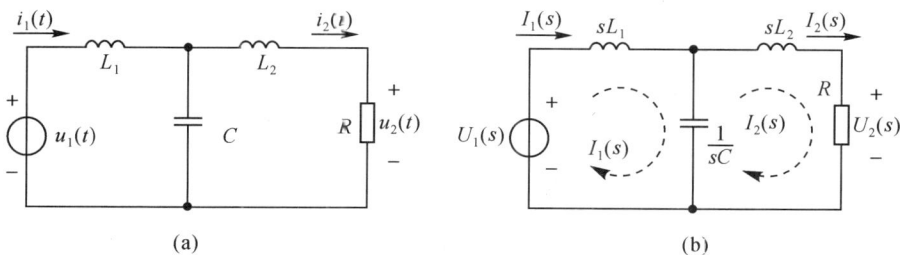

图 11.1　例 11.1 的图

解　(1)画出时域电路等效的运算电路图,如图 11.1(b) 所示。

（2）用回路法列出关于 $I_1(s)$ 和 $I_2(s)$ 的方程：

$$(sL_1 + \frac{1}{sC})I_1(s) - \frac{1}{sC}I_2(s) = U_1(s)$$

$$-\frac{1}{sC}I_1(s) + (sL_2 + \frac{1}{sC} + R)I_2(s) = 0$$

求解方程得

$$I_1(s) = \frac{L_2Cs^2 + RCs + 1}{D(s)}U_1(s)$$

$$I_2(s) = \frac{1}{D(s)}U_1(s)$$

$$U_2(s) = RI_2(s) = \frac{R}{D(s)}U_1(s)$$

式中　　　$D(s) = L_1L_2Cs^3 + RL_1Cs^2 + (L_1 + L_2)s + R$

$$H(s) = \frac{I_1(s)}{U_1(s)} = \frac{L_2Cs^2 + RCs + 1}{D(s)} \qquad \text{（驱动点导纳函数）}$$

$$H(s) = \frac{I_2(s)}{U_1(s)} = \frac{1}{D(s)} \qquad \text{（转移导纳函数）}$$

$$H(s) = \frac{U_2(s)}{U_1(s)} = \frac{R}{D(s)} \qquad \text{（电压转移函数）}$$

11.2　网络函数的极点、零点和冲激响应

1. 网络函数的极点、零点

由于网络函数 $H(s)$ 的分子和分母都是关于 s 的多项式，故它可以改写为因子形式：

$$H(s) = H_0 \frac{\prod_{i=1}^{m}(s - z_i)}{\prod_{i=1}^{n}(s - p_i)} \tag{11-2}$$

式中 H_0 为实数；$z_i(i = 1, 2, \cdots, m)$ 称为网络函数的零点，因为 $H(s)|_{s=z_i} = 0$，$p_i(i = 1, 2\cdots, n)$ 称为网络函数 $H(s)$ 的极点，因为 $H(s)|_{s=p_i} \to \infty$。$H(s)$ 的零点和极点或为实数或为共轭复数，而且 $H(s)$ 的极点即为对应变量的固有频率。

例 11.2　求出 $H(s) = \dfrac{2s^2 - 12s + 16}{s^3 + 4s^2 + 6s + 3}$ 的极、零点。

解　（1）极点：令分母为 0，即 $s^3 + 4s^2 + 6s + 3 = 0$

$$s^3 + 4s^2 + 6s + 3 = (s+1)(s^2 + 3s + 3)$$

$$= (s+1)(s + \frac{3}{2} + j\frac{\sqrt{3}}{2})(s + \frac{3}{2} - j\frac{\sqrt{3}}{2}) = 0$$

得三个极点分别为：$p_1 = -1$，$p_2 = -\dfrac{3}{2} - j\dfrac{\sqrt{3}}{2}$，$p_3 = -\dfrac{3}{2} + j\dfrac{\sqrt{3}}{2}$。

（2）零点：令分子为 0，即

$$2s^2 - 12s + 16 = 0$$

$$2s^2 - 12s + 16 = 2(s - 2)(s - 4) = 0$$

得两个零点分别为：$z_1 = 2$，$z_2 = \angle$。

2. 网络函数的冲激响应

零状态的电路对冲激信号的响应称为冲激响应。接下来讨论网络函数与冲激响应之间的关系。下面以单位冲激信号为例，设输入激励 $e(t)$ 为单位冲激函数 $\delta(t)$，由拉普拉斯变换得 $\mathcal{L}[\delta(t)] = 1$，则

$$R(s) = H(s)E(s) = H(s)\mathcal{L}[\delta(t)] = H(s) \tag{11-3}$$

因此，电路对于单位冲激函数 $\delta(t)$ 的响应为

$$r(t) = \mathcal{L}^{-1}[R(s)] = \mathcal{L}^{-1}[H(s)] \tag{11-4}$$

设函数 $h(t)$ 为

$$h(t) = \mathcal{L}^{-1}[H(s)] = \mathcal{L}^{-1}\left[\sum_{i=1}^{n}\frac{k_i}{s - p_i}\right] = \sum_{i=1}^{n}k_i e^{p_i t} \tag{11-5}$$

式中 p_i 为 $H(s)$ 的极点

称 $h(t)$ 为单位冲激响应。可见，单位冲激响应和网络函数是一对拉普拉斯变换对。

例 11.3　RLC 串联电路接通恒定电压源 U_S，如图 11.2(a) 所示。用网络函数 $H(s) = U_C(s)/U_S(s)$ 的极点分布情况来分析 $u_C(t)$ 的变化规律。

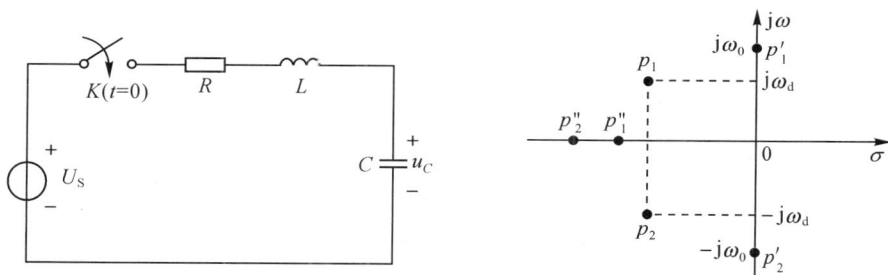

图 11.2　例 11.3 的图

解　由网络函数可得

$$H(s) = \frac{U_C(s)}{U_S(s)} = \frac{1}{R + sL + 1/sC} \cdot \frac{1}{sC} = \frac{1}{s^2 LC + sRC + 1}$$

$$= \frac{1}{LC} \cdot \frac{1}{(s - p_1)(s - p_2)}$$

(1) 当 $0 < R < 2\sqrt{L/C}$ 时，$p_{1,2} = -\delta + j\omega_d$。其中

$$\delta = \frac{R}{2L},\quad \omega_0 = \frac{1}{\sqrt{LC}},\quad \omega_d = \sqrt{\omega_0 - \delta^2}$$

这说明 $H(s)$ 的极点位于左半平面，如图 11.2(b) 中的 p_1、p_2，因此 $u_C(t)$ 的自由分量 $u_C''(t)$ 为衰减的正弦振荡，其包络线中的指数为 $e^{-\delta t}$，振荡角频率为 ω_d。

(2) 当 $R = 0$ 时，$\delta = 0$，$\omega_d = \omega_0$。故有 $p_{1,2}' = \pm j\omega_0$。这说明 $H(s)$ 的极点位于虚轴上，如图 11.2(b) 中的 p_1'、p_2'，因此 $u_C''(t)$ 为等幅的正弦振荡，振荡角频率为 ω_0。

(3) 当 $R > 2\sqrt{L/C}$ 时，有

$$p_1'' = -\frac{R}{2L} + \sqrt{\left(\frac{R}{2L}\right)^2 - \frac{1}{LC}}$$

$$p_2'' = -\frac{R}{2L} - \sqrt{(\frac{R}{2L})^2 - \frac{1}{LC}}$$

这说明 $H(s)$ 的极点位于负实轴上,如图 11.2(b) 中的 p_1''、p_2'',因此 $u_C''(t)$ 由 2 个衰减速度不同的指数函数组成。

$u_e(t)$ 的强制分量 $u_C'(t)$ 取决于激励的情况,本例中 $u_S(t) = U_S$,所以 $u_C'(t) = U_S$。

11.3 网络函数的极点、零点和频率响应

对于 RLC 串联电路,设输入为正弦电压 $u_1 = \sqrt{2}U_1\cos\omega t$,输出为电阻 R 上的电压 u_2,并设零状态响应即为 u_2。用拉氏变换可以求得网络函数 $H(s)$ 或电压转移函数为

$$H(s) = \frac{U_2(s)}{U_1(s)} = \frac{R}{R + sL + 1/sC} = (R/L)s/(s^2 + Rs/L + 1/LC) \tag{11-6}$$

如果用相量法求在正弦稳态情况下的输出电压相量与输入电压相量之比,则有

$$\frac{\dot{U}_2}{\dot{U}_1} = \frac{R}{R + j\omega L + 1/j\omega C} = \frac{(R/L)j\omega}{(j\omega)^2 + (\frac{R}{L})j\omega + \frac{1}{LC}} \tag{11-7}$$

可见,若把式中的 s 用 $j\omega$ 来替代,则 $H(s) = \dfrac{\dot{U}_2}{\dot{U}_1}$。就是说,在 $s = j\omega$ 处计算所得网络函数 $H(s)$ 即 $H(j\omega)$,给出了角频率为 ω 时正弦稳态情况下的输出相量与输入相量之比。

这个结论在一般情况下也是成立的,所以研究 $H(j\omega)$ 随 ω 变化的情况就可以预见相应电路变量的正弦稳态响应随 ω 变化的特性。由于 $H(j\omega)$ 是在 $s = j\omega$ 时的一个特例,因此可以推论电路变量的频率响应应当与相应 $H(s)$ 的极、零点有着密切的关系。

对于某一固定角频率 ω 来说,$H(j\omega)$ 通常是一个复数,即可表示为

$$H(j\omega) = |H(j\omega)| e^{j\theta} \tag{11-8}$$

式中 $|H(j\omega)|$ 为网络函数在频率 ω 处的模值,而 $\theta = \arg[H(j\omega)]$ 为网络函数在频率 ω 处的相位。通常把 $|H(j\omega)|$ 随 ω 变化的关系称为幅值频率响应,简称幅频响应。$\theta = \arg[H(j\omega)]$ 随 ω 变化的关系称为相位频率响应,简称相频响应。按式(11-2)有

$$H(j\omega) = H_0 \frac{\prod_{i=1}^{m}(j\omega - z_i)}{\prod_{i=1}^{n}(j\omega - p_i)} \tag{11-9}$$

于是有

$$|H(j\omega)| = H_0 \frac{\prod_{i=1}^{m}|(j\omega - z_i)|}{\prod_{i=1}^{n}|(j\omega - p_i)|} \tag{11-10}$$

所以若已知网络函数的极点和零点,则按式(11-9)便可以计算对应变量的频率响应。为了更直观地看出极点、零点对电路频率响应的影响,我们还可以通过在平面上作图的方法定性地描绘出频率响应。

11.4 二端口网络的定义

在一个复杂的电路只有两个端子向外连接,且仅对对外连接电路中的情况感兴趣,则该电路可视为一个一端口网络(如图 11.3(a) 所示),并用戴维南或诺顿定理等效电路替代,然后再求出所需的电压和电流。

在工程上经常碰到涉及两对端子之间的关系,如变压器、放大器等,如图 11.4 所示。对于这类问题的分析需用二端口网络知识。何为二端口网络?就是含有两个端口的网络称为二端口网络,简称二端。当然,它的两个端口的电流还应满足一定的条件,即如图 11.3(b) 对端口 11′(22′),从网络外部流入端点 1(2) 的电流,等于由网络内部流出端点 1′(2′) 的电流。当向外伸出的 4 个端子上的电流无上述限制时,则称为四端网络。

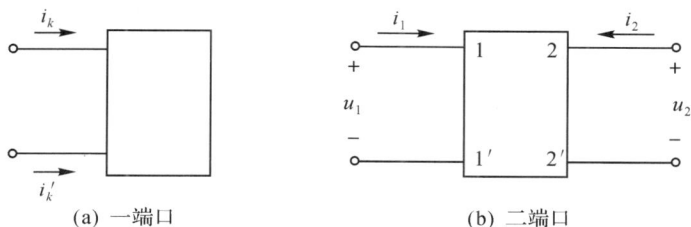

(a) 一端口   (b) 二端口

图 11.3   一端口和二端口网络示意图

这里所讲的二端口网络是由线性的电阻、电感(包括互感)和电容元件所组成,并规定不包含任何独立的电源(如果用运算法分析时,还规定独立的初始条件均为零,即不存在附加电源),但是有时要考虑到内部存在的受控源的情况。当内部不含受控源时,这类二端口网络就称为无源线性二端口网络。

对二端口网络的研究,是将二端口网络作为一个整体来研究它对外部的作用或呈现的特性。由于二端口网络仅通过它的两个端口与它的外部电路相连,所以它对外部的作用就由它的两个端口的电压、电流的关系来描述,因而一般的研究方法是用相量方法研究二端口网络在正弦稳态下的外部特性,导出两个端口的电压、电流的相量关系。由在正弦稳态分析中所得的结果,很容易推广得到在复频率下的相应结果,用于分析二端口网络在暂态下的工作情况。

11.5 二端口网络的参数矩阵

图 11.4 所示为一个无源线性二端口。在分析中将按正弦电流电路的稳态情况考虑,并应用相量法。当然,也可以用运算法来讨论。假设在频率为 ω 的正弦稳态下,两个端口的电压、电流相量分别为 $\dot{U}_1$、$\dot{I}_1$、$\dot{U}_2$、$\dot{I}_2$(见图 11.4)。下面导出这些描述二端口特性的方程和相应的参数。

1.Y 参数方程

如果在一个二端口的两个端口各施加一电压源(见图 11.5),每个端口的电压就等于所施加于该端口的电压源的电压。根据叠加定理,端口电流是这两个电压的线性函数,即

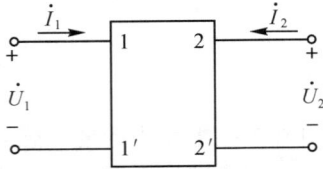

图 11.4 无源线性二端口电路

图 11.5 Y 参数的计算

$$\dot{I}_1 = Y_{11}\dot{U}_1 + Y_{12}\dot{U}_2$$

$$\dot{I}_2 = Y_{21}\dot{U}_1 + Y_{22}\dot{U}_2 \tag{11-11}$$

式(11-11)中系数 Y_{ij} 决定于二端口内部元件的参数和连接方式,它表示端口电流对电压的关系,这些关系都是具有导纳的量纲,称这些系数为二端口的 Y 参数(也称为短路导纳参数)。式(11-11)称为二端口的 Y 参数方程。将 Y 参数方程写成矩阵形式,得

$$\begin{bmatrix} \dot{I}_1 \\ \dot{I}_2 \end{bmatrix} = \begin{bmatrix} Y_{11} & Y_{12} \\ Y_{21} & Y_{22} \end{bmatrix} \begin{bmatrix} \dot{U}_1 \\ \dot{U}_2 \end{bmatrix} \tag{11-12}$$

上式中的系数矩阵称为 Y 参数矩阵。给定一二端口,它的 Y 参数可以通过计算或测量得到。

例 11.4 求图 11.6(a)所示二端口的 Y 参数。

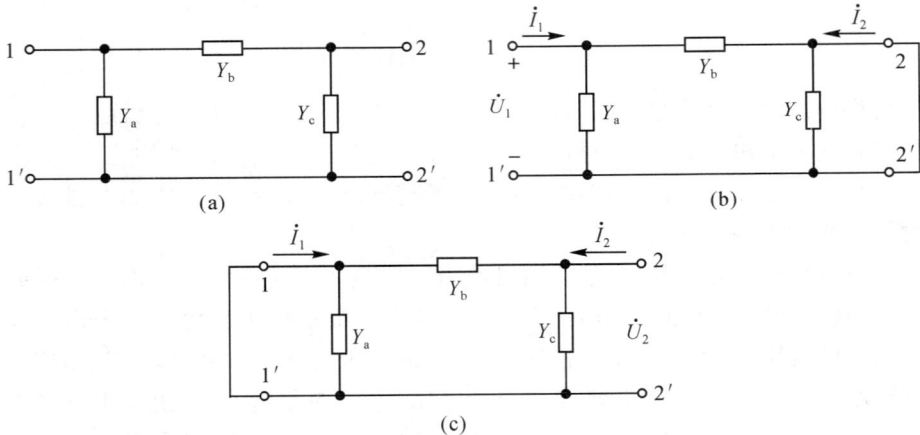

(a)

(b)

(c)

图 11.6 例 11.4 的图

解 这个二端口的结构比较简单,它是一个 π 型电路。求它的 Y_{11} 和 Y_{12} 时,把端口 2-2′短路,在端口 1-1′上外施电压 $\dot{U}_1$(见图 11.6(b)),这时可求出

$$\dot{I}_1 = \dot{U}_1(Y_a + Y_b)$$

$$\dot{I}_2 = \dot{U}_1 Y_b$$

式中 $\dot{I}_2$ 前有负号,是由于所指定的电流和电压的参考方向造成的。根据定义,可求得

$$Y_{11} = \frac{\dot{I}_1}{\dot{U}_1}\bigg|_{\dot{U}_2=0} = Y_a + Y_b \qquad Y_{21} = \frac{\dot{I}_2}{\dot{U}_1}\bigg|_{\dot{U}_2=0} = -Y_b$$

同样,如果把端口 1-1 短路,并在端口 2-2 上施电压 $\dot{U}_2$,则可求得

$$Y_{22} = Y_b + Y_c \qquad Y_{12} = -Y_b$$

故此该 π 型电路的 Y 参数矩阵为

$$\begin{bmatrix} Y_a + Y_b & -Y_b \\ -Y_b & Y_b + Y_c \end{bmatrix}$$

2. Z 参数方程

若在一个二端口的两个端口处各施加一个电流源(见图 11.7),则此时两个端口电流分别等于所施加的电流源的电流。根据叠加定理,端口电压为电流的线性函数,得

$$\dot{U}_1 = Z_{11} \dot{I}_1 + Z_{12} \dot{I}_2$$

$$\dot{U}_2 = Z_{21} \dot{I}_1 + Z_{22} \dot{I}_2 \tag{11-13}$$

图 11.7　Z 参数的计算

式(11-13)中系数 Z_{ij} 决定于二端口内部元件的参数和连接方式,它表示端口电压对电流的关系,这些关系都是具有阻抗的量纲,称这些系数为二端口的 Z 参数(开路阻抗参数)。式(11-13)称为二端口的 Z 参数方程。将 Z 参数方程写成矩阵形式,得

$$\begin{bmatrix} \dot{U}_1 \\ \dot{U}_2 \end{bmatrix} = \begin{bmatrix} Z_{11} & Z_{12} \\ Z_{21} & Z_{22} \end{bmatrix} \begin{bmatrix} \dot{I}_1 \\ \dot{I}_2 \end{bmatrix} \tag{11-14}$$

上式中的系数矩阵称为 Z 参数矩阵,给定一二端口,它的 Z 参数可以通过计算或测量得到。

例 11.5　求图 11.8 所示 T 型电路二端口网络的 Z 参数。

解　当输出端口开路时,输入端口的策动点阻抗

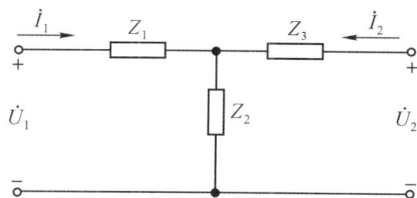

图 11.8　例 11.5 的图

$$Z_{11} = \frac{\dot{U}_1}{\dot{I}_1} \Big|_{I_2=0} = \frac{(Z_1 + Z_2) \dot{I}_1}{\dot{I}_1} = Z_1 + Z_2$$

$$Z_{21} = \frac{\dot{U}_2}{\dot{I}_1} \Big|_{I_2=0} = \frac{Z_2 \dot{I}_1}{\dot{I}_1} = Z_2$$

当输入端口开路时,输出端口的策动点阻抗

$$Z_{22} = \frac{\dot{U}_2}{\dot{I}_2} \Big|_{I_1=0} = \frac{(Z_2 + Z_3) \dot{I}_2}{\dot{I}_2} = Z_2 + Z_3$$

$$Z_{12} = \frac{\dot{U}_1}{\dot{I}_2} \Big|_{I_1=0} = \frac{Z_2 \dot{I}_2}{\dot{I}_2} = Z_2$$

故此 T 型二端口网络的 Z 参数矩阵为

$$Z = \begin{bmatrix} Z_1 + Z_2 & Z_2 \\ Z_2 & Z_2 + Z_3 \end{bmatrix}$$

3. T 参数方程

T 参数方程是以输出端口的电压、电流(即 $\dot{U}_2$ 和 $\dot{I}_2$)为自变量的方程。T 参数也称为传输参数。

图 11.9 所示的二端口的 T 参数方程是

$$\dot{U}_1 = A\dot{U}_2 - B\dot{I}_2$$
$$\dot{I}_1 = C\dot{U}_2 - D\dot{I}_2 \tag{11-15}$$

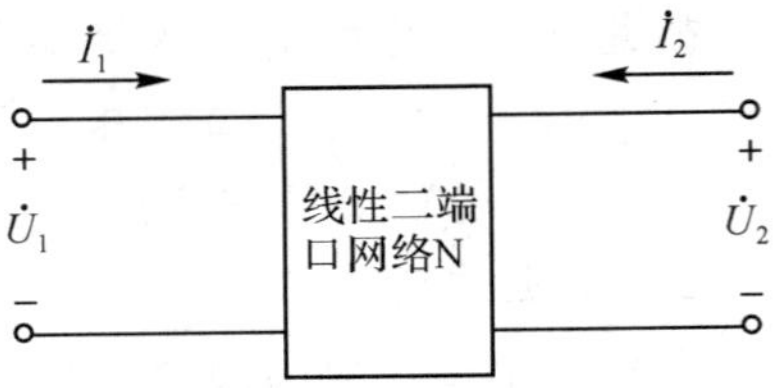

图 11.9　T 参数的计算

上式中的参数 A,B,C,D 称为 T 参数。T 参数方程矩阵形式如下:

$$\begin{bmatrix} \dot{U}_1 \\ \dot{I}_1 \end{bmatrix} = \begin{bmatrix} A & B \\ C & D \end{bmatrix} \begin{bmatrix} \dot{U}_2 \\ -\dot{I}_2 \end{bmatrix} \tag{11-16}$$

上式中的系数矩阵称为 T 参数矩阵。T 参数方程可以由式(11-12)所示的 Y 参数方程导出,也可以由计算和测量求出同一二端口的 T 参数与 Y 参数的关系是

$$A = \frac{\dot{U}_1}{\dot{U}_2}\bigg|_{\dot{I}_2=0} = -\frac{Y_{22}}{Y_{21}} \qquad B = \frac{\dot{U}_1}{-\dot{I}_2}\bigg|_{\dot{U}_2=0} = -\frac{1}{Y_{21}}$$

$$C = \frac{\dot{I}_1}{\dot{U}_2}\bigg|_{\dot{I}_2=0} = Y_{12} - \frac{Y_{11}Y_{22}}{Y_{21}} \qquad D = \frac{\dot{I}_1}{-\dot{I}_2}\bigg|_{\dot{U}_2=0} = -\frac{Y_{11}}{Y_{21}}$$

前面的分析表明,二端口若满足互易定理,它的 Y 参数满足 $Y_{12} = Y_{21}$,由此可得到互易的二端口 T 参数满足的互易条件是 $AD - BC = 1$。

对于对称二端口,它的 Y 参数还满足对称条件 $Y_{11} = Y_{22}$,由此可得出对称二端口的 T 参数还须满足的条件是 $A = D$。

例 11.6　求图 11.10 所示二端口的 T 参数。

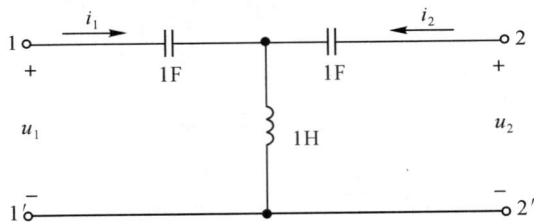

图 11.10　例 11.6 的图

解　当输出端口开路时,$I_2(s) = 0$

$$U_1(s) = (\frac{1}{s} + s) \cdot I_1(s) = \frac{s^2+1}{s}I_1(s) \qquad U_2(s) = s \cdot I_1(s)$$

因此　$A(s) = \frac{U_1(s)}{U_2(s)}\bigg|_{I_2(s)=0} = \frac{s^2+1}{s^2} \qquad C(s) = \frac{I_1(s)}{U_2(s)}\bigg|_{I_2(s)=0} = \frac{1}{s}$

当输出端口短路时,$U_2(s) = 0$

$$U_1(s) = (\frac{1}{s} + \frac{1}{s+1/s})I_1(s) = \frac{2s^2+1}{s(s^2+1)}I_1(s)$$

$$-I_2(s) = \frac{s \cdot I_1(s)}{s+1/s} = \frac{s^2}{s^2+1}I_1(s)$$

因此　　　$D(s) = \dfrac{I_1(s)}{-I_2(s)}\bigg|_{U_2(s)=0} = \dfrac{s^2+1}{s^2}$

4. H 参数方程

如果以二端口的输入电流 $\dot I_1$ 和输出电压 $\dot U_2$ 为自变量（见图 11.9），则可将两个端口的电压、电流关系表示为

$$\dot U_1 = H_{11}\dot I_1 + H_{12}\dot U_2$$
$$\dot I_2 = H_{21}\dot I_1 + H_{22}\dot U_2 \tag{11-17}$$

上式中的系数 $H_{ij}(i,j=1,2)$ 称为二端口的 H 参数或混合参数。式（11-17）称为二端口的 H 参数方程。H 参数方程的矩阵形式如下：

$$\begin{bmatrix} \dot U_1 \\ \dot I_2 \end{bmatrix} = \begin{bmatrix} H_{11} & H_{12} \\ H_{21} & H_{22} \end{bmatrix} \begin{bmatrix} \dot I_1 \\ \dot U_2 \end{bmatrix} \tag{11-18}$$

上式中系数矩阵称为 H 参数矩阵。H 参数也可以通过计算或测量得到。一个二端口的 H 参数也可以由它的 Y 导出。同一二端口，这两组参数间的关系是

$$H_{11} = \dfrac{\dot U_1}{\dot I_1}\bigg|_{\dot U_2=0} = \dfrac{1}{Y_{11}} \qquad H_{12} = \dfrac{\dot U_1}{\dot U_2}\bigg|_{\dot I_1=0} = -\dfrac{Y_{12}}{Y_{11}}$$

$$H_{21} = \dfrac{\dot I_2}{\dot I_1}\bigg|_{\dot U_2=0} = \dfrac{Y_{21}}{Y_{11}} \qquad H_{22} = \dfrac{\dot I_2}{\dot U_2}\bigg|_{\dot I_1=0} = Y_{22} - \dfrac{Y_{12}Y_{21}}{Y_{11}} \tag{11-19}$$

对于互易的二端口，有 $Y_{12}=Y_{21}$，因此它的 H 参数就有以下互易条件：

$$H_{12} = -H_{21} \tag{11-20}$$

对于对称二端口，则由 $Y_{11}=Y_{22}$ 可得出它的参数应满足以下关系式：

$$H_{11}H_{22} - H_{12}H_{21} = 1 \tag{11-21}$$

例 11.7　求图 11.11 所示二端口的 H 参数。

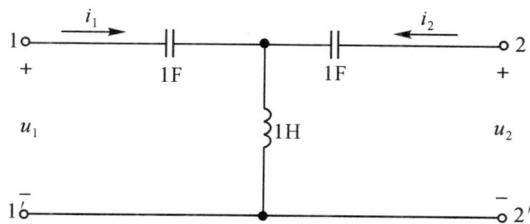

图 11.11　例 11.7 的图

解　首先计算混合参数矩阵 $H(s)$。当输出端口短路时，可得输入端口的策动点阻抗为

$$H_{11}(s) = \dfrac{1}{s} + \dfrac{1}{s+1/s} = \dfrac{2s^2+1}{s(s^2+1)}$$

$$I_2(s) = -\dfrac{s}{s+1/s}I_1(s) = -\dfrac{s^2}{s^2+1}I_1(s)$$

因而有　　　$H_{21}(s) = \dfrac{I_2(s)}{I_1(s)}\bigg|_{U_2(s)=0} = -\dfrac{s^2}{s^2+1}$

当输入端口短路时，可得

$$U_1(s) = \frac{U_2(s)}{s + 1/s} \cdot s = \frac{s^2}{s^2 + 1} U_2(s)$$

因而有 $H_{12}(s) = \dfrac{U_1(s)}{U_2(s)}\Big|_{I_1(s)=0} = \dfrac{s^2}{s^2 + 1}$

$$H_{22}(s) = \frac{1}{s + 1/s} = \frac{s}{s^2 + 1}$$

故混合参数矩阵为 $H(s) = \begin{pmatrix} \dfrac{2s^2+1}{s(s^2+1)} & \dfrac{s^2}{s^2+1} \\ -\dfrac{s^2}{s^2+1} & \dfrac{s}{s^2+1} \end{pmatrix}$

对于电子电路中常用 H 参数描述晶体三极管的小信号工作条件下的简化等效电路模型。图 11.12 为晶体三极管的等效电路模型，根据 H 参数的定义，不难求得

$$H_{11} = \frac{\dot U_1}{\dot I_1}\Big|_{U_2=0} = R_1 \qquad H_{12} = \frac{\dot U_1}{\dot U_2}\Big|_{I_1=0} = 0$$

$$H_{21} = \frac{\dot I_2}{\dot I_1}\Big|_{U_2=0} = \beta \qquad H_{22} = \frac{\dot I_2}{\dot U_2}\Big|_{I_1=0} = \frac{1}{R_2}$$

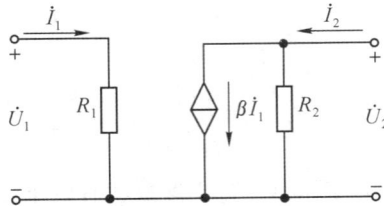

图 11.12   晶体三极管的等效电路模型

11.6   二端口网络的等效电路

一个不含独立源的一端口网络可以用一个阻抗（或导纳）构成的最简单的等效模型来替代。在复杂网络的分析中，常常也需要将一个不含独立源的二端口网络用一个尽可能简单的二端口等效模型来替代，等效条件是：二端口等效模型的方程必须与被替代的二端口网络的方程相同。

描述互易二端口的每一组参数的四个参数中只有三个参数是独立的，用三个阻抗（或导纳）元件连接成图 11.13 中的 T 型电路或 Ⅱ 型电路，都可以构成这类二端口的等效电路。

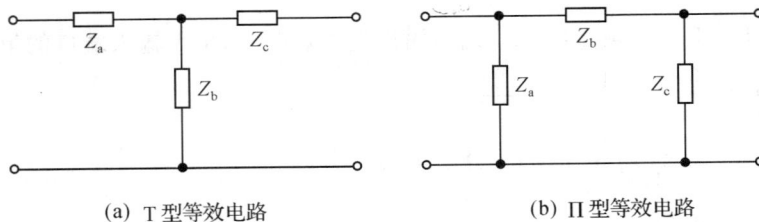

(a) T 型等效电路   (b) Ⅱ 型等效电路

图 11.13   二端口的 T 和 Ⅱ 型等效电路

对于一给定的二端口只需 T 型等效电路或 Ⅱ 型等效电路的各二端口参数分别等于给定

的二端口的相应的参数,就可确定二端口的等效电路中各阻抗(或导纳)的数值。

例 11.8 给出对应于下列各短路导纳矩阵的任意一种等效二端口网络模型。

$$(1)Y(s) = \begin{bmatrix} 5 & -2 \\ -2 & 3 \end{bmatrix} S \qquad\qquad (2)Z = \begin{bmatrix} 4 & 2 \\ 2 & 6 \end{bmatrix} \Omega$$

解 (1)由已知的短路导纳矩阵可以看出,二端口网络是互易的,故可用无源 Ⅱ 型二端口网络作为其等效模型,如图 11.14(a) 所示。该模型为纯电阻网络,图中各电阻元件均用电导值表示。

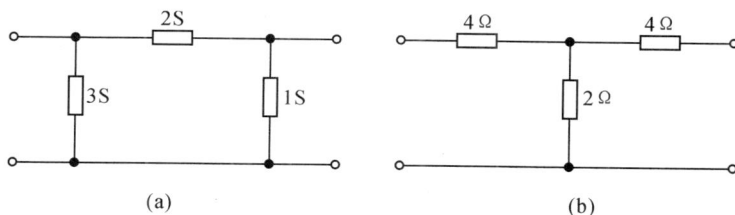

图 11.14 例 11.8 图

(2)由已知的开路参数矩阵可以看出,二端口网络是互易的,故可用无源 T 型二端口网络作为其等效模型,如图 11.14(b) 所示。该模型为纯电阻网络,图中各电阻元件均用电阻值表示。

例 11.9 已知二端口网络的 Y 参数矩阵 $Y = \begin{bmatrix} 4 & -2 \\ -2 & 6 \end{bmatrix} S$,试求:

(1)当 R 为多少时,可从电源获得最大功率?

(2)该最大功率为多少?

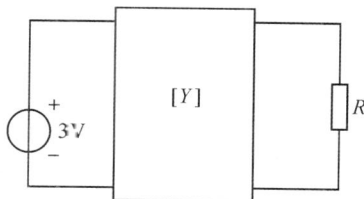

图 11.15 例 11.9 的图

解 (1)根据给定的短路参数矩阵可知,该二端口网络是互易的,可用无源 Ⅱ 型二端口网络作为其等效模型,Ⅱ 型等效电路的三个电导元件表示,这时原电路等效为图 11.16 所示电路。

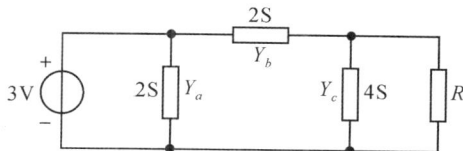

图 11.16 例 11.9 二端口电路的等效电路图

由前面我们对 Ⅱ 型电路的 Y 参数分析可知,对于给定的 Ⅱ 型电路,其 Y 参数为

$$Y_{11} = Y_a + Y_b \qquad Y_{12} = Y_{21} = -Y_b \qquad Y_{22} = Y_b + Y_c$$

而现在 Y 参数已知,则根据上式即可求得等效 Ⅱ 型电路的三个等效电导值为

$$Y_a = Y_{11} + Y_{12} = 4 - 2 = 2S$$
$$Y_b = -Y_{12} = 2S$$
$$Y_c = Y_{22} + Y_{21} = 6 - 2 = 4S$$

根据图 11.16 可先求得戴维南等效电路如图 11.17 所示。

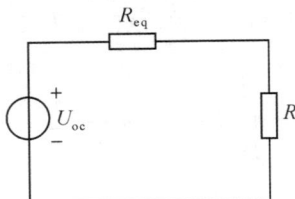

图 11.17　戴维南等效电路图

图 11.17 中　　　$U_{oc} = 1\,V$　　　$R_{eq} = 0.1\,\Omega$

即当　$R = R_{eq} = 0.1\Omega$ 时,可从电源获取最大功率。

(2) 此时电阻 R 从电源获取的最大功率为

$$P_{max} = RI^2 = R\left(\frac{U_{oc}}{R_{eq} + R}\right)^2 = 0.1 \times \left(\frac{1}{0.1 + 0.1}\right)^2 = 2.5(W)$$

11.7　二端口网络的连接

在分析和设计电路时,经常将多个二端口适当地连接起来组成一个新的网络,其连接方式有很多种,常见的连接方式有级联、并联和串联。下面主要讨论由两个二端口以不同的连接方式连接后形成的复合二端口的参数与原来的各二端口的参数的关系,由这种参数间的关系推广到更多的二端口连接中去。

1.二端口的级联

将一个二端口的输出端口与另一个二端口的输入端口连接在一起,如图 11.18 所示,形成一个复合二端口(图 11.18 虚线框内),这样的连接方式称为两个二端口的级联。

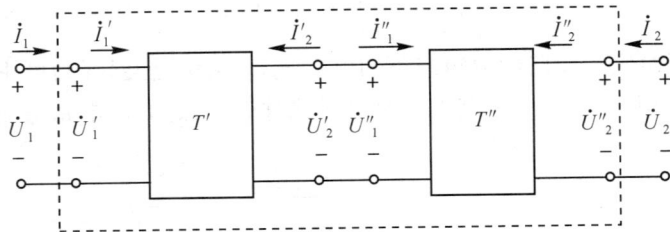

图 11.18　二端口的级联

分析二端口级联的电路,使用传输参数比较方便。给定级联的两个二端口的传输参数矩阵分别是

$$T' = \begin{bmatrix} A' & B' \\ C' & D' \end{bmatrix} \qquad T'' = \begin{bmatrix} A'' & B'' \\ C'' & D'' \end{bmatrix} \tag{11-22}$$

级联后形成的复合二端口的传输参数矩阵设为

$$T = \begin{bmatrix} A & B \\ C & D \end{bmatrix} \tag{11-23}$$

通过分析计算可以得出 T 有以下关系：

$$T = T'T'' \tag{11-24}$$

上式表明：两个二端口级联后形成的复合二端口的传输参数矩阵等于该两个二端口的传输参数矩阵的乘积。

例 11.10　求图 11.19(a) 所示 Π 型二端口网络的传输矩阵。

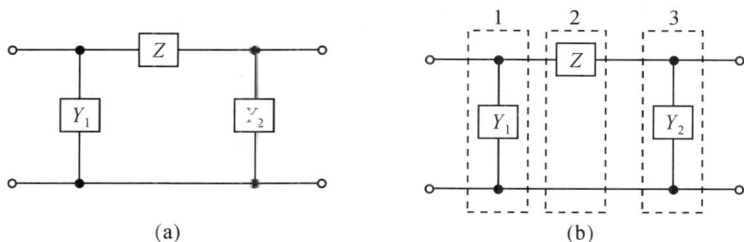

图 11.19　Π 型电路的传输矩阵

解　图 11.19(a) 所示的二端口可以看作由图 11.19(b) 所示的三个单元件二端口网络级联而成。各二端口网络的传输矩阵如下：

$$T_1 = \begin{pmatrix} 1 & 0 \\ Y_1 & 1 \end{pmatrix} \qquad T_2 = \begin{pmatrix} 1 & Z \\ 0 & 1 \end{pmatrix} \qquad T_3 = \begin{pmatrix} 1 & 0 \\ Y_2 & 1 \end{pmatrix}$$

根据式 11-21 可得 Π 型二端口网络的传输矩阵为

$$T = T_1 T_2 T_3 = \begin{pmatrix} 1 & 0 \\ Y_1 & 1 \end{pmatrix} \begin{pmatrix} 1 & Z \\ 0 & 1 \end{pmatrix} \begin{pmatrix} 1 & 0 \\ Y_2 & 1 \end{pmatrix} = \begin{pmatrix} 1 & Z \\ Y_1 & Y_1 Z + 1 \end{pmatrix} \begin{pmatrix} 1 & 0 \\ Y_2 & 1 \end{pmatrix}$$

$$= \begin{pmatrix} 1 + Y_2 Z & Z \\ Y_1 + Y_2 + Y_1 Y_2 Z & 1 + Y_1 Z \end{pmatrix}$$

2. 二端口的并联

将两个二端口的输入端口和输出端口分别并联，形成一个复合二端口（如图 11.20 所示），这样的连接方式称为二端口的并联。

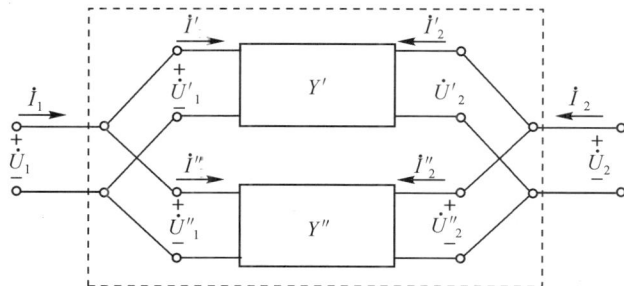

图 11.20　二端口的并联

讨论二端口并联的时候，使用 Y 参数比较方便。给定并联的两个二端口如图 11.20 所示，其 Y 参数矩阵分别为

$$Y' = \begin{bmatrix} Y'_{11} & Y'_{12} \\ Y'_{21} & Y'_{22} \end{bmatrix} \text{ 和 } Y'' = \begin{bmatrix} Y''_{11} & Y''_{12} \\ Y''_{21} & Y''_{22} \end{bmatrix} \tag{11-25}$$

并联后形成的复合二端口的 Y 参数矩阵设为

$$Y = \begin{bmatrix} Y_{11} & Y_{12} \\ Y_{21} & Y_{22} \end{bmatrix} \tag{11-26}$$

通过分析计算可以得出以下关系：

$$Y = Y' + Y'' \tag{11-27}$$

上式表明：两个二端口并后形成的复合二端口的 Y 参数矩阵等于该两个二端口的 Y 参数矩阵的相加。

例 11.11　求图 11.21(a) 所示二端口的 Y 参数矩阵。

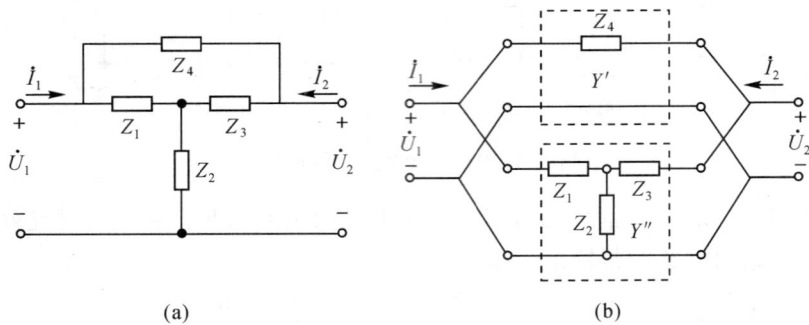

(a)　　　　　　　　　　　　(b)

图 11.21　例 11.11 的图

解　图 11.21(a) 所示电路可以看成是图 11.21(b) 中的两个二端口并联形成的电路。容易求出

$$Y' = \begin{pmatrix} \dfrac{1}{Z_4} & -\dfrac{1}{Z_4} \\ -\dfrac{1}{Z_4} & \dfrac{1}{Z_4} \end{pmatrix} \qquad Y'' = \begin{pmatrix} \dfrac{Z_2 + Z_3}{\Delta} & -\dfrac{Z_2}{\Delta} \\ -\dfrac{Z_2}{\Delta} & \dfrac{Z_1 + Z_2}{\Delta} \end{pmatrix}$$

其中　　$\Delta = Z_1 Z_2 + Z_2 Z_3 + Z_3 Z_1$

根据式(11-24) 即可以求得图 11.21(a) 所示二端口的 Y 参数矩阵为

$$Y = Y' + Y'' = \begin{pmatrix} \dfrac{1}{Z_4} & -\dfrac{1}{Z_4} \\ -\dfrac{1}{Z_4} & \dfrac{1}{Z_4} \end{pmatrix} + \begin{pmatrix} \dfrac{Z_2 + Z_3}{\Delta} & -\dfrac{Z_2}{\Delta} \\ -\dfrac{Z_2}{\Delta} & \dfrac{Z_1 + Z_2}{\Delta} \end{pmatrix}$$

$$= \begin{pmatrix} \dfrac{1}{Z_4} + \dfrac{Z_2 + Z_3}{\Delta} & -\dfrac{1}{Z_4} - \dfrac{Z_2}{\Delta} \\ -\dfrac{1}{Z_4} - \dfrac{Z_2}{\Delta} & \dfrac{1}{Z_4} + \dfrac{Z_1 + Z_2}{\Delta} \end{pmatrix}$$

3. 二端口的串联

将两个二端口的输入端口和输出端口分别串联，形成一个复合二端口（如图 11.22 所示），这样的连接方式称为二端口的串联。

分析二端口串联的时候，使用 Z 参数比较方便。给定串联的两个二端口 Z 参数矩阵分别

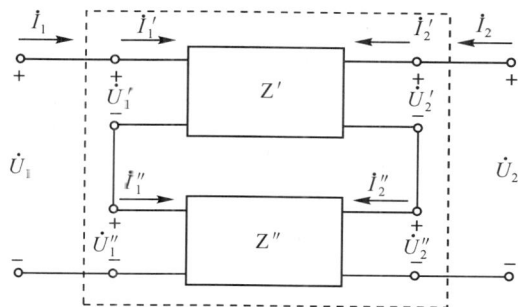

图 11.22　二端口的串联

为

$$Z' = \begin{bmatrix} Z'_{11} & Z'_{12} \\ Z'_{21} & Z'_{22} \end{bmatrix} \text{和 } Z'' = \begin{bmatrix} Z''_{11} & Z''_{12} \\ Z''_{21} & Z''_{22} \end{bmatrix} \tag{11-28}$$

并联后形成的复合二端口的 Z 参数矩阵设为

$$Z = \begin{bmatrix} Z_{11} & Z_{12} \\ Z_{21} & Z_{22} \end{bmatrix} \tag{11-29}$$

通过分析计算可知 Z, Z', Z'' 有以下关系：

$$Z = Z' + Z'' \tag{11-30}$$

上式表明：两个二端口串联后形成的复合二端口的 Z 参数矩阵等于该两个二端口的 Z 参数矩阵之和。

值得注意的是，两个二端口串联时，也可能出现每一个二端口条件因串联而不再成立、每一个二端口的方程就不再适用的情况，此时式(11-30)就失去意义。两个具有公共端的二端口，如图 11.23 所示，如果按照图中所示的方式串联连接时，每一个二端口的端口条件是一定能够满足的，由它们串联得到的复合二端口的 Z 参数就一定可以用式(11-30)计算。

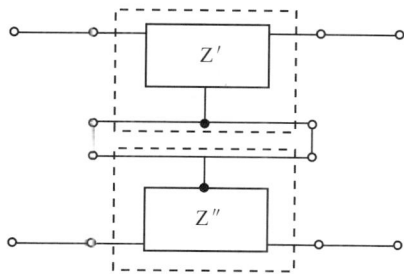

图 11.23　一种二端口串联后端口条件仍成立的情形

习　题

11.1　试求题 11.1 图所示二端口电路的 Z 参数矩阵。

11.2　试求题 11.2 图所示二端口电路的 Y 参数矩阵。

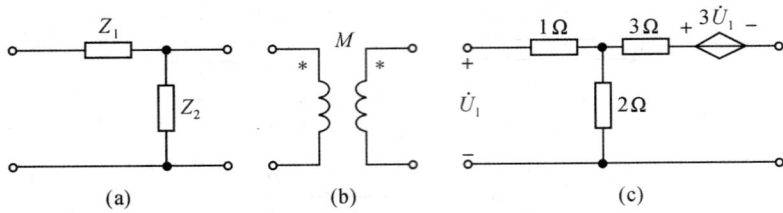

题 11.1 图

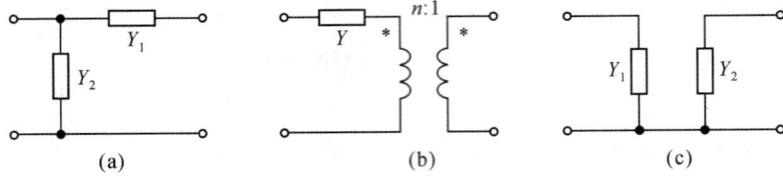

题 11.2 图

11.3 试求题 11.3 图所示二端口电路的 T 参数矩阵。

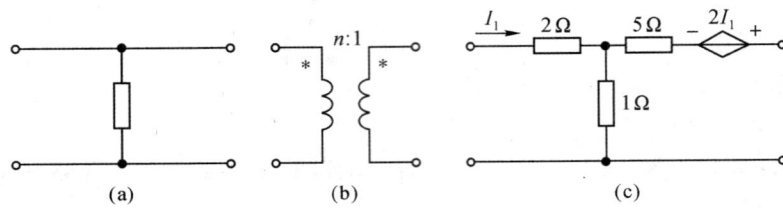

题 11.3 图

11.4 试求题 11.4 图所示二端口电路的 H 参数矩阵。

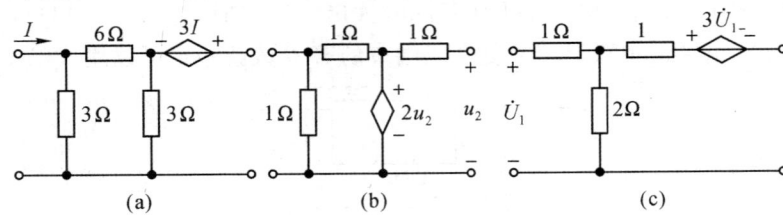

题 11.4 图

11.5 题 11.5 图所示二端口网络的传输参数矩阵 $T = \begin{bmatrix} 2 & 6\Omega \\ 1S & 4 \end{bmatrix}$，问其输入电阻 R_i 为

多少？

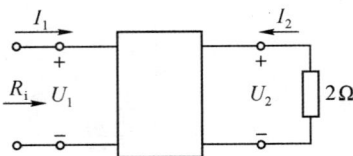

题 11.5 图

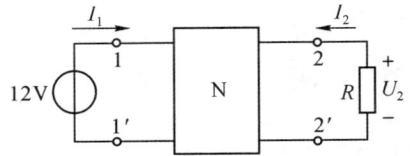

题 11.6 图

11.6 题 11.6 图所示电路中，二端口网络为一对称二端口网络，若在 $11'$ 端口接 12V

的直流电源,测得 22′ 端口开路时,电压 $U_2 = 6\text{V}$,22′
端口短路时,电流 $I_2 = -4\text{V}$.求此二端口网络的传输
参数矩阵 T。

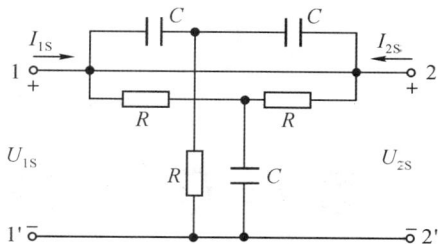

11.7　求题 11.7 图所双 T 型电路的 Y 参数
矩阵。

11.8　求题 11.8 图所示二端口网络的 T 参数矩
阵,设内部的二端口网络 N 的 T 参数矩阵为 T_n
$= \begin{bmatrix} A & B \\ C & D \end{bmatrix}$。

题 11.7 图

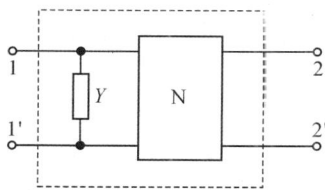

(a)

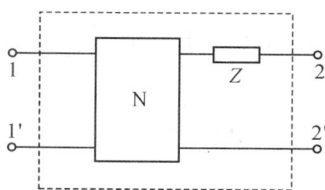

(b)

题 11.8 图

11.9　已知题 11.9 图所示二端口网络的 Z 参数矩阵 $Z = \begin{bmatrix} 4 & 2 \\ 2 & 6 \end{bmatrix}$ Ω,试求:

(1) 当 $R = ?$ 时,可从电源获得最大功率;

(2) 该最大功率为多少?

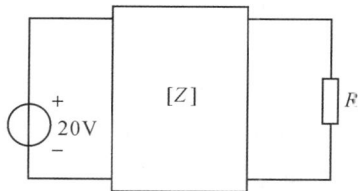

题 11.9 图

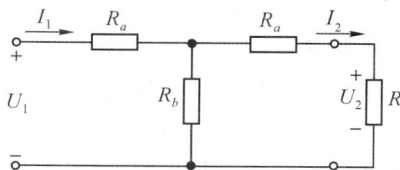

题 11.10 图

11.10　试设计一如题 11.10 图所示的对称 T 型二端
口,使其符合下述条件:

(1) 当 $R = 75$ Ω 时,此二端口的输入电阻也
是 75 Ω;

(2) 其转移电压比为 $U_2/U_1 = 1/2$,试确定电
阻 R_a 和 R_b 的值。

11.11　试求题 11.11 图所示二端口的 Y 参数矩阵。

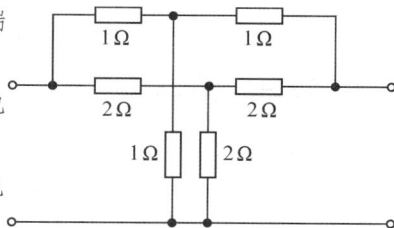

题 11.11 图

第 12 章　　非线性电路的基本概念

本章主要介绍非线性元件,含非线性元件的电路方程,非线性电路的小信号分析法。

12.1　非线性元件

前面各章讨论的都是线性电路,电路中各元件的电流和电压关系可用线性方程(代数方程或常微分方程)来描述。本章将讨论这样一些元件,它们的电压和电流不是线性关系,或者说它们的参数不是常数,而是与电压、电流、磁链、电荷的数值或方向有关。这些元件称为非线性元件,含有非线性元件的电路称为非线性电路。

严格地讲,一切实际电路都是非线性电路。只是对于那些非线性程度较弱的电路元件,把它作为线性元件处理时不会带来较大的误差。但也有许多非线性元件的特征不能按线性处理,否则就将无法解释电路中发生的现象,甚至产生本质上的差异,或者虽无本质方面的影响,但却会造成很大的误差。所以研究非线性电路具有很重要的意义。

1. 电阻元件

线性电阻元件遵从欧姆定律,若选电阻元件的 u、i 为关联参考方向,则可用 $u = Ri$ 表示其伏安关系;若 u-i 用平面上的曲线表示,则为一条通过坐标原点的直线。而非线性电阻元件则不遵从欧姆定律,而遵从某种特定的非线性函数关系,其电路符号如图 12.1(a) 所示。

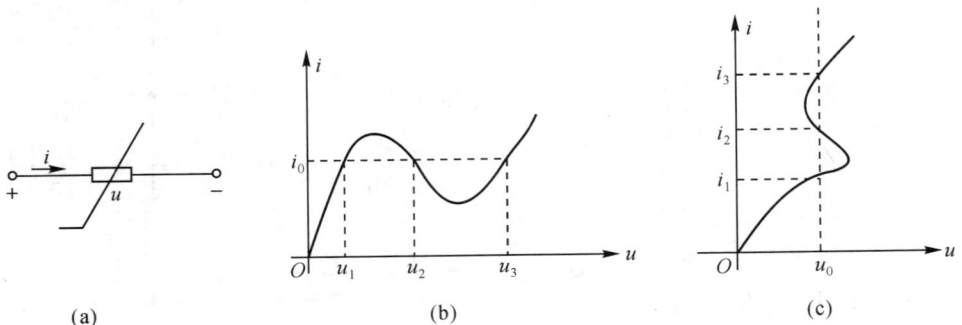

(a)　　　　　　　　(b)　　　　　　　　(c)

图 12.1　非线性电阻及其伏安特性

依据元件上电压、电流之间关系特征的不同,非线性电阻元件可以分为电压控制型、电流控制型和单调型三种。

(1)如果通过电阻的电流 i 是其端电压 u 的单值函数,则称这种电阻为电压控制型电阻,其函数关系为

$$i = f(u) \tag{12-1}$$

"电压控制型"意味着用连续地改变加在元件两端电压的方法可以获得该元件完整的特性曲线。电压控制型电阻的典型特性曲线如图 12.1(b) 所示,从特性曲线上可以看到:对于每个电压值 u,有且仅有一个电流值 i 与之对应;反之,同一个电流值可能对应多个电压值 u。隧道二极管就具有这样的特性。

(2) 如果电阻元件的端电压 u 是其电流 i 的单值函数,则就称这种电阻为电流控制型电阻。其函数关系可表示为

$$u = f(i) \tag{12-2}$$

其典型的伏安特性如图 12.1(c) 所示。从特性曲线上同样可以看出:对于每一个电流值 i,有且仅有一个电压值 u 与之对应;反之,对于同一个电压值 u,可能有多个电流值 i 与之相对应。某些充气二极管就具有这种伏安特性。

(3) 如果某种非线性电阻的伏安关系既是压控又是流控的,并且伏安特性是单调增长或单调下降的,则称这种非线性电阻为单调型非线性电阻。PN 结二极管就属于这种电阻,其函数关系为

$$i = I_{\mathrm{S}}(e^{\frac{qu}{kT}} - 1) \tag{12-3}$$

其中:I_{S} 为常数,称为反向饱和电流;q 是电子的单位电荷(1.6×10^{-19} C);k 是玻耳兹曼常数(1.38×10^{-23} J/K);T 为热力学温度。在 $T = 300$K(室温) 时

$$\frac{q}{kT} = 40(\mathrm{J/C})^{-1} = 40\mathrm{V}^{-1}$$

因此　　　$i = I_{\mathrm{S}}(e^{40u} - 1)$

从式(12-3)亦可求得

$$u = \frac{kT}{q}\ln(\frac{1}{I_{\mathrm{S}}}i + 1)$$

也就是说,电压 u 也可用电流 i 的单值函数表示,其伏安特性曲线如图 12.2(b) 所示。

我们知道线性电阻是双向元件,而许多非线性电阻却是单向元件,也就是说,当加在非线性电阻两端电压的方向改变时,流过其中的电流就会完全不同,即其特性曲线并不对称于原点,图 12.2 就是典型的例子。

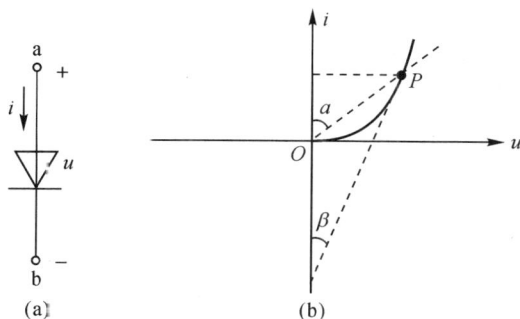

图 12.2　晶体二极管伏安特性曲线

非线性电阻元件在某个工作点(如图 12.2(b) 中的 P 点)上的静态电阻 R 定义为该点的电压值 u 与电流值 i 之比,即

$$R = \frac{u}{i} \qquad (12\text{-}4)$$

P 点的静态电阻 R 正比于 $\tan\alpha$。

非线性电阻元件在某个工作点（如图 12.2(b) 中的 P 点）上的动态电阻 R_d 定义为该点电压增量对电流增量之比，即

$$R_\mathrm{d} = \frac{\mathrm{d}u}{\mathrm{d}i} \qquad (12\text{-}5)$$

P 点的动态电阻 R_d 正比于 $\tan\beta$。元件的动态参数是由特性曲线的切线所决定的，特性曲线上升部分的动态电阻为正，而下降部分则为负。图 12.1(b)、(c) 所示伏安特性曲线的下倾段，其动态电阻为负值，因此这种非线性电阻具有"负电阻"的特性，但此点上的静态电阻仍为正值。

另外，非线性电阻还具有倍频作用，叠加定理不适用于非线性电阻。

2. 电容元件

电容元件的特性常用电荷 — 电压（qu）曲线，即库伏特性曲线表示。如果电容的库伏特性在 qu 平面上是一条通过坐标原点的直线，则称为线性电容，否则就称为非线性电容，其电路符号和库伏特性曲线如图 12.3 所示。非线性电容也有与非线性电阻相类似的分类。

（1）如果电荷是电压的单值函数，该电容就称为电压控制型电容。其特性关系式为

$$q = f(u) \qquad (12\text{-}6)$$

（2）如果电压是电荷的单值函数，则该电容就称为电荷控制型电容。其特性关系式为

$$u = f(q) \qquad (12\text{-}7)$$

（3）非线性电容还有单调型的，其库伏特性在 qu 平面上是单调增长或单调下降的。

非线性电容也有静态电容和动态电容的概念，其定义分别为

$$\left.\begin{array}{l} C = \dfrac{q}{u} \Big|_P \\[2mm] C_\mathrm{d} = \dfrac{\mathrm{d}q}{\mathrm{d}u} \Big|_P \end{array}\right\} \qquad (12\text{-}8)$$

静、动态电容都与工作点 P 有关，且 P 点的静态电容与 $\tan\alpha$ 成正比，P 点的动态电容与 $\tan\beta$ 成正比。

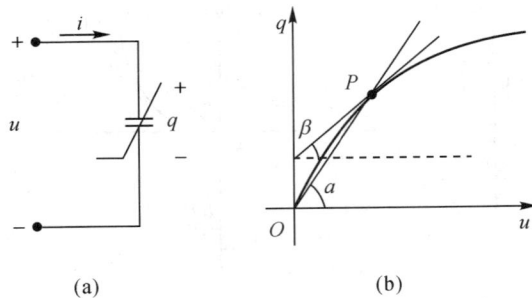

(a)　　　　　　　　　　　(b)

图 12.3　非线性电容及其库伏特性

3. 电感元件

电感元件的特性常用韦安特性表示。如果电感元件的韦安特性在 ψi 平面上不是通过坐标原点的一条直线，则称这种电感元件为非线性电感元件。其电路符号及韦安特性如图 12.4

所示。

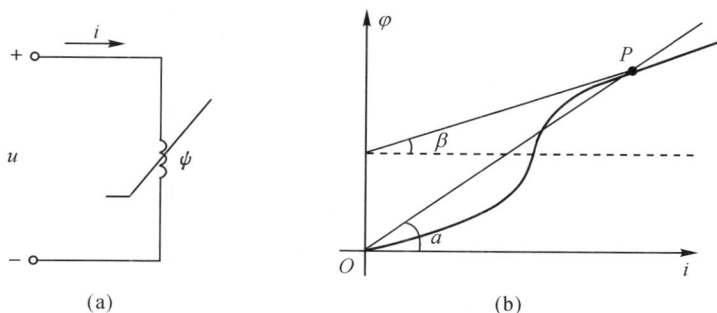

图 12.4　非线性电感及其韦安特性

非线性电感元件电流与磁链的一般关系为

$$i = h(\varphi)\\ \varphi = f(i)$$

(12-9)

其中：前式称为磁通控制的电感，后者为电流控制的电感。

同样，也有静态电感和动态电感的概念，它们分别定义如下：

$$L = \frac{\varphi}{i}\Big|_P\\ L_d = \frac{\mathrm{d}\varphi}{\mathrm{d}i}\Big|_P$$

在图 12.4(b) 中，工作点 P 上的静态电感 L 与 $\tan\alpha$ 成正比，动态电感 L_d 则与 $\tan\beta$ 成正比。

电感也有单调型的，即其 φ-i 曲线是单调增长或单调下降的。因为大多数实际的非线性电感元件都包含铁磁材料做成的芯子，考虑到铁磁材料的磁滞现象，故 φ-i 特性具有回线形状，如图 12.5 所示。

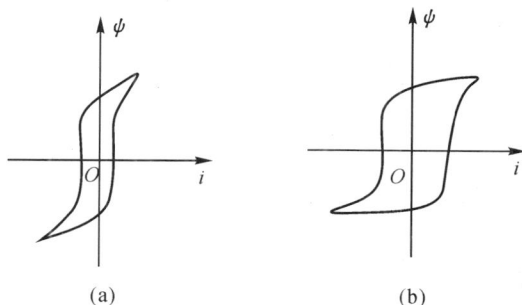

图 12.5　含铁磁芯子电感的 φ-i 曲线

12.2　含有非线性元件的电路方程

只要是集总参数电路，基尔霍夫定律就都适用，而不管电路是线性、非线性的，有源、无源的，还是时变、非时变的，所以非线性电路方程与线性电路方程的差别仅仅在于元件的特性约束方程上。非线性电阻电路的方程是一组非线性代数方程，而含有非线性储能元件（即非线性电容或非线性电感）的电路方程，则是一组非线性微分方程。下面通过实例来说明。

先来看一个非线性电阻电路方程建立过程的例子。

例 12.1　电路如图 12.6 所示,其中非线性电阻的特性方程为 $u_3 = 20i_3^{1/2}$。试列写电路方程。

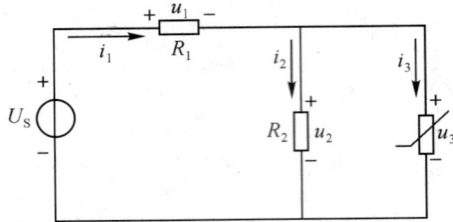

图 12.6　例 12.1 的图

解　① 先列写元件约束方程,即各个电阻的电压、电流约束关系:

$$u_1 = R_1 i_1 \qquad u_2 = R_2 i_2 \qquad u_3 = 20i_3^{1/2}$$

② 根据 KCL、KVL 列写电路约束方程:

$$i_1 = i_2 + i_3 \qquad u_1 + u_2 = U_s \qquad u_2 = u_3$$

③ 把元件约束方程代入 KVL 方程中,得

$$i_1 = i_2 + i_3 \qquad R_1 i_1 + R_2 i_2 = U_s \qquad R_2 i_2 = 20i_3^{1/2}$$

对于上面这样简单的方程,不难用代数的方法求出非线性电阻元件中的电流。下面再来看一个含有非线性元件的电路建立电路方程的例子。

例 12.2　图 12.7 所示为一个已充电的线性电容 C 向晶体二极管放电的电路。设二极管的伏安特性关系可近似表示为 $i = au + bu^2$,其中 a,b 为常数。试列写此电路的方程。

解　分别列写元件约束方程和电路约束方程:

$$C \frac{\mathrm{d}u_C}{\mathrm{d}t} = -i \qquad u_C = u$$

将二极管的伏安特性关系代入后,有

图 12.7　例 12.2 的图

$$C \frac{\mathrm{d}u_C}{\mathrm{d}t} = -au_C - bu_C^2$$

即

$$\frac{\mathrm{d}u_C}{\mathrm{d}t} = -\frac{a}{C}u_C - \frac{b}{C}u_C^2$$

设 $\alpha = \dfrac{a}{C}, \beta = \dfrac{b}{C}$,则方程可改写为

$$\frac{\mathrm{d}u_C}{\mathrm{d}t} = -\alpha u_C - \beta u_C^2$$

其中 u_C 为电路的状态变量。显然,这是一个一阶非线性微分方程。非线性电路方程的解析解一般都是比较难以求出来的,但是可以利用计算机应用数值计算方法求取其数值解。

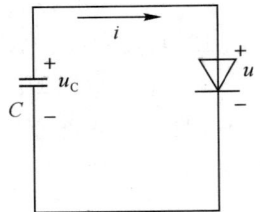

12.3　小信号分析法求解非线性电路

在工程上常遇到的一些非线性电阻电路中,除直流电压源(或电流源)外,同时还有时

变电压源(电流源)。这样,在非线性电阻上的响应中除了直流分量外,还存在时变分量,而且常常是时变分量远远小于直流分量。例如在半导体交流放大电路中,时变电源相当于信号,直流电源则相当于偏置电源。分析此类电路,可采用小信号分析法。

小信号分析法是工程上分析非线性电路的一个重要方法。所谓小信号,它的意思是指独立电源在它原有的固定值上叠加一个振幅很小的振荡(信号或扰动),所加振荡的振幅是如此之小,以至于它并不影响非线性元件的运行情况。下面通过实例来说明。

1. 非线性电阻电路的小信号分析法

在图 12.8(a) 所示的电路中,U_s 为直流电压源,$u_s(t)$ 则为时变电压源,并且满足 $U_s \gg |u_s(t)|$,R_s 为线性电阻,非线性电阻为半导体二极管 D,其 u-i 特性曲线如图 12.8(b) 所示,也可表示为

$$i = h(u) \tag{12-10}$$

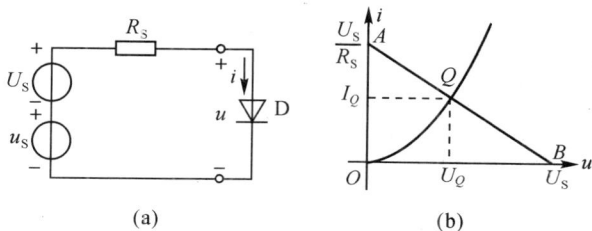

图 12.8　非线性电路的静态工作点

根据 KVL 有

$$U_s + u_s(t) = R_s i(t) + u(t) \tag{12-11}$$

当 $u_s(t) = 0$ 时,即只有直流电压源单独作用时,负载线如图 12.8(b) 所示,它与二极管特性曲线的交点 $Q(U_Q, I_Q)$ 即为静态工作点。在上述 $U_s \gg u_s(t)$ 的条件下,电路的解 $u(t)$、$i(t)$ 必定位于静态工作点 $Q(U_Q, I_Q)$ 附近,所以可近似地把 $u(t)$、$i(t)$ 表示为

$$\left. \begin{array}{l} u(t) = U_Q + \Delta u \\ i(t) = I_Q + \Delta i \end{array} \right\} \tag{12-12}$$

其中 Δu、Δi 是由时变电压源 $u_s(t)$ 所引起的电压和电流增量。由于 $U_s \gg |u_s(t)|$,所以在任何时刻 t,必有 $|\Delta u| \ll U_Q$,$|\Delta i| \ll I_Q$。

根据晶体二极管 D 的特性方程式(12-10) 和式(12-12),有

$$I_Q + \Delta i = h(U_Q + \Delta u)$$

由于 Δu 很小,故可将上式右边展开为泰勒级数,并只取前两项,即

$$I_Q + \Delta i \approx h(U_Q) + \left. \frac{\mathrm{d}h}{\mathrm{d}u} \right|_Q \cdot \Delta u$$

因为 $I_Q = h(U_Q)$,则由上式可得

$$\Delta i = \left. \frac{\mathrm{d}h}{\mathrm{d}u} \right|_Q \cdot \Delta u$$

根据动态电阻的定义,有

$$\left. \frac{\mathrm{d}h}{\mathrm{d}u} \right|_Q = G_d = \frac{1}{R_d}$$

上式中的 G_d 是二极管 D 在工作点 $Q(U_Q, I_Q)$ 处的动态电导,R_d 是其动态电阻,它们在工作

点 $Q(U_Q,I_Q)$ 上都是常数。故有

$$\Delta i = G_d \cdot \Delta u \tag{12-13}$$

或 $\qquad \Delta u = R_d \cdot \Delta i \tag{12-14}$

另将式(12-12)代入式(12-11),有

$$U_S + u_S(t) = R_S(I_Q + \Delta i) + U_Q + \Delta u \tag{12-15}$$

又因为在静态工作点 $Q(U_Q,I_Q)$ 上必有

$$\left. \begin{array}{l} I_Q = h(U_Q) \\ R_S I_Q + U_Q = U_S \end{array} \right\} \tag{12-16}$$

从式(12-15)中消去式(12-16)中的第二式可得

$$u_S = R_S \cdot \Delta i + R_d \cdot \Delta i \tag{12-17}$$

由式(12-17)即可画出图 12.8(a)电路在静态工作点 $Q(U_Q,I_Q)$ 上的小信号等效电路,如图 12.9 所示。

根据小信号等效电路可求得

$$\Delta i = \frac{u_S(t)}{R_S + R_d}$$

$$\Delta u = R_d \cdot \Delta i = \frac{R_d}{R_S + R_d} \cdot u_S(t)$$

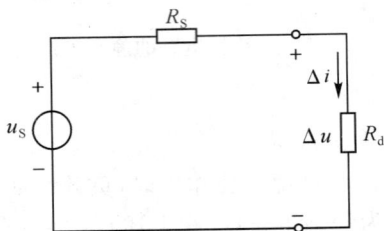

图 12.9　小信号等效电路

代入式(12.12)便可获得此非线性电路的解为

$$i(t) = I_Q + \frac{u_S(t)}{R_S + R_d}$$

$$u(t) = U_Q + \frac{R_d}{R_S + R_d} \cdot u_S(t)$$

例 12.3　在如图 12.10(a)所示的电路中,直流电流源 $I_S = 10\text{A}$,$R_S = \frac{1}{3}\Omega$,非线性电阻为电压控制型,其特性曲线如图 12.10(b)所示,函数表达式为 $i(t) = g(u) = \begin{cases} u^2 & (u > 0) \\ 0 & (u < 0) \end{cases}$,小信号电流源 $i_S(t) = 0.5\cos t\text{A}$,试求静态工作点和由小信号电流源产生的电压 Δu 和 Δi 电流。

解　应用 KCL,有

$$\frac{1}{R_S}u + i = I_S + i_S \tag{12-18}$$

即 $\qquad 3u + g(u) = 10 + 0.5\cos t$

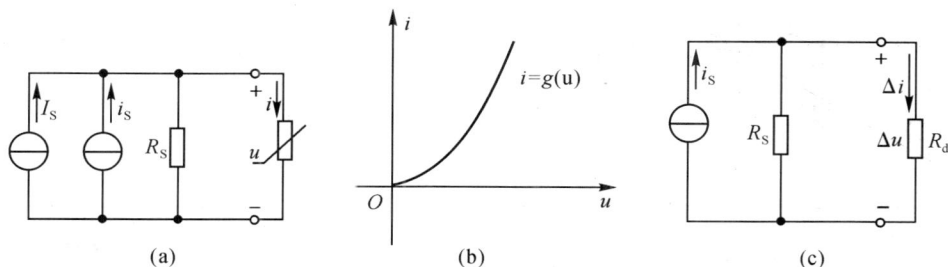

图 12.10　例 12.3 的图

先求静态工作点 $Q(U_Q, I_Q)$，即令 $i_S = 0$，则由上式得

$$3u + g(u) = 10$$

结合　　$g(u) = \begin{cases} u^2 & (u > 0) \\ 0 & (u < 0) \end{cases}$

可解得　$U_Q = 2\text{V}, I_Q = 4\text{A}$

静态工作点 $Q(2, 4)$ 上的动态电导为

$$G_d = \frac{dg(u)}{du}\Big|_{U_Q} = \frac{d(u^2)}{du}\Big|_{U_Q} = 2u\Big|_{U_Q} = 4\text{S}$$

依此可画出小信号等效电路，如图 12.10(c)，并可求得

$$\Delta i = \frac{R_S}{R_S + R_d} \cdot i_S = \frac{2}{7}\cos t \ \text{A}$$

$$\Delta u = R_d \cdot \Delta i = \frac{1}{14} \cdot \cos t \ \text{V}$$

则电路的全解为

$$\begin{cases} i = I_Q + \Delta i = (4 + \frac{2}{7}\cos t) \ \text{A} \\ u = U_Q + \Delta u = (2 + \frac{1}{14}\cos t) \ \text{V} \end{cases}$$

习　题

12.1　如果通过非线性电阻的电流为 $\cos(\omega t)$ A，要使该电阻二端的电压中含有 4ω 角频率的电压分量，试求该电阻的伏安特性，写出其解析表达式。

12.2　设非线性电容的库伏特性为 $u = 1 + 2q + 3q^2$，如果电容的电量从 $q(t_0) = 0$ 充电至 $q(t) = 1$ C，试求此时电容储存的能量。

12.3　设非线性电感的韦安特性为 $\Psi = i^3$，当有 2A 电流流过电感时，试求此时的静态电感值。

12.4　设有一非线性电阻其伏安特性为 $u = f(i) = 100i + i^2$。

(1) 试分别求出 $i_1 = 2\text{A}$、$i_2 = 10\text{A}$、$i_3 = 10\text{mA}$ 时对应的电压值 u_1、u_2、u_3；

(2) 求 $i = 2\sin(314t)$ A 时对应的电压 u；

(3) 设 $u_{12} = f(i_1 + i_2)$ V，试问 $u_{12} = u_1 + u_2$ 是否成立？

12.5　电路如题 12.5 图所示，试列出其结点电压方程，设电路中的非线性均为电压控

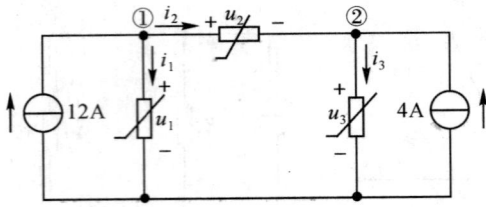

题 12.5 图

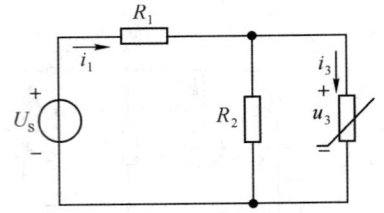

题 12.6 图

制型,且有 $i_1 = u_1^3$,$i_2 = u_2^2$,$i_3 = u_3^{\frac{3}{2}}$。

12.6　电路如题 12.6 图所示,$U_S = 84V$,$R_1 = 2k\Omega$,$R_2 = 10k\Omega$,非线性电阻的伏安特性关系为 $i_3 = 0.3u_3 + 0.04u_3^2 A$,试求电流 i_1 和 i_3。

12.7　在题 12.7 图所示电路中,已知 $U_S = 9V$,$R_1 = 2\Omega$,非线性电阻的伏安特性关系为 $u_2 = -2i + \frac{1}{3}i^2$ V,若 $u_S = \sin t$ V,试求电流 i。

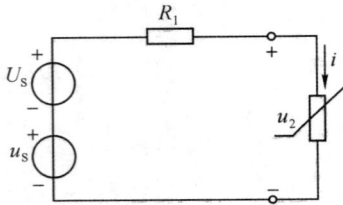

题 12.7 图

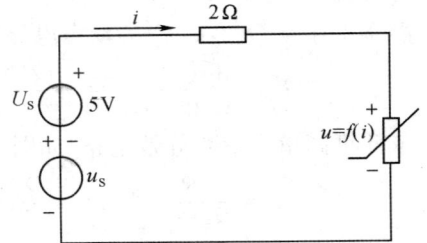

题 12.8 图

12.8　在题 12.8 图所示电路中,非线性电阻的伏安特性关系为 $u = 2i + i^3$,已知当 $u_S(t) = 0$ 时,电路中的电流 $I_Q = 1$ A,当 $u_S(t) = \cos(\omega t)$V 时,试用小信号分析法求此时的电路电流 i。

第 13 章　　分布参数电路简介

本章主要介绍分布参数电路和均匀传输线的基本概念,并讨论均匀传输线方程的建立及其正弦稳态解。

13.1　分布参数电路的定义

在此以前,我们研究的都是集总参数电路。在集总参数电路中,我们认为电路参数(电阻、电感和电容)都是集总在某些元件上,即电场和磁场分别局限在电容和电感之中,而热损耗只在电阻中发生。同时,连接各个元件的则是既无电阻又无电感的理想导线,而且,这些导线与电路其他部分之间的分布电容都不予考虑。但是实际情况并非如此,因为任何导线的电阻都是沿着导线的全部长度分布的;任何线圈的电感也都是分布在线圈的每一匝上,即使是一根导线也存在着分布的电感;任何两根导线之间不仅有分布的电容,而且由于绝缘的不完善,处处都有漏电导的存在。因此,我们可以说,任何参数都具有分布性,一切实际电路都是分布参数电路。虽然如此,并不是在任何情况下我们都必须考虑电路参数的分布性。在物理学中我们学过,电磁状态是以有限速度在空间传播的,它由电路的一端传播到电路的另一端是需要时间的。因此,当电路的线性尺寸 l 比起与电路中电压、电流变化的最高频率 f 相对应的波长小得很多,即电磁状态由电路的一端传播到另一端的时间可以忽略时,常常可以不必考虑一些影响极为微小的分布参数;而另一些不能忽略的分布参数也常可把它们等效成为一些集总参数(例如,可以把线圈导线的电阻看作是与电感相串联的电阻,而把线圈线匝之间的电容看作是与电感相并联的电容),从而可以把这种电路近似地作为集总参数电路来分析。当电路的线性尺寸 l 可以与电路中的电压、电流的波长 λ 相比较时,就必须把电路作为分布参数来考虑。大体上可以认为,当

$$l \leqslant \frac{\lambda}{100} \tag{13-1}$$

时($\lambda f = c = 3 \times 10^8 \text{m/s}$),电路可以作为集总参数电路来研究;否则就应该作为分布参数电路来考虑。

例如在工频($f = 50$ Hz)工作下的电力网系统,其对应的波长为

$$\lambda = \frac{c}{f} = \frac{3 \times 10^8 \text{m/s}}{50 \text{ Hz}} = 6000 \text{km}$$

根据前面的判则,只要电力线的长度不超过

$$l \leqslant \frac{\lambda}{100} = \frac{6000 \text{km}}{100} = 60 \text{km}$$

就可以将此电力系统作为集总参数电路来研究。而对于在高频工作下的手机来说,例如对 GSM 制的手机,其工作频率为 900MHz,其对应的波长为

$$\lambda = \frac{c}{f} = \frac{3 \times 10^8 \text{m/s}}{900 \times 10^6 \text{ Hz}} = 0.33\text{m}$$

只要手机中电路或电线的长度不超过

$$l \leqslant \frac{\lambda}{100} = \frac{0.33\text{m}}{100} = 3.3\text{mm}$$

就可将其电路作为集总参数电路来研究。

在电力工程中,输送电能的远距离高压传输线是典型的分布参数电路。这种传输线虽然频率很低(50Hz),但是工作电压很高(35kV 以上),而且线性尺寸很大(200km 以上)。在这种传输线中,除掉导线的电阻和电感都是沿线分布之外,由于介质绝缘不完善而引起的泄漏电流以及由于导线间电容而引起的电容电流也都是沿线分布的。因此,在同一瞬间导线上各处的电流是不相同,沿线各处导线间电压也不相等,所以不能作为集总参数电路来研究。在通信工程,计算机和各种控制设备中使用的传输线,如平行二线传输线和同轴电缆等,虽然线性尺寸可能要小一些,但是当信号频率或脉冲重复频率很高时,也必须作为分布参数电路来处理。

在分布参数电路理论中,用线间分布电容来反映沿传输线周围空间分布的电场的储能特性;用沿线的分布电感来反映沿传输线周围空间分布的磁场的储能特性。此外,因电流通过金属导体而引起发热损耗的现象存在于传输线的整个长度上,用以反映这一现象的电路参数是沿线的分布电阻;因绝缘不完善而引起的线间泄漏电流也是沿线分布的,用以反映这一现象的电路参数是线间的分布漏电导。

由于均匀传输线的几何尺寸及媒质的电磁性能的均匀性,上述用以反映传输线电磁过程的各个电路参数都是均匀地分布于传输线的全线上。故均匀传输线的原始参数是以每单位长度的电路参数来表示的,即:单位长度线段上的电阻 R_0(包括来回两导线),其单位为 Ω/m;单位长度线段上的电感 L_0,其单位为 H/m;单位长度线段的两导体间的漏电导 G_0,其单位为 S/m;单位长度线段上的电容 C_0,其单位为 F/m。这四个原始参数可以通过计算或测量来确定,并可被认为在相当宽的频率范围内都是恒定的,即认为这四个参数均为常量。

13.2　均匀传输线及其电路方程

考察图 13.1 所示的二线均匀传输线,选择传输线始端(激励源端)作为计算距离的起点,即令该处 $x = 0$,x 轴的正方向由始端指向终端(负载端)。传输线上的电压 u 及电流 i 的参考方向如图所示。

对均匀传输线上各处电压和电流进行分析时,要比处理集总参数电路复杂一些。由于均匀传输线的各电路参数均匀地分布于传输线的全线上,因而传输线上的电压和电流,不仅是时间 t 的函数,而且是空间坐标 x 的函数,即

$$u = u(x,t) \qquad i = i(x,t)$$

故传输线的方程将是含有变量 t 和 x 故传输线的方程将是含有变量 t 和 x 的偏微分方程。为了研究均匀传输线上各处电压和电流随时间变化的规律和在指定时刻电压、电流沿线

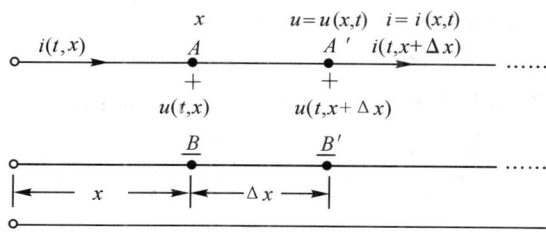

图 13.1　一段传输及其上电压、电流的参考方向

分布规律,首先需要建立在任意工作状态下均匀线的电压和电流均应满足的偏微分方程。为此,在距传输线始端 x 处取一长度为 Δx 的微段来研究,当 Δx 足够小时,可以忽略该微段上电路参数的分布性,而用图 13.2 所示的集总参数电路来等效代替。整个均匀传输线可以视为由一系列这样的微段级联而成。这样一来,对于分布参数电路,基尔霍夫定律本来是不适用的,但由于在 Δx 微段已经用集总参数电路来等效代替,我们就仍然可以根据基尔霍夫两个定律来列写方程。

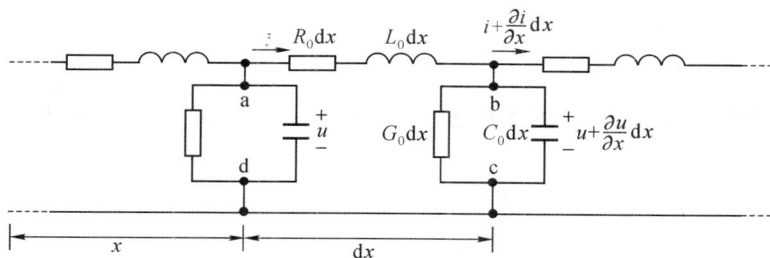

图 13.2　均匀传输线的电路方程

设均匀传输线的每一长度元 $\mathrm{d}x$ 具有电阻 $R_0\mathrm{d}x$ 和电感 $L_0\mathrm{d}x$,二导线间具有电容 $C_0\mathrm{d}x$ 和电导 $G_0\mathrm{d}x$,这样构成了如图 13.2 所示的均匀传输线电路模型。

设长度元 $\mathrm{d}x$ 左端的电压和电流分别 u 和 i,右端的电压和电流分别为 $u+\dfrac{\partial u}{\partial x}\mathrm{d}x$ 和 $i+\dfrac{\partial i}{\partial x}\mathrm{d}x$,对结点 b 写 KCL 方程有:

$$i-\left(i+\frac{\partial i}{\partial x}\mathrm{d}x\right)-G_0\mathrm{d}x\left(u+\frac{\partial u}{\partial x}\mathrm{d}x\right)-C_0\mathrm{d}x\frac{\partial}{\partial x}\left(u+\frac{\partial u}{\partial x}\mathrm{d}x\right)=0 \tag{13-2}$$

对回路 $abcda$ 写 KVL 方程有:

$$u-\left(u+\frac{\partial u}{\partial x}\mathrm{d}x\right)-(R_0\mathrm{d}x)i-L_0\mathrm{d}x\frac{\partial i}{\partial t}=0 \tag{13-3}$$

略去二阶无穷小量并约去 $\mathrm{d}x$ 后,便得到均匀传输线方程:

$$-\frac{\partial u}{\partial x}=R_0 i+L_0\frac{\partial i}{\partial t} \tag{13-4}$$

$$-\frac{\partial i}{\partial x}=G_0 u+C_0\frac{\partial u}{\partial t} \tag{13-5}$$

这就是均匀传输线微分方程,简称均匀线方程。

式(13-4)表明,由于均匀传输线上连续分布的电阻和电感分别引起相应的电位降,致使线间电压沿线变化；式(13-5)表明，由于均匀传输线导线间连续分布的漏电导和电容分别在线间引起相应的泄漏电流和位移电流，致使电流沿线变化。

均匀线方程是一组常系数线性偏微分方程，在给定的初始条件和边界条件下，可以唯一地确定 $u(t,x)$ 和 $i(t,x)$，可见电压和电流不仅随时间变化，同时也随距离变化。这是分布电路与集总电路的一个显著区别。均匀线方程是研究均匀传输线的工作状态（暂态和稳态）的基本依据。

例 13.1　图 13.3 所示为一传输线，线长 $l = 150\text{km}$，设始端激励为 $U_\text{s} = 200\text{V}$ 的直流电压源，终端短路。已知传输线每单位长度的参数为 $R_0 = 1\Omega/\text{km}$，$G_0 = 5 \times 10^{-5}\text{S/km}$。试计算达到稳态后终端的电流 I_2。

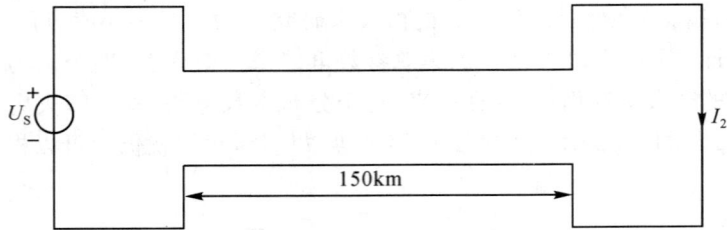

图 13.3　例 13.1 的图

解　由于激励直流电压源，到达稳态后沿线的电压和电流都不随时间而变化。所以按式(13-1)有

$$-\frac{\mathrm{d}U}{\mathrm{d}x} = R_0 I \qquad\qquad -\frac{\mathrm{d}I}{\mathrm{d}x} = G_0 U$$

消去变量 I 可得　　$\dfrac{\mathrm{d}^2 U}{\mathrm{d}x^2} = R_0 G_0 U$

其解为　$U = A_1 \mathrm{e}^{-\alpha x} + A_2 \mathrm{e}^{\alpha x}$

其中 $\alpha = \sqrt{R_0 G_0} = \sqrt{50} \times 10^{-3}\,1/\text{km}$，$A_1, A_2$ 可由边界条件确定。由于 $x = 0$ 处，$U = U_\text{s} = 200\text{V}$；$x = l = 150\text{km}$ 处 $U = 0\text{V}$，于是有

$$A_1 + A_2 = 200 \qquad\qquad A_1 \mathrm{e}^{-\alpha l} + A_2 \mathrm{e}^{\alpha l} = 0$$

故可求得 $A_1 = 227.24$，$A_2 = -27.24$，最后得

$$U = \left(227.24\mathrm{e}^{-\sqrt{50}\times 10^{-3} x} - 27.24\mathrm{e}^{\sqrt{50}\times 10^{-3} x}\right)\ (\text{V})$$

$$I_2 = \frac{1}{R_0}\left(-\frac{\partial U}{\partial x}\right)_{x=l} = 1.11\,(\text{A})$$

如果用集总电路模型分析此传输线，则可用图 13.4 所示电路，其中 $R = R_0 l$ 代表传输线的总电阻，$G_1 = G_2 = \dfrac{l}{2} G_0$。由此电路可得

$$I_2 = \frac{U_\text{s}}{R} = \frac{200}{150} = 1.33\,(\text{A})$$

把此结果与前面所得结果 $I_2 = 1.11\text{A}$ 相比较，可见由于集总电路模型造成的误差已达到 20%。这是由于把沿线分布的漏电流用集总漏电导表示而引起的。

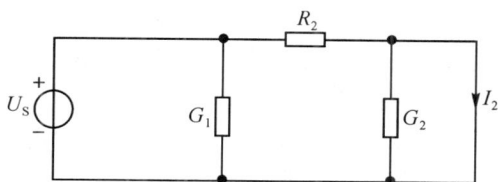

图 13.4 例 13.1 的一种集总参数模型

13.3 均匀传输线电路方程的正弦稳态解

设均匀传输线的激励源是角频率为 ω 的正弦电压源，当电路达到稳定状态后，传输线上各处的电压、电流随时间变化的规律均为与激励源同频率的正弦时间函数，故可用电压相量 $\dot{U}$ 和电流相量 $\dot{I}$ 分别表示该正弦电压 $u(x,t)$ 和正弦电流 $i(x,t)$，即

$$u(x,t) = \mathrm{Im}[\sqrt{2}\,\dot{U}\mathrm{e}^{\mathrm{j}\omega t}] \qquad i(x,t) = \mathrm{Im}[\sqrt{2}\,\dot{I}\mathrm{e}^{\mathrm{j}\omega t}]$$

应当注意，电压相量 $\dot{U}$ 和电流相量 $\dot{I}$ 仍然是距离 x 的函数，即

$$\dot{U} = \dot{U}(x) \qquad \dot{I} = \dot{I}(x)$$

在正弦稳态下，根据式(13-4)所示均匀线方程可以写出如下的相量方程：

$$-\frac{\mathrm{d}\dot{U}}{\mathrm{d}x} = (R_0 + \mathrm{j}\omega L_0)\,\dot{I} \qquad -\frac{\mathrm{d}\dot{I}}{\mathrm{d}x} = (G_0 + \mathrm{j}\omega C_0)\,\dot{U} \tag{13-6}$$

或

$$-\frac{\mathrm{d}\dot{U}}{\mathrm{d}x} = Z_0\,\dot{I} \qquad -\frac{\mathrm{d}\dot{I}}{\mathrm{d}x} = Y_0\,\dot{U} \tag{13-7}$$

式中

$$Z_0 = R_0 + \mathrm{j}\omega L_0 \qquad Y_0 = G_0 + \mathrm{j}\omega C_0$$

分别为均匀线单位长度线段上的阻抗和单位长度导线间的导纳。

式(13-7)所示相量形式的均匀线方程已不含时间变量 t，从而成为常系数线性常微分方程。下面求解常微分方程式(13-7)。

将式(13-7)前式对 x 求导数，然后将(13-7)后式代入，得

$$-\frac{\mathrm{d}^2\dot{U}}{\mathrm{d}x^2} = Z_0\,\frac{\mathrm{d}\dot{I}}{\mathrm{d}x} = -Z_0 Y_0\,\dot{U}$$

即

$$\frac{\mathrm{d}^2\dot{U}}{\mathrm{d}x^2} = Z_0 Y_0\,\dot{U} = \gamma^2\,\dot{U} \tag{13-8}$$

式(13-8)是一个二阶常系数线性微分方程，它的通解是

$$\dot{U} = A_1\mathrm{e}^{-\gamma x} + A_2\mathrm{e}^{\gamma x} \tag{13-9}$$

而

$$\dot{I} = \frac{-1}{Z_0}\,\frac{\mathrm{d}\dot{U}}{\mathrm{d}x} = \frac{\gamma}{Z_0}(A_1\mathrm{e}^{-\gamma x} - A_2\mathrm{e}^{\gamma x}) = \frac{A_1}{Z_c}\mathrm{e}^{-\gamma x} - \frac{A_2}{Z_c}\mathrm{e}^{\gamma x} \tag{13-10}$$

式中

$$\gamma = \beta + \mathrm{j}\alpha \overset{\mathrm{def}}{=} \sqrt{Z_0 Y_0} = \sqrt{(R_0 + \mathrm{j}\omega L_0)(G_0 + \mathrm{j}\omega C_0)} \tag{13-11}$$

$$Z_c = \frac{Z_0}{\gamma} = \sqrt{\frac{Z_0}{Y_0}} \tag{13-12}$$

γ 称为均匀线的传播常数,是一个无量纲的复数,它决定于均匀线的原始参数及电源频率的复数导出参数。γ 的幅角在 $0° \sim 90°$ 之间,故其实部 β 和虚部 α 均应为正值。而 Z_c 具有电阻的量纲,叫做传输线的波阻抗或特性阻抗。

式(13-9) 和(13-10)是均匀传输线方程正弦稳态解的一般表示式,式中的复常数 A_1 和 A_2 必须由边界条件(即始端或终端的电压或电流) 来确定。

如果始端的电压相量 $\dot{U}_1$ 和电流相量 $\dot{I}_1$ 是已知的,即当 $x = 0$ 时,有 $\dot{U} = \dot{U}_1, \dot{I} = \dot{I}_1$,以之代入式(13-9) 和(13-10),得

$$A_1 + A_2 = \dot{U}_1 \qquad A_1 - A_2 = Z_c \dot{I}_1$$

解得 $\quad A_1 = \frac{1}{2}(\dot{U}_1 + Z_c \dot{I}_1) \quad A_2 = \frac{1}{2}(\dot{U}_1 - Z_c \dot{I}_1)$

把 A_1 和 A_2 的值代回式(13-3) 和(13-4),就得到传输线上任何处的线间电压相量 $\dot{U}$ 及线路电流相量 $\dot{I}$ 为

$$\dot{U} = \frac{1}{2}(\dot{U}_1 + Z_c \dot{I}_1)e^{-\gamma x} + \frac{1}{2}(\dot{U}_1 - Z_c \dot{I}_1)e^{\gamma x} \tag{13-13}$$

$$\dot{I} = \frac{1}{2Z_c}(\dot{U}_1 + Z_c \dot{I}_1)e^{-\gamma x} - \frac{1}{2Z_c}(\dot{U}_1 - Z_c \dot{I}_1)e^{\gamma x} \tag{13-14}$$

由于 $\quad \mathrm{ch}\gamma x = \frac{1}{2}(e^{\gamma x} + e^{-\gamma x}) \qquad \mathrm{sh}\gamma x = \frac{1}{2}(e^{\gamma x} - e^{-\gamma x})$

式(13-13) 和(13-14) 可以用双曲线函数的形式表示为

$$\dot{U} = \dot{U}_1 \mathrm{ch}\gamma x - \dot{I}_1 Z_c \mathrm{sh}\gamma x \qquad \dot{I} = -\frac{\dot{U}_1}{Z_c}\mathrm{sh}\gamma x + \dot{I}_1 \mathrm{ch}\gamma x \tag{13-15}$$

如果传输线的长度为 l,则传输线终端的电压相量 $\dot{U}_2$ 和电流相量 $\dot{I}_2$ 为

$$\dot{U}_2 = \dot{U}_1 \mathrm{ch}\gamma l - \dot{I}_1 Z_c \mathrm{sh}\gamma l \qquad \dot{I}_2 = -\frac{\dot{U}_1}{Z_c}\mathrm{sh}\gamma l + \dot{I}_1 \mathrm{ch}\gamma l \tag{13-16}$$

如果已知的不是传输线始端的电压相量 $\dot{U}_1$ 和电流相量 $\dot{I}_1$,而是终端的电压相量 $\dot{U}_2$ 和电流相量 $\dot{I}_2$,则从传输线的终端算起较为方便。这时,可以令 $x = l - x'$,x' 是从传输线终端到所讨论的那一处的距离(图 13.5),于是从式(13-9) 和(13-10) 有

$$\dot{U} = A_1 e^{-\gamma(l-x')} + A_2 e^{\gamma(l-x')} = A_1 e^{-\gamma l}e^{\gamma x'} + A_2 e^{\gamma l}e^{-\gamma x'} = A_3 e^{\gamma x'} + A_4 e^{-\gamma x'}$$

式中 $\quad A_3 = A_1 e^{-\gamma l} \qquad A_4 = A_2 e^{\gamma l}$

及 $\quad \dot{I} = \frac{A_3}{Z_c}e^{\gamma x'} - \frac{A_4}{Z_c}e^{-\gamma x'}$

在 $x' = 0$ 处,$\dot{U} = \dot{U}_2, \dot{I} = \dot{I}_2$,于是有

$$A_3 + A_4 = \dot{U}_2 \qquad A_3 - A_4 = Z_c \dot{I}_2$$

解得 $\quad A_3 = \frac{1}{2}(\dot{U}_2 + Z_c \dot{I}_2) \qquad A_4 = \frac{1}{2}(\dot{U}_2 - Z_c \dot{I}_2)$

因而 $\quad \dot{U} = \frac{1}{2}(\dot{U}_2 + Z_c \dot{I}_2)e^{\gamma x'} + \frac{1}{2}(\dot{U}_2 - Z_c \dot{I}_2)e^{-\gamma x'} \tag{13-17}$

$$\dot{I} = \frac{1}{2Z_c}(\dot{U}_2 + Z_c \dot{I}_2)e^{\gamma x'} - \frac{1}{2Z_c}(\dot{U}_2 - Z_c \dot{I}_2)e^{-\gamma x'} \tag{13-18}$$

上式的双曲线函数形式为

$$\dot{U} = \dot{U}_2 \mathrm{ch}\gamma x' + \dot{I}_2 Z_c \mathrm{sh}\gamma x' \qquad \dot{I} = \frac{\dot{U}_2}{Z_c}\mathrm{sh}\gamma x' + \dot{I}_2 \mathrm{ch}\gamma x' \qquad (13\text{-}19)$$

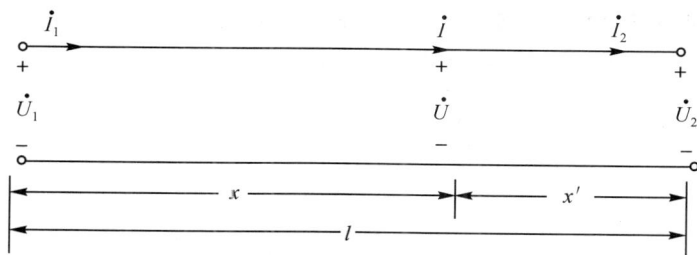

图 13.5　从始端起算变为终端

例 13.2　某三相超高压传输线的单相等效参数如下：$R_0 = 0.09\,\Omega/\mathrm{km}$, $L_0 = 1.33 \times 10^{-3}\,\mathrm{H/km}$, $C_0 = 8.48 \times 10^{-9}\,\mathrm{F/km}$, $G_0 = 0.1 \times 10^{-6}\,\mathrm{S/km}$。传输线的长度为 200 公里，传输线的终端电压为 220 千伏，负载功率为 160 兆瓦，功率因数为 0.9(感性)，工作频率 50 赫兹。求始端的电压和电流以及传输效率。

解　先计算传输线的传播常数 γ 和波阻抗 Z_c：

$$\gamma = \sqrt{(R_0 + \mathrm{j}\omega L_0)(G_0 + \mathrm{j}\omega C_0)} = 1.067 \times 10^{-3}\angle 82.85°$$

$$Z_c = \sqrt{\frac{R_0 + \mathrm{j}\omega L_0}{G_0 + \mathrm{j}\omega C_0}} = 400.4\angle -5.005°$$

还须计算：　$\gamma l = 0.02656 + \mathrm{j}0.2117$

$$\mathrm{ch}\gamma l = \frac{1}{2}\mathrm{e}^{\gamma l} - \frac{1}{2}\mathrm{e}^{-\gamma l} = 0.978\angle 0.328°$$

$$\mathrm{sh}\gamma l = \frac{1}{2}\mathrm{e}^{\gamma l} - \frac{1}{2}\mathrm{e}^{-\gamma l} = 0.2118\angle 82.95°$$

因为，以终端相电压为参考相量时，有

$$U_2 = U_2\angle 0° \frac{U_{l2}}{\sqrt{3}} = \frac{220}{\sqrt{3}} \cdot 127 \ (\mathrm{kV})$$

终端电流为　$I_2 = \dfrac{P_2}{\sqrt{3}U_{l2}\cos\varphi_2} = \dfrac{160}{\sqrt{3}\times 220\times 0.9} = 0.4665 \ (\mathrm{kA})$

而　　$\varphi_2 = \arccos 0.9 = 25.84°$，故 $I_2 = I_2\angle -\varphi_2 = 0.4665\angle -25.84°$

传输线始端的电压相量和电流相量分别为

$$\dot{U}_1 = \dot{U}_2\mathrm{ch}\gamma l + \dot{I}_2 Z_c\mathrm{sh}\gamma l = 151.9\angle 12.13° \ (\mathrm{kV})$$

$$\dot{I}_1 = \frac{\dot{U}_2}{Z_c}\mathrm{sh}\gamma l + \dot{I}_2\mathrm{ch}\gamma l = 0.4338\angle -17.35° \ (\mathrm{kA})$$

始端的线电压为　　$U_{l1} = \sqrt{3}U_1 = \sqrt{3}\times 151.9 = 263.1 \ (\mathrm{kV})$

始端的功率因数角为　$\varphi_1 = 12.13° + 17.35° = 29.48°$

输入功率为　　$P_1 = \sqrt{3}U_{l1}I_1\cos\varphi_1 = 172.1 \ (\mathrm{MW})$

传输效率为　　$\eta = \dfrac{P_2}{P_1} = \dfrac{160}{172.1} = 0.9097 = 92.97\%$

习 题

13.1 长距离传输线电路如题 13.1 图所示，已知 $l = 200\text{km}, U_s = 100\text{V}, R_0 = 1\Omega/\text{km}, G_0 = 1 \times 10^{-5}\text{S/km}$，如果负载处短路，试求 I_2。

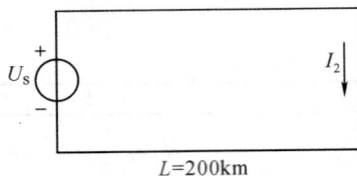

题 13.1 图

13.2 某均匀传输线的参数是 $R_0 = 2.8\Omega/\text{km}, L_0 = 0.2 \times 10^{-3}\text{H/km}, G_0 = 0.6 \times 10^{-6}\text{F/km}$，试求工作频率为 1kHz 时传输线的波阻抗 Z_c，传播常数 γ。

13.3 一高压线长 $l = 300\text{km}$，终端接负载，功率为 30MW，功率因素为 0.9（感性），已知输电线的 $Z_0 = 1\angle 80^0 \Omega/\text{km}, Y_0 = 6.5 \times 10^{-6}\angle 90^\circ\text{S/km}$，设负载端电压 $\dot{U}_2 = 115.5\angle 0^0 \text{kV}$，求距离始端 200km 处的电压、电流相量。

13.4 已知均匀传输线的参数 $Z_0 = 0.427\angle 79^\circ\Omega/\text{km}, Y_0 = 2.7 \times 10^{-6}\angle 90^\circ\text{S/km}$，终端处电压、电流的相量分别为 $\dot{U}_2 = 220\angle 0^\circ\text{kV}, \dot{I}_2 = 455\angle 0^\circ\text{A}$，求传输线上距终端 900km 处的电压和电流。设信号频率为 50Hz。

部分习题参考答案

第1章

1.2　$-2mA$，$60V$

1.3　$3.7k\Omega$，$20W$

1.4　$u(1)=1.25V$　$u(2)=5V$　$u(4)=-5V$

1.5　$2.5A$，$5A$，$5A$，$3.75A$

1.7　$i_1=0.5A$　$i_2=0.45A$　$u_{max}=108V$

1.8　$-13A$，$1A$

1.9　$6V$

1.10　$8V$，$6V$

1.11　$1A$

1.12　$5V$

1.13　$6W$

1.14　$2\Omega(50\Omega)$

1.15　$2k\Omega$

1.16　0.25Ω，3Ω

第2章

2.1　(a)$R=7.5k\Omega$　(b)$R=240\Omega$　(c)$R=3k\Omega$　(d)$R=0.8M\Omega$

2.2　$i_S=-6A$

2.3　$i=2A$

2.4　(a)$R=3\Omega$　$I=3A$　(b)$R=9\Omega$　$U=18V$

2.5　$i=6A$　$u=12V$　$P=324W$

2.6　$i=1A$　$u=10V$　$P=40W$

2.7　(a)$R_1=15\Omega$，$R_2=10\Omega$，$R_3=6\Omega$

(b)$R_1=40k\Omega$　$R_2=20k\Omega$　$R_3=13.33k\Omega$

(c)$R_1=37.5k\Omega$　$R_2=15k\Omega$　$R_3=25k\Omega$

2.8　(a)$R_{12}=5.33k\Omega$　$R_{23}=R_{31}=8k\Omega$

(b)$R_{12}=4.7k\Omega$　$R_{23}=7.05k\Omega$　$R_{31}=10.34k\Omega$

(c)$R_{12}=270\Omega$　$R_{23}=648\Omega$　$R_{31}=540\Omega$

2.9　(a)$R_{ab}=100\Omega$　(b)$R_{ab}=6.75k\Omega$

2.10　$i_2=-10A$

2.12　(a)$u_{ab}=3.073V$　$i=1.951A$　(b)$u_{ab}=-1.493V$　$i=0.185A$

2.13　$\dfrac{u_0}{u_S}=\dfrac{1}{2}$

2.14　(a)$R_0=\dfrac{R}{1+\mu}$　(b)$R_0=\dfrac{R_1R_2}{R_1+R_2-r}$　(c)$R_0=R_1+R_2-\alpha R_1$　(d)$R_0=12\Omega$

2.15　$\begin{cases} i_1-i_3+i_4=0 \\ -i_4+i_5+i_6=0 \\ -i_1+i_2-i_5=0 \end{cases}$　$\begin{cases} 5i_1-i_4-i_5=0 \\ 2i_3+i_4+3i_6=14 \\ i_2+i_5-3i_6=2 \end{cases}$　$\begin{matrix} i_1=1A & i_2=3A & i_3=4A \\ i_4=3A & i_5=2A & i_6=1A \end{matrix}$

2.16　$i_1=1.85A$, $i_2=1.332A$, $i_3=-1.207A$, $i_4=2.539A$, $i_5=-0.643A$, $i_6=-$
3.182A

2.17　$i_2=2.2143A$, $i_3=0.2857A$, $i_4=1.9286A$, $i_5=0.7143A$, $i_6=-1.2143A$

2.18　$i_1=0.3134A$, $i_2=-0.6359A$, $i_3=-0.7742A$, $i_4=0.3225A$, $i_5=-0.1383A$, i_6
　　　$=0.4608A$

2.19　$i_1=6A$, $i_2=-10A$, $i_3=4A$, $i_4=4A$, $i_5=6A$, $i_6=-2A$

2.20　$i_1=5A$, $i_2=2A$, $i_3=-3A$, $i_4=3A$, $i_5=5A$

2.21　$i_1=3A$, $i_2=-1A$, $i_3=2A$, $i_4=1A$, $i_5=4A$, $i_6=-3A$

2.22　$i_1=4A$, $i_2=2A$, $i_3=5A$, $U=8V$

2.23　$i=1A$　$u=7V$

2.24　$i_1=0.8A$　$i_2=-0.4A$

2.25　$i_1=1.8A$　$i_2=7A$　$i_3=0.2A$

2.26　$u_1=1.667V$, $u_2=1V$, $u_3=2.333V$

2.27　$u_1=3V$, $u_2=2V$, $u_3=3.5V$

2.28　$u_1=3V$, $u_2=4V$, $u_3=4.5V$

2.29　$u_1=90V$, $u_2=15V$, $u_3=27V$

2.30　$u_1=10V$, $u_2=4V$

2.31　$u_1=6V$, $u_2=4V$, $u_3=7V$, $I=5A$

第 3 章

3.1　(a)$-0.075A$　(b)$-0.125A$

3.2　80V

3.3　1V

3.4　(a)$u=1V$　(b)$I=2.22A$

3.5　80W

3.6　$i_1(t)=2.5+1.25e^tA$　$i_2(t)=2.5-1.25e^tA$

3.7　7A

3.8　0.5A

3.9 (a)$U_{oc}=0$ $R_0=2.4\Omega$ (b)$U_{oc}=2V$ $R_0=2\Omega$ (c)$U_{oc}=12V$ $R_0=8\Omega$ (d)$U_{oc}=$ aU_sV $R_0=a(1-a)R+R_1$

3.10 $R_L=6\Omega$；$P_{max}=8/3W$

3.11 1.6V

3.12 2A $-1A$

3.13 10.8A

第 4 章

4.1 (1)0.02s, 50Hz, 90° (2)$\frac{2\pi}{5}$s, $\frac{5}{2\pi}$Hz, 20° (3)1s, 1Hz, 0° (4)0.2s, 5Hz, $-45°$

4.2 (1)$-90°$ (2)75° (3)$-45°$

4.3 $i=1.41\sin(314t+30°)A$

4.4 $5\angle0°V$, $5\angle60°V$, $5\angle150°V$, $5\angle120°V$

4.5 (1)错，应为$\dot{I}=\frac{5}{\sqrt{2}}e^{-j15°}A$ (2)错，应为$\dot{U}=10e^{j30°}V$ (3)错，少单位 (4)对

4.6 $u=10\sin(100\pi t+30°)V$，$u=55\sqrt{2}\sin(100\pi t+45°)V$
$u=0.12\sqrt{2}\sin(100\pi t+120°)V$，$i=0.7\sqrt{2}\sin(100\pi t-120°)A$

4.7 i_1滞后于i_2，u_1超前于u_2，u_1滞后于u_2

4.8 $\sqrt{2}\angle-27°A$, $1.5\sqrt{2}\angle45°A$, $50\sqrt{2}\angle135°V$, $125\sqrt{2}\angle0°V$

4.9 $7.37\sin(314t-16.32°)A$

4.10 $14.55\angle9.9°V$, $5\angle-150°V$, $3.77\angle-169.2°A$

4.11 $1.2-j0.4V$ 1.12V

4.12 $0.39\sin(314t+90°)$，$796\angle-150°V$

4.14 $u=31.1\sin(314t+90°)V$，$\dot{I}=40.44\angle-30°A$

4.15 $u_1=110\sqrt{2}\sin(314t+60°)V$，$u_2=220\sqrt{2}\sin(314t-30°)V$，$i=10\sqrt{2}\sin(314t-120°)A$，
$\dot{U}_1=110\angle60°V$, $\dot{U}_2=220\angle-30°V$, $\dot{I}=10\angle-120°A$

4.16 $i_1=14.14\sin(\omega t+53°)A$，$i_2=14.14\sin(\omega t+127°)A$，
$i_3=14.14\sin(\omega t-127°)A$，$i_4=14.14\sin(\omega t-53°)A$

4.17 $i=12.27\sin(\omega t+65.9°)A$

4.18 $u=196.57\sin(\omega t+119.44°)V$

4.19 $u_{14}=\sqrt{2}91.05\sin(\omega t+26.9°)V$，$U_{14}=79.3V$

4.20 $-9-j5A$

第 5 章

5.1 按从左到右，从上到下的顺序，第1、3式对，其余式错。

5.2 (a)-7.07Ω, 7.07Ω (b)$21.21\angle55°V$, 45W

5.3 8A，16A(或2A)，，9A(或3A)

5.4　80V,20V(60V),20V(100V)

5.5　$Z=5+j10\Omega$, $Z=1-j\Omega$, $Y=0.1-j0.1S$, $Z=-j0.05\Omega$

5.6　(1)$\dot{I}=4.66\angle-62.24°A$, $\dot{U}_{ab}=46.6\angle-62.24°V$

　　　　$\dot{U}_{bc}=93.2\angle27.76°V$, $\dot{U}_{cd}=4.66\angle-152.24°V$

　　(3)0°,同相

5.7　$6.43\sin(t+116.6°)V$

5.8　4.4A, 176V, 352V, 132V

5.9　$10\sqrt{2}\sin(\omega t+53.1°)A$

5.10　$2-j4\Omega$, $1.2-j1.6\Omega$, $2.5-j1.5\Omega$

5.11　$20+j10\Omega$

5.12　$1-j0.75A$

5.13　$2.5\sqrt{2}\angle-25°A$, $\sqrt{2}\angle45°A$

5.14　$50\sqrt{2}\angle45°V$, $63.24\angle-18.4°V$, $63.24\angle-18.4°V$

5.15　(1) $R=86.6\Omega$, $L=0.05mH$

5.16　13.9A, 22A, 22A, 27.83A

5.17　$\dot{U}_{oc}=5\sqrt{2}\angle75°V$, $Z_0=\dfrac{j+3}{2}\Omega$

5.18　$6.32\angle-18.43°A$

5.19　(a)j0.707V, $1.5+j0.5\Omega$　(b)$-j50V$, $-j5\Omega$

5.20　$\dot{U}_{oc}=0.94\angle1.87°V$　$Z_{eq}=0.067\angle-88.09°\Omega$

5.21　$9\angle61.07°V$, $4.99\angle4.76°V$

5.22　0.707, 45°

5.23　$5\sqrt{3}\Omega$, -5Ω, $125\sqrt{3}W$, $-125Var$, 250VA

5.24　0.9998

5.25　$Z=7.5\angle-30°\Omega$(参数略), $\cos\varphi=0.866$, $P=187.5\sqrt{3}W$, $Q=-187.5Var$

5.26　250W, 0.5

5.27　$R_1=2\Omega$, $X_1=11.76\Omega$, $R_2=13\Omega$

5.28　$10\angle-53°A$, 800W, 0.8

5.29　18.75Ω, 54.13mH

5.30　0.37A, 102.89V, 191.84V

5.31　527.42Ω, 1.67H, 0.5, 2.58μF

5.32　9.19kΩ, 0.5V

5.33　容性,感性

5.34　(1)10^4rad/s, 20A　(2)2000V, 2000V, 20　(3)20

5.35　(1)$\omega_0=5\times10^6$rad/s, $f_0=\dfrac{5}{2\pi}\times10^6$Hz　(2)$10\sqrt{2}\sin(10^6t+90°)$mV

5.36　(a)　$\omega_0=\dfrac{1}{\sqrt{LC}}\sqrt{\dfrac{RR_1C-L^2}{R_1^2C}}$　(b)　$\omega_0=\dfrac{1}{\sqrt{LC}}\sqrt{\dfrac{R_1C-L}{R_2C+L}}$

5.37　$0.1\mu F$，$0.2A$，$400V$，400

5.38　能，$\omega_0 = \sqrt{\dfrac{1}{3LC}}$

第 6 章

6.1　$u_1 = L_1\dfrac{\mathrm{d}i_1}{\mathrm{d}t} - M\dfrac{\mathrm{d}i_2}{\mathrm{d}t}$，$u_2 = -L_2\dfrac{\mathrm{d}i_2}{\mathrm{d}t} + M\dfrac{\mathrm{d}i_1}{\mathrm{d}t}$

6.4　$M = 52.86\mathrm{mH}$

6.5　$\dot{I}_1 = 0.85\angle-28.21°A$，$\dot{I}_2 = 0.14\angle43.36°A$

6.6　$2\sqrt{2}\angle-135°(V)$，$0.57\angle-77.74°(V)$

6.7　$\dot{I}_2 = 8.61\angle-24.93°(A)$，$\dot{U} = 43\angle-24.93°(V)$

6.8　$0.17\angle61.0°$

6.9　$334.72 + j700.62\Omega$，$134.72 - j299.38\Omega$

第 7 章

7.1　$\dot{I}_a = 4.89\angle-25°A$，$\dot{I}_b = 4.89\angle-145°A$，$\dot{I}_c = 4.89\angle95°A$

7.2　$\dot{I}_{AB} = 7.6\angle-53.13°A$，$\dot{I}_{BC} = 7.6\angle-173.13°A$，
　　$\dot{I}_{CA} = 7.6\angle66.87°A$，$\dot{I}_A = 13.16\angle-83.13°A$，
　　$\dot{I}_B = 13.16\angle-203.13°A$，$\dot{I}_C = 13.16\angle36.87°A$，$P = 5198.4\mathrm{W}$

7.3　(1) $\dfrac{I_\triangle}{I_Y} = 3$　(2) $\dfrac{P_\triangle}{P_Y} = 3$

7.4　(1) $\dot{U}_{AN} = 220\angle0°V$，$\dot{U}_{BN} = 220\angle-120°V$，$\dot{U}_{CN} = 220\angle120°V$
　　$\dot{U}_{AB} = 380\angle30°V$，$\dot{U}_{BC} = 380\angle-90°V$，$\dot{U}_{CA} = 380\angle150°V$
　　(2) $\dot{I}_{AB} = 7.6\angle-23.1°A$，$\dot{I}_{BC} = 7.6\angle-143.1°A$，$\dot{I}_{CA} = 7.6\angle96.9°A$
　　$\dot{I}_A = 13.82\angle-49.8°A$，$\dot{I}_B = 13.82\angle-169.8°A$，$\dot{I}_C = 13.82\angle70.2°A$

7.5　$\dot{U}_{AN} = 222.7\angle-0.9°V$，$\dot{U}_{AB} = 386\angle29.1°V$

7.6　$\dot{I}_A = 5.97\angle-24.6°A$，$\dot{I}_{BC} = 1.9\angle0°A$

7.7　$\dot{I}_A = 25.3\angle-83.1°A$，$\dot{I}_B = 25.3\angle156°A$，$\dot{I}_C = 25.3\angle36.9°A$　$P = 10\mathrm{kW}$

7.8　$\dot{I}_A = 26.53\angle-44.02°A$，$\dot{I}_B = 26.53\angle-164.02°A$，
　　$\dot{I}_C = 26.53\angle75.98°A$，$P = 12572\mathrm{W}$

第 8 章

8.1　$u(t) = \dfrac{4U}{\pi}\left(\cos\omega t - \dfrac{1}{3}\cos 3\omega t - \dfrac{1}{5}\cos 5\omega t - \cdots\right)$ V

8.2　$U = 12.7V$　$I = 3.16A$　$P = 19.8W$

8.3　$U_1 = 77.14V$　$U_3 = 63.64V$

8.4　$i(t) = 11.8\cos(1000t - 3.64°) - 1.4\sin(2000t - 64.3°)A$
　　$U = 103.7V$　$I = 9.14A$

8.5　$L_1 = 1H$　$L_2 = 66.67\mathrm{mH}$

8.6 $C_1=50.71\mu\text{F}(\text{或 }12.68\mu\text{F})$ $C_2=12.68\mu\text{F}(\text{或 }50.71\mu\text{F})$

8.7 $u_o=100+5.29\sin(2\omega t-175.45°)+0.53\sin(4\omega t-177.72°)\text{V}$

8.8 $u_o=7.85+2.66\sin(3\omega t+36.87°)\text{V}$

8.9 $i=0.83+1.4\sin(314t+19.32°)+0.94\sin(628t+54.55°)+0.486\sin(942t+71.2°)\text{A}$
$P=120\text{W}$ $U=91.39\text{V}$ $I=1.49\text{A}$

第 9 章

9.1 4V, 1A, 4V, -2A, 0V

9.2 0.5A, 1A, 5V, 1A

9.3 60V, -12mA

9.4 $R_1:1\text{A},2\text{V}$, $R_2:1\text{A},8\text{V}$, $C_1,C_2:1\text{A},0\text{V}$, $L_1,L_2:0\text{A},8\text{V}$
$R_1:1\text{A},2\text{V}$, $R_2:1\text{A},8\text{V}$, $C_1,C_2:0\text{A},8\text{V}$, $L_1,L_2:1\text{A},0\text{V}$

9.5 (a)$i_{1F}(0_+)=\dfrac{4}{3}\text{A}$, $i_{2F}(0_+)=1\text{A}$, $u_A=13\text{V}$ (b)$u_C(0_+)=15\text{V}$, $i_C(0_+)=\dfrac{1}{6}\text{A}$

9.6 $5e^{-2t}\text{V}$

9.7 $2e^{-500t}\text{A}$

9.8 $1.25(1-e^{-800t})\text{A}$

9.9 $2(1-e^{-\frac{10^5}{2.1}t})\text{V}$

9.11 $\dfrac{1}{4}(1-e^{-3t})\text{A}$, $\dfrac{3}{4}+\dfrac{3}{4}e^{-3t}$

9.12 $2.5+7.5e^{-4t}\text{V}$, $0.5-1.5e^{-4t}\text{A}$

9.14 2A, 48W

9.15 $3e^{-25t}\text{mA}$, $396\times10^{-6}\text{J}$

9.16 $2-e^{-2t}\text{A}$, $3-2e^{-2t}\text{A}$, $5-3e^{-2t}\text{A}$

9.17 $1.25-0.5e^{-2.5t}\text{A}$, $0.33e^{-2.5t}\text{A}$, $1.25-0.33e^{-2.5t}\text{A}$

9.19 $2.5-2e^{-10^4t}\text{mA}$

9.21 (a)$\varepsilon(t+1)+\varepsilon(t)-3\varepsilon(t-1)+\varepsilon(t-2)$ (b)$-\varepsilon(t)+2\varepsilon(t-1)-2\varepsilon(t-3)+\varepsilon(t-4)$

9.23 $0.5(1-e^{-t})\varepsilon(t)\text{A}$, $(0.5+0.25e^{-t})\varepsilon(t)\text{A}$

9.24 $0.167e^{-0.5t}\varepsilon(t)\text{A}$, $(0.5-0.167e^{-0.5t})\varepsilon(t)\text{V}$

9.25 $(1-e^{-1.2t})\varepsilon(t)-2[1-e^{-1.2(t-1)}]\varepsilon(t-1)\text{A}$

9.27 $[-66.67e^{-200t}\varepsilon(t)+0.333\delta(t)]\text{mA}$, $22.22e^{-200t}\varepsilon(t)\text{mA}$, $133.3e^{-200t}\varepsilon(t)\text{V}$

9.28 $4e^{-240t}\varepsilon(t)\text{A}$, $-96e^{-240t}+0.4e^{-240t}\delta(t)\text{V}$

9.29 $(4e^{-t}-2e^{-2t})\varepsilon(t)\text{V}$, $2(e^{-2t}-e^{-t})\varepsilon(t)\text{A}$

9.30 (1)$R>44.7\Omega$ (2)16.5A (3)$435.88(1/\text{s})$ $100(1/\text{s})$

第 10 章

10.1 (1)$\dfrac{s}{(s+a)^2}$ (2)$\dfrac{2}{s^3}$ (3)$\dfrac{s^2-a^2}{(s^2+a^2)^2}$ (4)$\dfrac{a^2}{s^2(s+a)}$

10.2 (1)$\dfrac{9}{20}+0.5e^{-2t}+\dfrac{9}{4}e^{-4t}-\dfrac{16}{5}e^{-5t}$ (2)$2.5+3.535e^{-t}\cos(t-135°)$

$(3)5e^{-t}-5te^{t}+10t^{2}e^{t}-5e^{-2t}$　　$(4)\cos2t-\sin2t$

10.3　$(a)(1-e^{-st_0})\dfrac{1}{s}$　$(b)\dfrac{1}{s^2}(1-2e^{-2s}+e^{-4s})$　$(c)\dfrac{1-e^{-st_0}}{s(1-e^{-sT})}$

10.4　$(1)\dfrac{t}{2}\sin t$　$(2)1+2e^{-2t}\sin t$　$(3)e^{-t}-(t-2)e^{-2t}$　$(4)\dfrac{12}{5}e^{-2t}-\dfrac{34}{9}e^{-3t}+\dfrac{152}{45}e^{-12t}$

10.6　$u_C(t)=3e^{-t}-3e^{-2t}+e^{-3t}\,\mathrm{V}$

10.7　$u_2(t)=[-1.71e^{-4t}+3e^{-3t}-1.29e^{-0.5t}]\varepsilon(t)\,\mathrm{V}$

10.8　$i_1(t)=\varepsilon(t)\,\mathrm{A}$　$u_{L2}(t)=-\delta(t)\,\mathrm{V}$

10.9　$i(t)=2\,|\,K_1\,|\,e^{-\alpha t}\cos(\omega t+\theta)=e^{-t}\cos(t-90°)\,\mathrm{A}$

10.10　$i_1(t)=[6-84e^{-\frac{1}{16}t}]\varepsilon(t)\,\mathrm{A}$

10.11　$i_L(t)=5+1500te^{-200t}\,\mathrm{A}$

10.12　$u_L(t)=-3e^{-t}+18e^{-6t}\,\mathrm{V}$

10.13　$(1)u(t)=R(1-e^{-\frac{1}{RC}t})\varepsilon(t)\ \mathrm{V}$

　　　　$(2)u(t)=\dfrac{1}{C}e^{-\frac{1}{RC}t}\varepsilon(t)\,\mathrm{V}$

第11章

11.1　$(a)\ Z=\begin{bmatrix}Z_1+Z_2 & Z_2\\ Z_2 & Z_2\end{bmatrix}$　$(b)Z=\begin{bmatrix}j\omega L_1 & j\omega M\\ j\omega M & j\omega L_2\end{bmatrix}$　$(c)\ Z=\begin{bmatrix}3 & 2\\ -7 & -1\end{bmatrix}$

11.2　$(a)\ Y=\begin{bmatrix}Y_1+Y_2 & -Y_1\\ -Y_1 & Y_1\end{bmatrix}$　$(b)\ Y=\begin{bmatrix}Y & -nY\\ -nY & n^2Y\end{bmatrix}$　$(c)\ Y=\begin{bmatrix}Y_1 & 0\\ 0 & Y_2\end{bmatrix}$

11.3　$(a)\ T=\begin{bmatrix}1 & 0\\ 1/Z_b & 1\end{bmatrix}$　$(b)T=\begin{bmatrix}n & 0\\ 0 & -\dfrac{1}{n}\end{bmatrix}$　$(c)\ T=\begin{bmatrix}1 & 5\\ 1/3 & 2\end{bmatrix}$

11.4　$(a)\ H=\begin{bmatrix}1 & \dfrac{1}{2}\\ \dfrac{5}{2} & \dfrac{11}{4}\end{bmatrix}$　$(b)\ H=\begin{bmatrix}\dfrac{1}{2} & 1\\ 0 & -1\end{bmatrix}$　$(c)\ H=\begin{bmatrix}-\dfrac{5}{3} & -\dfrac{2}{3}\\ -\dfrac{7}{3} & -\dfrac{1}{3}\end{bmatrix}$

11.5　$R_i=\dfrac{U_1}{I_1}=1.67\Omega$

11.6　$T=\begin{bmatrix}2 & 3\Omega\\ 1S & 2\end{bmatrix}$

11.7　$Y_{11}=Y_{22}=\dfrac{SC(S+\dfrac{1}{RC})}{2(S+\dfrac{1}{2RC})}+\dfrac{S+\dfrac{1}{RC}}{R(S+\dfrac{2}{RC})}$

　　　　$Y_{12}=Y_{21}=-[\dfrac{S^2C}{2(S+\dfrac{1}{2RC})}+\dfrac{\dfrac{1}{R^2C}}{S+\dfrac{2}{RC}}]$

11.8　$(a)\ T=\begin{bmatrix}A & B\\ AY+C & BY+D\end{bmatrix}$　$(b)\ T=\begin{bmatrix}A & AZ+B\\ C & CZ+D\end{bmatrix}$

11.9　(1)$R=R_{eq}=5\Omega$ 时,能从电源获得最大功率。

　　　(2)$P_{max}=5W$

11.10　$R_a=25\Omega$　$R_b=100\Omega$

11.11　$Y=Y_1+Y_2=\begin{bmatrix} \dfrac{2}{3} & -\dfrac{1}{3} \\ -\dfrac{1}{3} & \dfrac{2}{3} \end{bmatrix}+\begin{bmatrix} \dfrac{1}{3} & -\dfrac{1}{6} \\ -\dfrac{1}{6} & \dfrac{1}{3} \end{bmatrix}=\begin{bmatrix} 1 & -\dfrac{1}{2} \\ -\dfrac{1}{2} & 1 \end{bmatrix}S$

第 12 章

12.1　$u=1-8i^2+8i^4$

12.2　$W=3J$

12.3　$L=4H$　$L_d=12H$

12.4　(1)$u_1=208V$　$u_2=2000V$　$u_3=1V$

　　　(2)$u=200\sin(314t)+8\sin^3(314t)V$

　　　(3)不成立

12.5　$u_{n1}^3+(u_{n1}-u_{n2})^2=12$　　$-(u_{n1}-u_{n2})^2+u_{n3}^{\frac{3}{2}}=4$

12.6　$i_3\approx0.042A$　$i_1\approx0.042A$　或($i_3\approx0.047A$　$i_1\approx0.046A$)

12.7　$i=I_Q+\Delta i=3+\dfrac{1}{9}\sin t A$

12.8　$i=I_Q+\Delta i=1+\dfrac{1}{7}\cos(\omega t)A$

第 13 章

13.1　$I_2=0.46667A$

13.2　$Z_c=\sqrt{\dfrac{Z_0}{Y_0}}=28.5\angle-32.9°\Omega$,　$Y=\sqrt{Z_0Y_0}=0.1076\angle57.1°1/km$

13.3　$\dot{U}=130.5\angle10.5°kV$　$\dot{I}=256.7\angle-9.893°A$

13.4　$u=\sqrt{2}\times222\sin(314t+47.5°)kV$　$i=\sqrt{2}\times548\sin(314t+63.2°)A$

参 考 书 目

[1] 邱关源主编.电路(第四版).北京:高等教育出版社,1999

[2] 李瀚荪编.电路分析基础(第三版).北京:高等教育出版社,1993

[3] 秦曾煌主编.电工学(第六版).北京:高等教育出版社,2004

[4] 张永瑞,陈生潭编著.电路分析基础.北京:电子工业出版社,2003

[5] 王文辉,刘淑英,蔡胜乐等编著.电路与电子学(第三版).北京:电子工业出版社,2003

[6] 范承志,江传桂,孙士乾编.电路原理.北京:机械工业出版社,2003

[7] 汪荣源编.电路理论基础.杭州:浙江大学出版社,1997

[8] 吴大正主编.电路基础(第二版).西安:西安电子科技大学出版社,2000

[9] 江晓安,杨有瑾,陈生潭编著.计算机电子电路技术.西安:西安电子科技大学出版社,1999

[10] 孙玉芹.电路理论.北京:冶金工业出版社,2003

[11] 江缉光主编.电路原理.北京:清华大学出版社,1996

[12] 胡翔骏编.电路分析.北京:高等教育出版社,2004

[13] 贺洪江,王振涛.电路基础.北京:高等教育出版社,2004

[14] 张永瑞,王松林,李晓平编著.电路基础典型题解及自测试题.西安:西北工业大学出版社,2002

[15] 于舒娟,史学军编.电路分析典型题解与分析.北京:人民邮电出版社,2004